# 餐旅人力資源管理

Hospitality Human
Resource Management

陳永賓 著

五南圖書出版公司 印行

# 再版序
## 餐旅業興衰取決——人力資源管理

　　餐旅產業（hospitality industry）是以人為核心之產業，旅行業、旅館業、餐飲業以及航空運輸業均具有其服務業特性，例如：產品無形性、需求異質性、生產消費同時性，故消費者購後行為最直接反應在服務品質之良窳。然而，影響服務品質構面：無論就安全性、一致性、態度⋯⋯等，衡量的標準完全以服務人員為出發，在在說明餐旅業興衰取決於人力資源管理。

　　旅館管理系、休閒事業管理系開設餐旅人力資源管理之課程中，發現大學生普遍對於將來之職業生涯規劃欠缺周詳，益形茫然。探查產業界對於員工之教育訓練制度仍舊裹足不前，頭痛醫頭、腳痛醫腳之片段性的理念，無法擬定一套全面性之人力資源管理計畫，以至於形成高離職率越來越嚴重。

　　餐旅業人力資源管理部門大致分為兩大部分，即人事和教育訓練。如何建立從過去傳統的求才階段逐漸發展到育才，進而到積極、消極留住好人才之機制，才是發展餐旅業永續經營之良方。

　　本書之完成感謝很多人幫忙，特別是五南圖書出版公司黃惠娟、王兆仙、陳俐君小姐、天如小姐鼎力督促，以及筆者本系學生尹靖、晨萱、寶堂、諭庭等人日以繼夜辛苦協助才有此書之誕生，倉促完成，疏漏之處，懇請先進予以指正。

陳永賓 謹識
2012年5月

# CONTENTS

餐旅人力資源管理

(6)

# 圖目錄

# 表目錄

# 第一章

# 人力資源概論

## 前言

　　人力資源管理，就是指運用現代化的科學方法，對與一定物力相結合的人力進行合理的培訓、組織和調配，使人力、物力經常保持最佳比例，同時對人的思想、心理和行為進行恰當的誘導、控制和協調，充分發揮人的主觀能動性，使人盡其才、事得其人、人事相宜，以實現組織目標。

　　「人力資本」（human capital）的研究構念是近期備受關注的議題，面對新時代來臨，企業財務帳面價值如同工業時代一般已徹底死亡。在創新時代，智慧和智力資源是公司最有價值的資產，以人為本所創造的知識與技術等無形資產，已是現代企業的核心競爭力來源。有學者指出：「人力資本」為個人能為顧客解決問題的才能，是創新更新的源頭；其特別強調人力資本必須以企業內專屬，並且有策略價值的技術、能力為中心，作為投資與管理的標的，才能為組織創造出價值。目前台灣各行各業的市場競爭均相當激烈，由於環境變化無常、競爭對手眾多，為了維持競爭優勢，本文認為企業第一線的業務人員必須具備專業知識、過人的銷售技巧以及獨特創造力，才能夠在激烈的競爭環境之下發揮才能。在「個人」構成「公司」的邏輯下，「公司」可視為人際連結的社群，其特性在於能快速及有效率地創造和移轉知識（Kogut & Zander, 1992）。全美權威顧問公司Watson Wyatt曾經提出人力資本與公司利益更為直接的觀點，它針對405家上市公司進行調查，結果證明人力資本與股東權益之間有顯著正向關聯存在。綜合觀之，在智慧資本中以「人」為主要重心之人力

資本的確具有相當的重要性。Drucker在管理鉅著《管理的實踐》一書中，提出「資源」中唯一能起擴大作用的只有人力資源，其餘的資源較遵循機械原理的運作，無論這些資源是否運用得當，都不會使投入的量小於產出的量；在所有資源中，唯有人力資源才能成長和發展。換言之，在以知識為導向的二十一世紀，企業有無能力來提升人才素質，將成為影響未來勝負的關鍵。為了要提升業務人員的競爭力，許多公司藉由教育訓練和發展作為強化業務能力的工具，也就是以人力資源發展作為組織在此競爭激烈環境生存下去的重要原動力。第一線銷售業務，擁有影響公司業績擴大成長的知識及技能，在以「人」為主的資本觀念不斷強調及提醒企業主需大力重視公司人力資源的累積，本文認為，在此研究背景下，一個研究問題隨之產生：公司所提供的有關人力資源發展（human resource development）方面的管理措施與活動是否對企業銷售業務的人力資本，有強化的作用？此為本研究的動機之一。在講究「人脈即競爭力」的東方社會中，業務人員是否可能運用本身的人脈提供公司經營所需的資源呢？社會資本（social capital）起初是用來描繪由人脈構成，可增進個人在社區內社交組織中發展的關係資源。演變至今，儼然不僅為社會學熱門焦點，在企業管理領域也同樣受到重視。而社會資本對於人力資本之建構同樣有其價值及存在的必要性。Nahapiet & Ghoshal（1998）認為社會資本有助於智慧資本的肇造。Burt（1997）亦認為：欲有效累積企業人力資本，尚需社會資本的補強。因此，銷售業務本身所擁有的社會資本，是否對於公司的人力資源發展制度與人力資本的關係有強化的效果？

綜合上述，公司實行人力資源發展計畫時，是針對「人」為對象而進行的管理活動，推行的目的就是在增進公司內部「人」自身的知識、能力，並且累積起來轉換為企業的人力資本；然而，「人」運用人脈來擴展本身的知識、能力，甚至是獲取工作上所需要的額外資源，以便完成工作、增進自身競爭力。因此，針對「人」為執行對象的人力資源發展、企業內「人」所擁有的人

力資本、以及「人」可運用來獲取額外資源的社會資本，三者的中心點都交集在「人」的身上，而「人」指的就是公司所擁有的員工。

## 第一節　人力資源的定義

根據定義，可以從兩個方面來理解人力資源管理，即：

1. 對人力資源〔外在要素〕——量的管理。對人力資源進行量的管理，就是根據人力和物力及其變化，對人力進行恰當的培訓、組織和協調，使二者經常保持最佳比例和有機的結合，使人和物都充分發揮出最佳效應。

2. 對人力資源〔內在要素〕——質的管理。主要是指採用現代化的科學方法，對人的思想、心理和行為進行有效的管理（包括對個體和群體的思想、心理和行為的協調、控制和管理），充分發揮人的主觀能動性，以達到組織目標。

人力資源發展（human resource development, HRD）這個名詞自1970年以來，開始被廣泛的使用。具體而言，HRD的定義是「一種策略方法來系統化的發展和人與工作有關的能力，並且強調成組織和個人的目標。」

人力資源規劃是指根據企業的發展規劃，透過企業未來的人力資源的需要和供給狀況的分析及估計、對職務編制、人員配置、教育培訓、人力資源管理政策、招聘和選擇等內容進行的人力資源部門的職能性計畫。

制定人力資源計畫應掌握哪些原則？

### 壹、充分考慮內部、外部環境的變化

人力資源計畫只有充分地考慮了內外環境的變化，才能適應需要，真正的做到為企業發展目標服務。內部變化主要指銷售的變化、開發的變化、或者說企業發展戰略的變化，還有公司員工的流動變化等；外部變化指社會消費市

場的變化、政府有關人力資源政策的變化、人才市場的變化等。為了更好地適應這些變化，在人力資源計畫中應該對可能出現的情況做出預測和風險變化，最好能有面對風險的應對策略。

## 貳、確保企業的人力資源保障

企業的人力資源保障問題是人力資源計畫中應解決的核心問題。它包括人員的流入預測、流出預測、人員的內部流動預測、社會人力資源供給狀況分析、人員流動的損益分析等。只有有效地保證了對企業的人力資源供給，才可能去進行更深層次的人力資源管理與開發。

## 參、使企業和員工都得到長期的利益

人力資源計畫不僅是面向企業的計畫，也是面向員工的計畫。企業的發展和員工的發展是互相依託、互相促進的關係。如果只考慮企業的發展需要，而忽視了員工的發展，則會有損企業發展目標的達成。優秀的人力資源計畫，一定是能夠使企業和員工達到長期利益的計畫，一定是能夠使企業和員工共同發展的計畫。

一般而言，HRD比較重視個人的發展，是從個人內在配合組織外在發展。而HRM（人力資源管理，human resource management, HRM）比較強調外在組織的需要，配合人力的提升與運用。更進一步地說，組織的成長是配合個人能力的發展。使人適其所、盡其才；物暢其流、盡其用，就是人力資源發展的要義。而人力資源規劃則同時兼具上述二者需求及目標。

# 第二節　台灣餐旅業人力外流探討

台灣各行各業都擁有許多傑出專業的人才，但是，近年來，人力資源不

斷外流，例如：大學教授及民航機師。擁有大量優秀的人力資源市場的台灣，但卻無法留住好的人才，這將會成爲企業經營管理很大的障礙。因此，針對此現象，我們將人力資源外流原因進一步分析，發現台灣餐旅業界，前往大陸投資設點的大型企業有越來越多的趨勢；例如：85度C及王品餐飲集團。當然也促成就業人數往海外移動並造成人力資源外流的原因之一。

## 壹、餐旅人力資源外移大陸

隨著兩岸直航開放，前往大陸求職的人數不斷創下新高，2012年三月公告於求職網絡之大陸的工作機會約五千多筆。繼金融海嘯之後，台灣的失業比率亦不斷上升，因此，有越來越多求職者想要前往對岸尋找工作機會。根據104人力銀行2012年3月份的資料表示，目前 104網站上想去大陸工作的人數爲平均每日2萬2千人，比2月分增加20%，和去年同期比較起來更是成長近三成。而且，往大陸發展的求職者中，以「年資8年以上」、「待業者」這兩種情形居多，如果台灣的就業市場再不改善，薪資結構不加以重視，將會有更多人前往大陸求職發展。由於開放兩岸直航，繼開放北京、廣州四重點城市人民自由行政策；並且自2012年四月底又增加西安等四個城市人民。隨著自由行開放之際，兩岸交通便捷，不僅創造兩岸商人投資帶來更多利益，也連帶將台灣的人才帶往大陸發展更多的趨勢，未來台灣餐旅人力資源即將掀起重大變革。兩岸直航機制以及大陸薪資調整是吸引台灣就業市場嚴重傾斜之主要原因；不只大批人才瞄準大陸市場，連人力銀行也積極準備前往大陸拓點，一旦，這條兩岸就業平台建構啓動，台灣社會新鮮人前進大陸就業就更方便，台灣「人力輸出」成爲華人社會HR的第一品牌。

## 貳、新加坡澳門高薪挖角專業人才

近年來，新加坡及澳門這兩個地區到台灣召募人才活動日益增加，對象

從高階層管理至餐旅業第一線服務人員，任職的行業從樟宜國際機場到聖陶沙環球影城（universal stereo），經由各種管道取材，有的企業直接辦理召募活動（recruitment activities），有些是透過當地人力仲介公司（HR Agent）。新加坡博奕合法化後，賭場旅館高薪挖角台灣的案例日漸增多，屢見不鮮。

　　澳門威尼斯人酒店、永利wynn、米高梅（MGM）等旅館餐飲服務業者，近年來，在台灣進行擴大徵才，開出優渥的薪資待遇及良好福利條件，吸引了大量求職青年前往應徵面試。已經連續二年都來台招募員工的澳門威尼斯人主管說，台灣招募的員工素質高且服務態度好，幾乎不用訓練就可以上場。至於新加坡航空今年在台灣招募空服員，約收到三千件應徵履歷，新加坡航空公司強調，希望能找到中英文流利人才，且必須住在新加坡。所以，由以上澳門及新加坡餐旅產業均對台灣人才高度興趣看來，大大吸引台灣求職人才是必然舉動，尤其是新加坡航空公司（Singapore airlines），只要是優秀的人才一律錄取，其薪資條件則包括底薪、駐外津貼等，每月為三千五百元新加坡幣，折合新台幣八萬多元，每年還有一個月底薪的紅利，並還會另外發放獎金。澳門的威尼斯人酒店、永利酒店與美高梅酒店，則委託人力銀行在台灣分別各招募二十名vip接待員，即俗稱高級管家（butler）並開出五到六萬元不等的薪資，其中永利更連續四年來台徵才，還提供住宿，新加坡政府單位更進一步來台灣尋求人才；新加坡半官方組織的人力機構「聯繫新加坡」（Contact Singapore）鎖定南科及竹科的高科技人才，擴大徵才。新加坡政府來台徵才後，一年內來台徵才次數頻繁，數次來台挖角台灣高科技人才，2008年起實施員工分紅制度化，國內許多高科技人才人都躍躍欲試。從上述的情況看來，台灣的人才外流還是存在很多的空間，再加上國外所開出的條件不管是薪資或者其他條件都十分優渥。因此，未來國內人力資源外流的現象可能會越趨嚴重，如何留住台灣的人才？將會是我們政府及業界將來要面對的重要課題之一。

## 參、台灣餐旅人力資源外流原因

由於中國大陸、澳門及新加坡等地區，以高薪挖走台灣人才，如此一來，不久台灣可能會出現人力資源短缺的情況，這將會造成台灣面臨人才恐慌，更嚴重甚至可能造成國安危機，但是到底是為什麼會造成這個原因呢？以下提出幾點說明：

1. 高薪挖角：不管是在大陸、澳門或者新加坡等國家地區，每次大規模來台徵才，所開出的薪資條件最少都是求職者在台灣工作的2-4倍，有了高薪的誘惑，在現在經濟不景氣的時代，所做的工作相同卻可以領到較多的薪水，求職者何樂而不為之，當然願意離開家鄉，前往異地工作。

2. 人力資源相對便宜：台灣的人才在國際市場上十分熱門，不管是在學界、科技界、醫界等專業領域人才都有陸續外流的傾向，除了擁有文化較相近、地緣方便的優勢外，相對於國外，付給台灣的薪資和僱請自己國內的人比較起來相對便宜許多，所以這些地區之餐旅產業紛至沓來，不但節省人力成本之開銷，更可以提升餐旅產業服務品質之水準。

3. 具備專業知識的優勢：澳門威尼斯人的主管曾說過，台灣召募過去的員工素質高且服務態度好，樂觀進取之精神，比起鄰近國家地區之人員，擁有優勢競爭力，幾乎不再施以太多時間與方式之教育訓練就可以踏上工作崗位。對餐旅產業而言，職前訓練會耗費公司及企業很大的成本，包括：場地成本、師資費用等。因此，餐旅產業人力資源部門（human resource management department）希望所招募進來的員工已具備服務專業知識，甚至語言能力及國際禮儀，如此，就不需要花更多時間及人力成本來訓練新進員工，直接進入職場所分配之部門與職位。然而，目前來台召募之國外產業，所應徵的員工就符合了這個需求。

歸納總結以上三項要點，1高薪挖角、2人力資源相對便宜、3具備專業知

識優勢這三要點是台灣人力資源市場逐漸輸往臨近地區的原因。其次，台灣近年來薪資水準並沒有隨以上地區國家逐漸調升，相對的民生物資不斷漲價，生活支出費用加大，就是所謂的「薪水沒漲、物價上漲」，這是目前台灣人力市場反應的一個事實現象。但是，相較於台灣土地增值與購屋成本卻是一年比一年高漲，社會貧富差距越來越大，金字塔頂端的富豪及企業家，買億萬豪宅、千萬古董，成為炫富的議題，廣大的基層員工，卻連一個中等價位的房子都買不起，反觀國外僱主提供產業員工優渥條件與獎勵旅遊之激勵方案，比起國內餐旅產業低薪資及缺乏員工長期任用之情況，誰能不心動？回應台灣人力資源外移的原因，僱主(employer)需要針對這以上三個原因徹底改善，以防止員工外流，政府部門更需要擬訂良好勞工政策，密切關注台灣人力資源市場結構，以及嚴重外流的狀況，如此，才能有效的遏止人力輸出及外流之困境。

## 第三節　人力資源的歷史沿革

　　DeSimone曾說：「人力資源發展是一個新的名詞，但卻不是一個新的觀念，了解HRD的歷史沿革，有助於對HRD的了解」（張凱嵐，民88）。細數HRD的發展，可從1800年開始，當時無HRD的名詞建立，但是其觀念卻早已存在於當時的社會之中，並且明顯可看出HRD的重心，自古以來皆是放在人類「學習」以達目的的本質上。直到現在，HRD仍然繼續發展、進化。歷史的演變，外部整體環境的變化，通常也反映著HRD在當時所注重的焦點及發展的觀念。因此，HRD的本質為「學習」，了解HRD的歷史，可說是了解一部人類學習的發展過程（簡建忠，民84）。

　　簡建忠（民84）整理各家文獻後，曾在文章中提出回顧HRD的發展歷史，大約可畫分為三個時期：技術培養期、效率要求期、工作滿足期等。

## 壹、技術培養期

約在1800年左右，主要特點為勞工多以非正式的型態學習技藝，同時教學者與學習者的關係常維持極長的時間，且勞工工作行為多發生於家庭或附近地區。以今天的標準，HRD幾乎不存在於這個時期，訓練可能是比較適用的稱呼，但是「學習」的本質已經存在於當時的人們之中。較具代表性的型態有早期的訓練、學徒制、技藝公會、技藝訓練等。

## 貳、效率要求期

約自1800年到1920年，由於泰勒（Taylor）科學管理學派的盛行，此階段勞工被視為單純的生產者，或是大生產機器的小零件。自從工業革命之後，生產場所從家庭移至工廠，從小量生產擴展至大量製造，企業幾乎全心致力於以最低成本、最少工時創造最高產量，及追求最高的生產效率。

## 參、工作滿足期

約在兩次世界大戰之間，由於企業過度強調工作效率引發爭議，且此時勞工對於生活及工作的觀念改變，因此強調工作滿足及人性化管理的風氣轉盛。其中最著名的研究便屬社會心理學派的霍桑實驗。

📖 小知識

霍桑實驗：1927年哈佛商學院的心理學教授喬治・埃爾頓・梅奧（George Elton Mayo）作了簡短總結，包括表述了不管照明條件等因素如何，只要給予工人積極關注和自我管理權都可以因創造了積極的群體氛圍而提高產量。

# 第四節　人力資源管理的目標

雖然在前面已經介紹過人力資源管理的定義，透過這些連結更明確地認定與探討。在現代的組織中，人力資源管理的基本目標是非常重要與有幫助的。在現今大多數的組織中，人力資源管理功能有主要四個基本目標。

## 壹、促進組織的競爭力

所有組織都有他們努力或想嘗試要實現的一套目標與目的。不管在這目標的時間、限度或明確的水準，他們也逐漸地嘗試努力來實現他們的目標和使命以及提升組織的競爭力。雖然人們經常只聯想到有競爭力的企業，然而其他型態的每個組織為了能正常的繼續工作，也必須有效地來管理與完成。例如：一個國家的大學濫用它的資源，沒有為學生提供適當的教育，會面臨從立法機關、學生們和其他委託人所帶來的壓力和輕視。就以此例子，我們便知道組織在效能上，人力資源所扮演的角色。組織需要雇用這些人來幫助它達成目標與維持競爭力是很清楚的，所以任何組織的人力資源管理功能都需要清楚的了解組織如何完成它的基本目標，需要促進它的功能去完成各種人力資源，並利用最適當的方法來吸引與發展這些人力資源。

## 貳、加強生產力和品質

對現今世界上大多數組織而言，一些令人關心但有些狹隘的事情是生產力與品質所造成的問題、障礙與機會。生產力是總結與反映出由個人、組織、產業或經濟系統創造輸出價值，相對於使用創造他們輸入價值的效率經濟衡量。品質是特徵、特性或有能力滿足指定或暗示需求的服務之總和。在較早時期很多管理者認為生產力與品質是相反的關係，以為最有生產力的最佳方法會

導致出較低品質與成本。但現今很多管理者認為生產力與品質兩者是脣齒相依的，也就是說，增進品質幾乎經常也能增進生產力。

全世界組織開始承認生產力與品質能力，對他們不但能競爭並且存活下來的重要性。實際上增進生產力與品質主要廣泛依賴於人力資源管理上。在這些事情中，認真考慮有關生產力與品質的組織，需要改變雇用不同類型員工的徵選系統，也需要更多的投資在提供給員工能有更多生產力所需的技巧與能力，來創造高品質產品與服務的訓練與發展上，並且使用不同形式的獎賞，有助於在員工之間維持活動與任務，來幫助與提高生產力與品質。

## 參、遵守法律和社會義務

現今人力資源管理功能的第三個基本目標是確保組織遵守與符合他的法律與社會義務。我們注意到早期在雇用與各種有關人力資源管理實行與活動上會受到1964年公民權利法案與其他規定條例的影響。最近，美國的殘障法案對人力資源管理產生重大的影響。組織在有關法律範圍界線內來處置他們的員工。如果組織不遵守政府管制以及各種法案限制，會面臨巨大的財務罰款風險，像是受到相當可觀的負面報導，並會傷害到公司本身的內部文化。除了遵守嚴謹的法律之外，現今有更多的組織，在經營範圍內的社會裡假定至少有一定程度的社會義務。這些義務擴及到超越遵守法律管制所需要的最低活動之外，要求組織向「公民」一樣提供貢獻。這種努力應包括幫助吸引人的延伸計畫——通常來自少數族群——可能是欠缺執行有意義工作需要基本技巧的人，或者來自人權紀錄不良國家被剝奪所有的人。隨著財務管理公司提供投資資金給專門從事於社會責任的組織，以及公司社會績效經常考慮組織績效的其他構面，這些活動開始變得更加重要。

## 肆、促進個人生產力和發展

對於大多數當代組織，人力資源管理的第四個目標是幫助他們的員工促進個人成長與發展。此目標的開始點包含基本工作相關的訓練與發展活動。但是在越來越多的組織中，逐漸要求遠超過基本技巧的訓練。例如：現在有些公司為了他們的員工，提供像英語、數學與自然科學的基本課程。很多組織也為生涯規劃的發展提供準備，幫助人們了解什麼樣的生涯規劃機會對他們有用或沒有用，以及如何追求這些機會。而組織正式的良師計畫也經常被用來幫助發展婦女與少數民族在整個組織中的進展。

個人成長與發展也注重跟工作沒有直接關係的領域。例如：一些組織提供壓力管理的計畫來幫助他們的員工處理現代生活的焦慮與緊張。當組織尋找新的且不同的方法來幫助他們的員工，保留身體上、精神上與情緒上的配合以及預備來管理他們的生活與生涯規劃時，員工健康計畫也變得越來越普遍。延長教育的另一種普遍領域是個人的財務規劃可能包含協助寫一份遺書或者是退休後的規劃。

資料來源：http://tw.knowledge.yahoo.com/question/?qid=1406080614551.

## 第五節　人力資源的涵義與重要性

　　人力資源的觀念起源自1960年代，逐漸取代「人事」或「人力」等狹隘範圍，這是一種「人性」的基本回歸（張榮發，民89）。過去傳統社會對人力概念上停留於維生工具之看法，由於技術較為簡單且人力培訓觀念的缺乏，在機器誕生取代了更多原本需要由「人」來達成的動作的時代，人力相當明顯被視為輔助機器運作的「零件」。邁向二十一世紀，知識時代的來臨已經是無法避免的潮流，而知識儲存於人腦當中，因此逐漸突顯「人」的重要性。

　　「資源」（resource）一詞使用單數，因為人的能力是不可數的。換句話說，它是指存在於人身上的潛能與創造力，用以生產產品或提供服務的體力、技能以及知識（馬士斌，民88）。人力資源廣義係指一個社會所擁有的智力勞動和體力勞動能力的人們之總稱，包括數量與質量兩種；而人力資源狹義係指組織中所擁有用以製造產品或提供服務的人力（吳復新，民85）。一般來說，管理學者多以第二種觀點（狹義）來看待人力資源（張榮發，民89）。

　　了解人力資源的性質涵義，可知在企業組織中人力資源已不再只是消費性的項目，而是有價值的資產，具有生產力的能力，是經濟成長的根源。但人有動機、期望、價值和技能等特質，是不能由金錢來衡量的，而且人力資源的獲得、轉換和提升，均無法像財物轉換這般靈活和快速，因此如何發展人力資源，已漸漸成為當前討論的重點之一（陳蓓芳，民90）。

## 第六節　人力資源功能的發展

　　隨著現代環境不斷改變，各個企業必須適應環境的改變而且有所修正行動以求生存。McLagan（1989）認為邁入二十一世紀的關頭，環境對企業造成的衝擊如：1.強調成本降低（cost-down），冀望以花少錢但可達高效能；

2.講求快速,縮短反應市場時間以創造優勢;3.經營重心轉向顧客端,強調符合顧客需求並追求高品質的產品與服務;4.競爭環境擴展至全球,競爭者變多,競爭更加激烈,企業的策略也同樣需擴展至全球化;5.企業生存策略變得更依賴人力資源的品質與多功能性。綜合上述觀點,McLagan（1989）提出:「在二十世紀末,面臨工作環境的改變,如要成功就必須仰賴人的改變及發展。」;一句話詮釋便是:「人變才能應萬變」,更加強調人力資源發展在現今時代的重要性（McLagan, 1989）。

雖然企業已經存在了近千年左右,但對管理本身發生特殊興趣與關心的只有將近一百年左右,早期很多企業都是小企業或為家族奔波而務農,關心的只有自己本身與提供家族成員的安全而已,然而十八世紀工業革命使人們激發起較大興趣於企業的發展與擴充,在歐洲和美國,大規模的企業經營開始形成之時,隨著這些企業的成長與逐漸複雜,老闆開始把公司經營權交給全職專業的管理者,還繼續經營自己企業的老闆仍然發現需要依賴其他管理者監督經營部分,隨著這些轉變,逐漸體認到為了長期組織的成功,更需要管理的各種功能。

一些管理先驅與學者,像Robert Owen、Mary Parker Follette與Hugo Munsterberg開始確認組織中人事的重要性。在二十世紀初期,根據科學管理,管理典範的第一個重大研究指出,科學管理是有關於如何結構化個別工作以達到最大效率與生產力。科學管理主要支持者,經常使用可以讓管理者依照計時器指導員工精確執行組成他們工作的每一個任務的時間和動作研究。實際上,科學管理非常注重員工做事的每一個動作,提供如何移動或放置某些設備以增加生產力的很多例子。

# 第二章

# 餐旅人力資源概論

　　我國觀光事業的興起，自第一次世界大戰後已略見萌芽。國內於民國45年，在政府與民間開始積極的規劃與推動下，此一新興的行業在文化交流、國際貿易、經濟發展上扮演著日趨重要的角色，對整體國民外交上的貢獻更是具有舉足輕重的地位。因此旅館暨餐旅業中占有極大分量，且越來越日新月異，消費範圍可包括國內及來華觀光旅客，更是服務性企業最大的舞台。要更深入的了解餐旅人力資源管理，我們必須先了解餐旅業的組織架構與特性，以利未來對於人資部份的鑽研以及掌控。

## 第一節　餐旅業之分類與特性

### 壹、旅館的分類

　　一般來說，旅館的分類可依旅館的性質與旅客居住時間之長短來區分，尚有依據旅館規模（size）、計價方式（type of plan）或是旅館所在地區來區分。

　　以旅館規模而言，是以旅館房間數量多少來區分。凡是客房在300間以下者統稱為「小型旅館」，300間至600間者稱為「中型旅館」，600間以上者稱為「大型旅館」。

　　另外多角化經營的賓館，是最近幾年來台灣相當盛行的一種型態，房間數約在50間左右，類似汽車旅館經營方式，自助式服務，讓客人完全的不受到打擾，甚至有些業者以極盡華麗的裝潢來吸引消費者。

　　旅館的性質與旅客居住時間之長短可分為四種：

## 一、商務性旅館（commercial hotel）

商務性旅館約占總旅館數的七成，主要功能是接待來往經商貿易的旅客為主，座落在交通方便的都會城市內。商務性旅館，設備一般而言，相當完善與豪華，旅館提供之服務與附屬功能，如各類餐廳、酒吧、醫療、美容、洗衣、購物、照相、運動等設施相當齊全。

## 二、渡假性旅館（resort hotel）

渡假性休閒旅館，一般位於海濱、山區、溫泉等自然風景區附近，或是以單一主題如附設高爾夫球場為主。雖然遠離吵雜的都市，但其交通仍然十分便利；主要功能是提供旅客一個與平常生活不同的假期，並創造一種舒適的感覺與娛樂。

## 三、長住性旅館（residential hotel）

在歐美有若干家庭常以旅館為住宅，多半是單身的老年人或是有錢的家庭，近年來因商業發展迅速，越來越多跨國性企業形成，此類旅館就成為跨國性企業，提供高級主管或是暫時派駐他國幹部住宿的方式。一般而言，長住性旅館仍有房內送餐服務及供應女僕服務，亦有類似套房式的型態，於房間內備有簡單廚房設備。

## 四、其他旅館（others/special hotel）

此類旅館有若干特殊目的或性質，可分為下列數種：

### ㈠汽車旅館（motel）

一種提供給汽車旅遊或洽商的人可以住宿的地方。這種旅館通常位於公路的沿線，凡是開車旅行的人都可以隨時利用這種設備。剛開始這類旅館只為旅客供應客房住宿，然而發展至今，因地點的便利性，設備已趨豪華，服務項目之範圍已不亞於一般現代的旅館。

### ㈡選擇性旅館（selected hotel）

一種以接待某種特定旅客為主的旅館。如青年會附設的旅館，YMCA接

待女客。

## ㈢機場旅館（airport hotel）

一般在國際機場附近，為了過境旅客需要所設立。

## ㈣服務性公寓（service apartment）

如同一般公寓或大樓，但由旅館經營管理。提供飯店式管理與服務，房客通常是以一個家庭為主，飯店同時提供家具租賃之協助，房客是以按月或按年支付租金。

## ㈤賭城飯店（casino hotel）

以經營賭場為主要收入來源的型態。最著名的就是美國拉斯維加斯地區的飯店，每家飯店都是具相當的規模與豪華，因旅客皆是以玩樂為主要的目的，住房與餐飲的消費皆相當合理與划算。

## 貳、餐飲業的分類

餐飲業的產生源自於人類對飲食的需求，而人類在果腹的同時，也希望能一併完成社交、應酬、休閒、娛樂等活動。隨著外食功能的多元化，餐飲業因而發展出多樣的面貌來迎合需求。餐飲依用餐地點、服務方式、菜式、花樣和加工食品等而有不同類型。歐美最常採行餐飲分類法，是將餐飲業分為商業型及非商業型兩大類。

### 一、商業型餐飲

商業型餐飲（commercial）顧名思義是以營利為目的，主要分類為運輸業餐飲（transport catering）、一般餐廳（restaurant）、旅館內的各類餐廳（restaurant in hotel）、速食餐廳（fast food restaurant）、咖啡廳（coffee shop）、酒吧（bar）、俱樂部（club for membership）等。

不論是自助式服務或專人式的餐桌服務，或是從小本經營的一人店鋪到豪華飯店，一般餐廳是最為普遍，其數量及營業也占了餐廳市場的絕大部分。

## ㈠美食餐廳（fine dining restaurant）

指較正式的餐廳。供應傳統的菜餚為主，精緻有特色且注重食物的品質。

## ㈡家庭式餐廳（family restaurant）

菜色為一般的家常菜，這類餐廳所營造的感覺與氣氛，主要是讓客人有在家用餐的溫馨感覺，菜單內容多樣，常推陳出新，屬於經濟實惠、價格平實的大眾化餐廳。

## ㈢主題性餐廳（theme restaurant）

九○年代掀起一波的主題式餐廳熱，提供的餐飲並無不同，中西式餐飲皆有，皆是以一種主題來衍生。如餐點內容、裝潢、氣氛、營造餐廳特殊不同的效果，吸引消費者的目光。

## 二、非商業型餐飲

非商業型餐飲（non-commercial），係指附屬在某一特定單位的餐飲，其營業目的具有福利或慈善的意義，其主要資金通常來自於贊助、捐款、政府或機關的預算。一般來說，可分為機關團體膳食，如學校、軍隊、監獄、醫院等機構；另外還有工廠及公司所附設的員工伙食。

## 三、依營業項目標準分類

根據經濟部商業司所頒定之行業營業項目標準分類，餐飲業可以分類如下：

## ㈠餐館類

凡從事中西各式餐飲供應，領有執照的餐廳、飯館、食堂等之行業均屬之。

### 1. 一般餐廳

中式餐廳、西式餐廳、日式餐廳等。

### 2. 速食餐廳

中式速食、西式速食、日式速食等。

## (二)小吃店業

凡從事便餐、麵食、點心等供應,領有執照之行業均屬之。包括火鍋店、包子店、豆漿店、茶樓、野味飲食店、餃子店、點心店等。

## (三)飲料店業

凡以飲料、水果飲料供應顧客,而領有執照之行業均屬之。

## 參、餐旅業的特性

餐旅業所提供的服務具有立即、無法儲存等特性,與一般的產業區分十分明顯。而餐旅業本身具有獨特的經營特質,可區分為商品特性、一般性及經營管理的特性等,分別敘述如下。

## 一、商品特性

## (一)立地的重要性

由於餐旅業的客源不同,造就了不同的立地環境。也就是說休閒旅館必須具有吸引觀光客的優美自然景觀;都會型或商務型旅館就必須有便捷的交通環境或具有新穎豪華的設備以招徠商務旅客;一般型態的餐廳停車是否方便、交通的便利性(如捷運出口附近商圈目前已是百家必爭之處);休閒式的餐飲則以名產性產品及自然景觀來吸引客源。

## (二)餐食的重要性

### 1. 異國美食的吸引力

不論以何種目的旅遊的顧客,都對異國的美食有著好奇心,最方便可以嘗試的地方就是下榻的旅館,所以餐食的製作必須講究及別出心裁,才有辦法吸引客源。

### 2.服務的特殊性

餐旅業販售的除了有形的商品外，關鍵在於無價的服務，若商品具有絕對的競爭優勢，但服務無法滿足客人的話，客人是會以行動（不再光臨）來表達對餐旅業無言的抗議，所以餐旅業的經營管理者應該特別重視人性化服務的落實。

## 二、一般性

### (一)綜合性

旅館的功能包含了食、衣、住、行、育、樂等，是社會上重要的社交、資訊、文化交流等的聚集中心。而餐廳不只是提供餐食，更是提供一個社交的場所，人們透過「吃」拉近了彼此的距離。

### (二)無歇性

旅館的服務是一年三百六十五天，一天二十四小時全天候的服務。餐廳雖然是有一定的營運時間，但工作時間較其他的產業長，員工必須採取輪班、輪休制，多數餐廳多為全年無歇。因此，必須掌握此行業無歇性之特質，才有辦法靈活運用人力資源管理。

### (三)合理性

餐旅的收費應與其提供給顧客產品的等級相同，甚至應設法做到物超所值，使顧客體驗到滿足與喜悅。

### (四)公用性

依餐旅業的特性上來看，是一個提供大眾集會、宴客、休閒娛樂的公共性場所。

### (五)安全性

旅館及合法的餐廳是一個設備完善、眾所周知且經政府核准的建築物，其對公眾負有法律上的權利與義務，而對保障消費顧客的安全與財產，是其極重要的使命。

## (六)季節性

旅客外出及洽商常隨著季節而變動，所以旅館客房的經營有淡旺季之分，而餐飲業也因時令不同而有不同季節性的調整。

## (七)地區性

旅館的興建常需耗費大量資金，座落位置為永久性，無法隨著淡旺季或市場的趨勢而移動或改變。而餐飲業營業的地理位置、場地的大小、交通的便利、停車的容量等因素，皆會影響其客源及市場的定位，如台北以南的餐飲地區性，其停車的方便性往往決定其客源的多寡（如婚宴場地的大小、外賣車道的設定等）。

## (八)流行性

餐旅業為領導時尚的中心，也是許多政商名流所經常消費之處，所以經營者必須能製造及領導流行的風尚，更要知曉目前市場的趨勢。

## (九)健康性

旅館亦是提供健身中心、SPA、溫泉等保健養生的場所，而目前餐飲業最為重視的是日漸重要的養生飲食。

## (十)服務性

旅館是唯一重視禮節及服務品質呈現的行業，五星級觀光旅館的服務理念，也是當下許多服務業所爭相學習的對象。而當客人在某家餐廳用餐後，會想要再度光臨的重要因素，往往是其受到熱忱的接待與滿足的服務。

# 三、服務的特性

## (一)無形（intangibility）

目前市場中大多數商品的特性均介於純「商品」與純「服務」之間，但餐旅服務業是一種絕對「無形」商品的特性。

## (二)不可分割（inseparability）

1. 製造與服務的不可分割性。

2. 服務無法囤積。

3. 消費者在購買時即已付出服務的消費代價。

### (三)異質性（heterogeneity）

1. 服務很難達成百分之百的標準化。

2. 顧客的需求因人而異。

### (四)難以保存（perish ability）

1. 服務是無法先做好再等顧客消費。

2. 服務無法以產量或產能來計算。

## 四、經營管理

### (一)產品不可儲存及高廢棄性

餐旅業的經營是一種提供勞務的事業，勞務的報酬以次數或時間計算，時間一過其原本可有的收益，因沒有人使用其提供勞務而不能實現。因此旅館要提高產值，要懂得如何提高客房的利用率。而餐廳一旦開店，即會形成很少顧客上門或客滿的狀況，有時很忙或很清閒，所以需要制定正確的市場行銷，釐清尖峰、離峰的管理，並進而有效的控制人力。

### (二)短期供給無彈性

興建旅館需要龐大的資金，由於資金籌措不易，且旅館施工期較長，短期內客房供應量無法很快依市場需要而變動，因此為短期供給無彈性。而開業餐廳雖然門檻較低，但其座位數有限，無法在客滿的狀況下，再多收客人。

### (三)資本密集

旅館因其立地的優勢（如市中心或風景名勝），其立地取得的價格也自然較昂貴，再加上硬體設備的講究（如建築物的外觀、內部裝潢、各項華麗的家具及高級的設備等），故其固定資產的投資往往占總資本額的八成至九成。由於固定資產比率高，其利息、折舊與維護費用的分攤相當沈重。再加上開業後尚有其他固定及變動成本的支出，因此如何提高相關設備（客房、餐廳、宴

會場所等）的使用率，是每一位經營管理者的重要課題。

## ㈣需求的多變性

旅館為一複雜的事業經營體，也因外在因素的變遷而隨時需要更新的產業，更因它所接待的客源廣至世界各國，甚至也包含了本國旅客，而其旅遊及消費的習性等皆不相同，所以如何迎合來自不同社會、經濟、文化及心理背景的客人，都在考驗著旅館經營者的智慧。餐廳雖然並不同於旅館，但其服務的對象需求全然不同，無法像製造業的產品完全標準化，所以要如何針對不同的客源，提供不同的服務，是經營者必須努力的方向。

# 第二節　台灣餐旅業的管理趨勢

台灣近年來整體社會經濟發展的趨勢已由工業轉型至工商及服務業，人們生活習慣大幅改變，而社會、工作價值也隨之調整。生活步調加速，各種服務業如雨後春筍般興起，再加上國際化的趨勢加強，國內的企業不但要相互競爭，更要與國際性的連鎖企業爭食有限的市場。目前餐旅業在這一波又一波的競爭趨勢策略之下，以下就整體發展的導向，說明其相關因應之道。

## 壹、現代化管理趨勢

### 一、多樣化經營

必須在營業及服務項目上不斷推出新產品及構思，才有辦法吸引消費者的注意力，刺激消費市場。

### 二、增加營業據點或外賣區

為內部員工的升遷、業績的提升增加獲利率，許多餐旅業不斷增加其營業（外賣）據點，如百貨公司設櫃或獨立餐廳的經營及增設年節外賣產品等。

### 三、競爭更激烈

許多餐旅業增加其服務內容、設施、設備等，加上國際知名連鎖旅館及餐廳的投入，使餐旅服務業的競爭更趨白熱化。

### 四、消費意識抬頭

消費者的意識逐漸抬頭，已迫使業者更注重服務品質的掌控。

### 五、更為專業化

因為上述原因，使得餐旅業不得不走向更專業化的經營。

## 貳、人力市場趨勢（人力資源部最重要的課題）

### 一、人力資源多方面的開發

餐旅業最重要的資源為「人力」，如何有效的開發各方面的人力資源，已經成為餐旅業經營最重要的課題。

### 二、管理幹部職責的改變

多元化的領導風格將取代傳統的獨裁、官僚式的領導，幹部專業化的要求也比以往更嚴格。

### 三、人力重組精簡

「一個蘿蔔一個坑」為一種落後的管理及制度。人員編制會隨人力成本的高漲，而作重組及有效的精簡，如目前有許多國際旅館開始進行整合性（快速）的服務，不但可以達到人力重組精簡的目的，更可讓作業的動線縮短，提供更直接、便捷的服務。而餐廳的經營也正式進入講求低人力成本的時代；以往兼職人員只限於外場，但目前已有業者將廚房的部分人力以兼職或外包的方式管理，以期降低營運成本。

### 四、提升企業人力資源培訓及發展能力

「高薪挖角」已無法順應當今的潮流，唯有靠企業內部的專業人力培訓制度，才可為企業發展贏得先機，更可為永續性的經營奠定更好的基礎。而人

力資源部在此階段占有舉足輕重的地位，優秀且善於計畫的主管可為公司妥善規劃並節省許多費用，因此該部門的重要性也漸漸提升。

## 參、服務的趨勢

### 一、加強貴賓客人的服務

重視對經常性客人的專業服務，保住餐旅業最重要的客源，許多業者漸漸發展出貴賓卡制度，有的更結合異業（如銀行等），讓貴賓卡的功能更豐富化。

### 二、維持對常客的服務水準

不要將常客認為當然來的客人視之，重視每一位常客的特殊習性，以提供個人化的貼心服務。許多的業者藉助現代化的工具（電腦化），讓現場管理人員於日常操作時，即時時注意到常客的各種需求，並給予最適切的服務。

### 三、服務多樣化

一成不變的服務容易流失經營不易的客源，在此忙碌且講求效率的時代，如何迎合顧客日漸多變的需求，是管理者重要的職責。

# 第三節　台灣餐旅業未來的發展

## 壹、餐旅業

目前台灣的整體對外經濟並不是十分理想，加上國內製造產業外移現象嚴重，失業率節節攀升，台灣有句俗語：「時機再差也要吃飯」，所以不管小吃、休閒或主題餐廳，再加上國外連鎖餐廳的加入，使得餐飲業未來的發展也日趨複雜且包含的層面相當廣闊。

## 一、餐廳設定的趨勢

### (一)主題鮮明化

目前餐飲市場中出現的韓國料理風、日式自助或燒烤、健康有機餐、義大利料理、清粥小菜等均受到十分的歡迎及肯定，這證明了產品主題明確，不但可以建立自己的特色，更是消費者在選擇時很重要的考慮依據。

### (二)健康的新潮流

台灣近年來因餐飲太過豐富及營養，導致許多文明病如癌症、心臟疾病、痛風等的增加，故許多人的飲食習慣已慢慢調整為清淡、有機或是素食等，更有許多餐廳級飯店將有機、素菜及花草等加入主要菜單中，為的就是要符合當今的流行風潮。

### (三)精緻及便利兩極化發展

因經濟發展無預期理想且加上國內失業率的高升，方便及價格便宜、有特色的餐廳大受歡迎，為因應消費者的需求，更提供了外賣及外送等服務，此快速方便且經濟實惠的特色，極受消費者的肯定。

## 二、餐廳內部管理的趨勢

### (一)組織扁平化

餐飲市場為因應不斷的競爭及日漸增加的營運成本，許多公司及連鎖餐廳已漸漸將內部組織扁平化，主管級的人員增加職責，中級幹部則視情況減少，以節省人力成本。另外，兼職人員成為主要人力資源，廚房的廚工、洗碗人員及助手等也慢慢轉為合約制度或兼職。

### (二)員工及管理模式的轉變

現代七、八年級生的新式想法，除更重視薪資、福利及自我發展的機會外，穩定收入（不一定要高薪）及理想的實現，已慢慢取代了傳統對工作的態度，所以如何有效的管理員工已經成為新時代的主管應學習的課程。另外，傳統餐飲的權威式管理已不符合時代的潮流，員工充分的參與、適時的授權及客

訴處理的機制，已成為未來管理的趨勢。

## 三、餐廳營運重點的變化

### ㈠研發的重要性

餐飲業面對外部激烈的競爭，除必須跟上顧客的需求，更必須求新求變，而針對本身產品的研究發展及新產品的開發，成立研發部門也逐漸成為風潮。

### ㈡各式新科技的使用

餐飲業雖然為較傳統的經營方式，但許多營運數字及市場方向的決策事宜，需靠現代化的科技協助，引進國外電腦資訊系統或使用國內自行研發的軟體，成為餐飲業目前最新的趨勢。另外現場POS系統的使用，也是眾家最基本的電腦設備。

### ㈢行銷的重現

以往的餐飲業者較重視內部管理及菜餚的研發，但目前資訊日新月異，要如何將最新貨物及最好的產品推銷給消費者，而行銷的通路、多種類的運用及各種促銷的推廣等，已成為餐飲業者最具挑戰性的工作。

## 四、外部環境的變化

### ㈠消費者意識抬頭

國內消費者的教育水準提升，世界資訊的發達喚醒消費者的軼事，飲食不再只求溫飽，更要求衛生、營養及服務良好的用餐環境等，所以顧客的要求也相對的增加，如何充分掌握客人的喜好及動態，對餐飲業者而言將是成功的第一步。

### ㈡環保主義的趨勢

民國92年為台灣環保的新紀元，對餐飲業造成少許衝擊的政策為「禁用塑膠袋」，業者必須提供紙袋或環保的用品。另外，廚餘相關處理雖尚未上路，但就國外的趨勢而言，餐飲業者必須提早因應以免措手不及；其他如禁

菸、廚房排煙等規定，為避免引發消費者的抵制，餐飲業者也必須符合此環保主義的趨勢為宜。

## 貳、旅館業

近年來由於國內許多中小企業紛紛西進或轉型服務業，國際觀光旅館的重要客源也隨著每年來華的人數減少而呈現下滑的趨勢，對部分都會型國際觀光旅館造成極大的打擊，而逐漸調整業務及行銷重點於餐飲市場上；至於在客房的市場則重新定位，不再投資動輒上億的豪華型旅館，取而代之的是小而精緻且收費中等的小型商務旅館或是商務公寓。

另外休閒旅館因搶搭週休二日的列車，近年來有較出色的經營，但仍很難突破平日低住房率的瓶頸，業績始終無法如預期的理想，再加上這一、二年的「日本風」流行熱潮尚未降溫，在日本極受旅客肯定及喜愛的「民宿」，也悄悄的在台灣的旅遊市場播種及萌芽。

### 一、商務旅館（會館）

#### ㈠商務公寓（會館）的定義

商務公寓（service apartment）簡單的說就是一種具有商務功能、旅館服務的專業性出租住宅，它除了具備完善的居家設備（家具、電器設備、廚具）外，還需要提供足夠的商務功能，如會議室、資訊室、OA設備、祕書服務以及旅館式服務，如room service、laundry service等，當然基本的俱樂部與休閒設施也一樣不可少。

就定位而言，商務公寓（會館）是界於一般出租住宅與旅館間的一種功能性不動產，它的租金比一般出租住宅高，但比旅館的收費要低。

#### ㈡商務公寓（會館）的主要客源

就其服務對象來看，商務公寓（會館）的客源多為外商公司高階主管長期性居住（多數攜家帶眷）、外籍專業工程師或技術顧問、短期洽商或考察的

人員、非長期性定居、不需要購置自有住宅的人士等。

　　一般而言，商務公寓（會館）的客源通常為停留在台兩週至一年的商務人士，但也有屬於一年以上的長期客源。

### ㈢商務公寓（會館）的未來發展

#### 1. 許多建築業者處理閒置不動產的新產品定位

　　台灣目前的房地產處於低靡的谷底，許多業者需面臨求售無門或嚴重滯銷的命運，為避免將房地產閒置或積壓大量的資金，所以將整棟或部分住宅大樓重新包裝成商務住宅，如多年前捷和建設北投「捷和商務住宅」、新光人壽天母「傑仕堡」，都是在銷售情況不理想的情況下所做的產品定位改變。

#### 2. 成為未來商務居住規劃的趨勢

　　近年來由於台灣經濟發展情勢，一直呈現不穩定的狀況，許多人也因經商、移民或產業轉移等因素，不再購置房地產。商務型的客人因需中、長期且固定的居留，住宿觀光旅館雖然安全便利，但長期下來的成本太昂貴，而一般性的出租公寓並沒有提供必要的商務、居家整理清潔、住房等旅館式的服務，所以居住於商務公寓（會館）成為一個較理想的選擇。

#### 3. 未來旅館發展的新方向

　　觀光旅館業經民國45年開始萌芽、發展、國際連鎖競爭的過程後，目前已呈現停滯的腳步。觀光政策不明確、產業的外移、經濟發展的衰退，造成來華觀光及洽商的人數減少，對觀光旅館的經營已造成不小的影響。而各旅館除緊縮人事、控制成本、積極爭取客源外，正密切觀察逐步轉型的可能性，如西華飯店成立小西華爭取長期商務客人，Westin連鎖系統中的福朋飯店（小型商務旅館）另闢不同的客源，長榮在台北成立長榮桂冠酒店等，以上三家分店的特色為房間數少、餐廳規模較小或另成立主題（如長榮的健康SPA），客源的主力為商務、長期客或特定的消費族群。許多旅館近年來發展的方向顯示，台灣五星級旅館已達到飽和狀態；另外加上全球性財經狀況不佳，商務性質強、

租金經濟合理又具備居家功能的另類旅館，已成爲未來旅館業發展的新方向。

### 4. 住辦多用途的複合式規劃

爲因應產業結構的逐年調整，許多SOHO族也加入了職場的競爭，辦公室結合私人住宅已漸漸成爲房地產的新寵兒，此一族群也是商務公寓（會館）新趨勢的客源。

### 5. 會議中心結合休閒居住產品的複合體

因目前工商業有許多員工訓練，大多規劃爲二、三天的訓練營或講習會，爲節省往返的時數花費及不便，並達到集中訓練的效益，許多企業選擇具備會議中心及兼具休閒設備的旅館或會議中心。如陽明山天籟會館結合了別墅、俱樂部的經營，更對外以溫泉旅館爲號召，除一般露天溫泉場外，更別出心裁的設計多棟小木屋溫泉、大理石溫泉、藥草溫泉等，不但抓住了休閒的觀光客源，更結合了會議中心、優良的餐飲品質，因此締造了不錯的佳績，也爲此一會議中心結合休閒居住產品的複合體開了先鋒。

# 第三章

# 餐旅人員工作分析

## 第一節　工作分析

### 壹、工作分析意義

　　任何一個企業組織都是以永續經營爲目標，此目標在餐飲業、旅館業等各行各業都不例外，成功的企業組織內部必須包括完善的制度、正確的職掌分配，以及將對的人放在對的位子上等因素，上述所提的因素都屬於最重要的人力資源規劃（又可稱爲人力規劃（manpower planning））統籌範圍內。在建立龐大的企業體制初期時，管理者必須爲其組織設定一套宏觀又有建設性的健全規劃，在內部規劃中又以人力資源規劃爲最重要的一環，這同時也是決策者在做人力資源管理方面的策略時一個重要象徵指標。在訂定人力資源管理策略流程中，必須先以制定工作分析（job analysis）爲前提，工作分析牽涉的範圍非常廣闊，包括後面章節會提到的人員的招募與遴選、訓練與發展、考績評估與晉升制度等方面。管理者也會依照工作分析內容所制定的工作說明書（job description；依工作性質的不同，制定其主要執行的工作內容），以及更進一步的來制定工作規範（job specification；說明此工作適任人員應具備的條件與專業能力），工作說明書與工作規範的內容常用來決定員工的薪資給付和額外的獎金、津貼的管理配套措施。

　　工作分析是指利用一些方法將企業組織內部蒐集而來的資料彙整成資訊，管理者參考這些資訊並依照企業規模去思考公司各部門需要多少職員？員

工的工作內容為何？員工如何執行這項工作？工作難易程度及需負哪些責任？這些員工需要具備哪些素質及專業能力？針對這些問題一一解決，並撰寫一套屬於企業內部組織的工作說明書及工作規範，進而建立出一套標準的作業程序，這就是工作分析。工作分析必須在招募人員之前就先訂定完成，並提供人力資源主管選才時的一個準則，也讓直線管理者能更清楚地了解各單位部門的工作流程。

　　值得一提的是工作分析的過程中，必須以「因事擇人」、「以位取才」為原則，而絕非「因人設事」；另一個需注意的重點是人絕非機器，是無法負荷龐大而複雜的工作量，所以管理者必須考量「工作簡單化（work simplification）」的管理方式。例如：飯店餐飲部門中內場廚房人力管理的部分，各個工作人員的職務內容和權責都必須詳加細分，上至行政主廚、行政副主廚、主廚、副主廚、助理，甚至到洗杯盤也都要有負責的工作人員，注意每個職位可能不只一位工作人員，而是呈現樹枝狀圖形向下擴散，將內場工作分的越細，越能簡化工作人員的工作量，使其達到「工作簡化」的目的，以便減少客人等待出菜所花的時間，也提高顧客的滿意度，增加回流率（欲了解觀光飯店組織架構請參考圖3-1、連鎖餐飲事業組織架構圖3-2）。當無法忍受長時間枯燥無味的單調工作內容，此時管理者必須將工作者對職務的熱忱度和責任感列入考量的範圍，建議採取「工作擴大化（job enlargement）」、「工作豐富化（job enrichment）」的管理方式。例如：餐飲業的前場服務人員每天所從事工作內容都是相同的、每天面對相同的菜色、提供標準化的服務方式，唯一的改變是服務不同的顧客，久而久之，服務人員會失去對工作的新鮮感和熱忱，這是導致餐飲業的人事流動率居高不下的主因，也是管理者必須正視的嚴格考驗，建議可以讓服務人員參與新式菜單、主題促銷活動的設計，甚至定期與內場的工作人員進行輪調，以達成「工作擴大化」、「工作豐富化」的目的。總而言之，有好的工作分析過程，才能擁有完善的人力資源規劃。

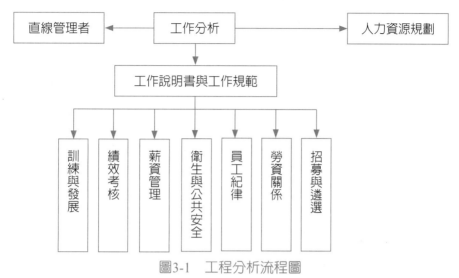

圖3-1　工程分析流程圖

資料來源：參採Leap & Crino (1989), p.125，並自行繪圖。

　　人力資源規劃的過程中完成兩大步驟──工作分析及人力預測後，方能實施人力管理策略，工作分析的內容也是作為人力資源預測的依歸，人力資源預測簡單的說就是企業決策者以工作分析內容為基礎，依企業的規模大小、工作性質的難易程度、責任的輕重、各部門所需任用的人力多寡，以及該職位適用者應具備的條件等因素作一個預估的動作。學者（A. S. DeNisi, R. W. Griffin）將人力資源預測了一個言簡意賅的定義：「人力資源預測是指對未來的人力需求作一個預測或預估（forecasting the demand for human resources）」，因此我們可以看出人力資源預測的重要性。

　　人力資源預測可依時間分為短期和長期兩種，短期的人力資源預測是一年到三年，長期的人力資源預測是三年到五年以上，人力資源預測很容易受到外部及內部的未知因素變動所影響，因為管理永遠無法事先預知員工何時要離職、工會何時會集體罷工、高科技專業技術的變革、經濟市場的未知變動數、人力市場的供需變化、政府的財政策略更動等未知的變化，所以不論是長期或

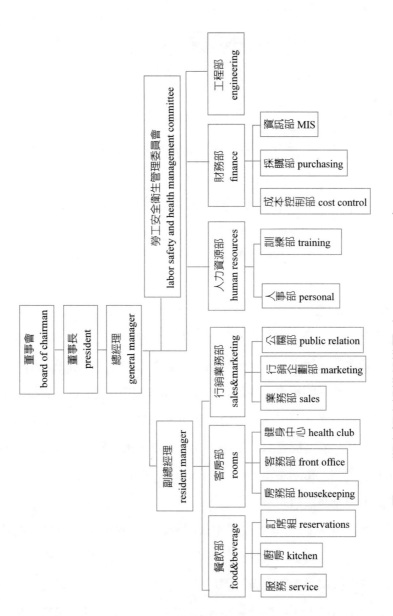

圖3-2 觀光飯店組織架構圖（organization chart）

資料來源：《餐旅人力資源管理》，蕭漢良，頁56，2004。

短期的人力資源預測，其所制定的策略都有可能隨時變動、修正，所以人力資源預測就是一種「未雨綢繆」的工作，管理者運用見微知著的智慧與洞察力隨時觀察人力市場的變化，配合公司整體的營運狀況，對人力資源做最適合的分配及管理，適時掌控最佳的人事成本與調動，避免人力資源的浪費或不足。

## 貳、工作分析與人力資源管理功能

在之前初步的介紹了工作分析（含工作說明書及工作規範）之後，這部分將探討實行工作分析能為企業組織帶來哪些優勢，並運用清晰圖表（表3-1工作分析與人力資源管理功能關係、圖3-3工作分析程序圖）統整出工作分析對後續章節會提到的人力資源管理八大功能所產生的重大影響與作用，並進而強調工作分析與人力資源管理的重要性，甚至可以為此下一個定論——工作分析是人力資源管理的基石。

表3-1　工作分析與人力資源管理功能關係

| 人力資源管理功能 | 工作分析資訊之運用 |
| --- | --- |
| ㈠人力資源規劃 | ・確定所需之人員的種類與需具備之條件<br>・建立員工輪調及遞補計畫 |
| ㈡招募與遴選 | ・確立考選方法<br>・從事考選方法的效度考驗 |
| ㈢訓練與生涯發展 | ・鑑定訓練需求／選擇訓練方法<br>・評量訓練效果／確立升遷管道與生涯路徑 |
| ㈣績效考核 | ・確立考核的標準 |
| ㈤薪資管理 | ・工作評價／獎金辦法的給獎標準 |
| ㈥衛生與公共安全 | ・安全防範措施的分析<br>・意外及職業災害的分析 |
| ㈦員工紀律 | ・建立工作規劃與程序 |

表3-1 工作分析與人力資源管理功能關係（續）

| 人力資源管理功能 | 工作分析資訊之運用 |
| --- | --- |
| (八)勞資關係 | ・工資談判／訴求處理 |

資料來源：Leap&Crino (1989), p.125.

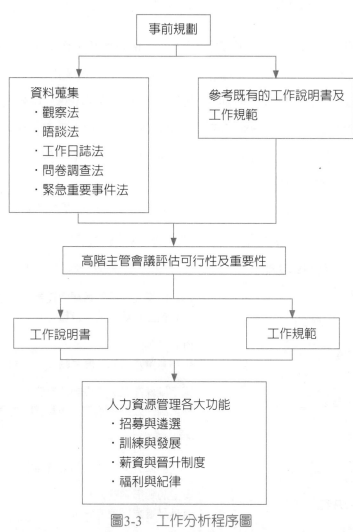

圖3-3 工作分析程序圖

資料來源：參考Thornton & Byham, 1982，自行繪圖。

實行工作分析的主要優勢：

一、組織實行人力資源規劃時是由內部蒐集資訊並建立檔案，並利用工作分析來分析企業內部人力的質（需要什麼樣的人才）與量（需要多少人才），以及人力市場整體的變動情形，提供管理者一個便利的參考指標。

二、提供企業組織在招募與甄選新成員、定期作人事考核、晉升與薪資管理等方面，有個清楚的依歸，避免個人因素所造成不公平，甚至黑箱作業。

三、管理者能更清楚地了解組織內部人力資源的運作狀況，及各單位部門的人力運作流程和所需的專業技能，以便人力資源規劃的實施及人力市場需求的預測。

四、企業組織在實行外部的業務拓展或緊縮、內部的技術改革或工作人員輪調時，因為工作分析為人力資源規劃的基礎，所以提供管理者實行任何變革的便利性。

五、工作人員在進行工作輪調時，可參考工作分析所制定的工作說明書及工作規範即可輕易上手，也可以減少人力訓練的人事成本。

表3-2　飯店各部門工作內容介紹

| 單位 | 組別 | 工作內容 |
|------|------|----------|
| 管理部 | 總務 | 1.負責對外公文往來之建檔、各單位表單之存檔、書信之發放；郵資、影印機、傳真機使用之管控及內部會議室之安排及會議記錄。<br>2.負責公共費用之繳費（水費、電費、瓦斯費、垃圾託運費等等）、督導辦公區環境之維護、宗教祈福事宜、賀禮奠儀之請款、員工餐廳餐費之發放。<br>3.負責各項使用執照之保存，如建築執照、營業執照、甲級 |

表3-2　飯店各部門工作內容介紹（續）

| 單位 | 組別 | 工作內容 |
|------|------|----------|
| 管理部 | 總務 | 電匠、鍋爐操作員、消防管理員、污／廢水管理員、特約醫生、勞工安全衛生管理員、勞工安全衛生業務主管、員工體檢表。<br>4.負責工程圖、路線圖、儀表使用圖／保養／維修手冊之保存。<br>5.負責員工餐廳的業務。 |
| | 人事<br>訓練 | 1.負責全館年度訓練計畫之擬定。<br>2.負責執行員工訓練計畫、講師之安排、訓練績效之考核與追蹤。<br>3.負責工作職掌、工作訓練手冊之年度更新。<br>4.統籌訓練員俱樂部之運作。<br>5.負責薪水與年終獎金之結算。<br>6.負責觀光局、社會局及勞委會相關業務之往來，如人員異動表、殘障員工雇用人數及勞保給付。<br>7.負責員工報到／離職；勞／健保之加退保。<br>8.負責員工考勤制度。 |
| | 採購 | 1.負責相關廠商資料的建立。<br>2.定期主導相關商品的市場調查。<br>3.負責會館一切設備、備品、文具、南北雜貨及生鮮食品的採購。<br>4.負責主導採購後的驗收。 |
| | 安全室 | 1.防竊盜／防色情、維護員工、會員、貴賓及住客安全、預防館內設備器皿之失竊及破損。<br>2.建立員工安全資料卡、監視監控系統、負責調查館內所有違法、犯罪事宜，並建立檔案。<br>3.負責各出入口之門禁，包括員工出入品，以防員工攜帶公物外出私用或轉售換取金錢。<br>4.維護營業現場安全。<br>5.維護會館周圍環境的交通安全。<br>6.負責停車場的業務。 |

表3-2　飯店各部門工作內容介紹（續）

| 單位 | 組別 | 工作內容 |
|------|------|----------|
| 工程部 | 維護組 | 1.負責內部裝潢、家具的土木、油漆及泥作等維修養護工作。<br>2.負責景觀區花、草、樹木的養護，包括施肥、拔草、修剪等園藝工作。<br>3.負責各營業單位聲光設備的借用、架設、操作、維護及保管。 |
| | 空調組 | 負責空調主機、冷／暖器、廚房冷凍、冷藏設備之維護。 |
| | 鍋管組 | 負責鍋爐、給／排水、衛浴設備之維護。 |
| | 機電組 | 負責變電室、消防警示器、電器、電子設備、機械設備之維護。 |
| 資訊中心 | 系統開發 | 1.舊有電腦系統配合作業單位適時之修改。<br>2.新系統之研討、溝通、規劃與設計。<br>3.適時研究改善系統作業，使系統保持最高效能。<br>4.對外採購軟硬體時，評估與現行系統之相容性及擴充性。 |
| | 系統維護 | 1.新相關電腦之安裝及測試。<br>2.維持公司電腦設備系統正常之運轉。<br>3.定期對系統做保養與檢查。<br>4.定期對系統資料做備份及安全管理。<br>5.電腦病毒之預防及袪除。<br>6.電腦設備故障時之維修排除故障。<br>7.協助系統開發程式之測試及安裝。<br>8.執行公司電腦使用單位人員之操作訓練。 |
| 財務部 | 財務組 | 1.現金流量規劃與資金調度。<br>2.銀行往來與債券之發行與買賣。<br>3.股東服務與股務管理。<br>4.財務計畫與預算編制。 |
| | 會計組 | 1.普通會計<br>　‧一般會計事項<br>　‧會計報表之編制<br>　‧稅務之處理 |

表3-2　飯店各部門工作內容介紹（續）

| 單位 | 組別 | 工作內容 |
|------|------|----------|
| 財務部 | 會計組 | 2.管理會計<br>　・會計制度之建立與推行<br>　・公司內部控制與稽核制度之建立與推行<br>　・固定資產管理之帳務處理<br>　・主導報廢物委員小組審核報廢物之報廢<br>　・協助股務作業之辦理<br>3.成本會計<br>　・各部門成本資料之蒐集<br>　・編制成本報表<br>　・分析差異提出改進建議<br>　・各項採購物品之驗收<br>　・庫存管理 |
| | 出納組 | 1.應收／付之帳務處理與相關收／付作業。<br>2.各營業場所之收款與報繳。<br>3.零用金之支付與票據管理。 |
| 餐飲部 | 餐廳組 | 1.提供住客、會員、貴賓對中、西餐飲需求的服務。<br>2.提供會議室顧客中、西式茶點的需求。<br>3.負責維護各餐廳內部裝潢的清潔維護保養工作，包括天花板、冷氣出風口、吊燈、壁飾、玻璃、銅條、盆景、家具等。<br>4.協同主廚共同負責各餐廳菜單的設計。<br>5.協同業務部及主廚共同負責各餐廳的促銷活動。<br>6.負責各餐廳的訂席作業。<br>7.負責營業器皿的保管。 |
| | 廚務組 | 1.調理住客、會員、貴賓所需的中、西餐點。<br>2.調理會議室顧客所需的中、西茶點。<br>3.負責廚房設備的清潔維護保養。<br>4.負責廚房用具的洗滌。<br>5.協同外場經理共同負責各餐廳菜單的設計。<br>6.協同業務部及餐廳部共同負責餐廳的促銷活動。 |

表3-2 飯店各部門工作內容介紹（續）

| 單位 | 組別 | 工作內容 |
|------|------|---------|
| 餐飲部 | 飲務組 | 1.負責大廳酒吧的營運作業及工作人員的調度。<br>2.負責B$_2$健身中心飲料吧的營運作業及工作人員的調度。<br>3.負責各餐廳宴席酒水飲料的供應。<br>4.負責open bar的set-up運作及工作人員的調度。<br>5.負責各餐廳酒水飲料的促銷活動。<br>6.負責各餐廳酒單的設計。 |
| | 器皿組 | 1.負責各廚房營業器皿的洗滌及垃圾、餿水的處理工作。<br>2.負責定期主導營業器皿的盤點，以控制破損遺失率。<br>3.負責各餐廳大型宴席器皿的供應。<br>4.負責保管、保養各類銀器、金器。<br>5.負責供應各餐廳對銀器、金器的需求。<br>6.負責洗碗機、截油槽的清理、保養工作。<br>7.負責餐飲部營業器皿的資料存檔，包括營業器皿的編號、拍照存檔、申購、領用及退倉。<br>8.負責廚房的防蟲消毒工作。 |
| 俱樂部 | 維護清潔組 | 1.負責俱樂部整體環境的清理。<br>2.配合健身教練做定期的健身器材維護保養工作。<br>3.配合游泳教練做定期游泳池的清理工作。 |
| | 接待服務組 | 1.管制人員進入，會員、住客身分驗證（務必於登記簿登入姓名）。<br>2.負責提供顧客寄物櫃、浴巾、浴袍及相關必備品之服務。<br>3.負責提供顧客有關按摩師、美容師的預約工作。<br>4.提供顧客專業的服務，包括健身房教練、迴力球教練、游泳池教練等。<br>5.負責健身器材的日常維護工作。<br>6.負責游泳池水質控制、機房運轉及鍋爐系統反應。<br>7.負責烤箱、蒸氣室溫度控制及各項電源開關之操作。 |
| 業務部 | 業務組 | 1.負責SA、I／O、會議及宴席的業務推廣。<br>2.負責與合約公司客戶及潛在客戶保持密切聯絡。<br>3.負責show room。 |

表3-2　飯店各部門工作內容介紹（續）

| 單位 | 組別 | 工作內容 |
|------|------|---------|
| 業務部 | 業務組 | 4.負責與客戶簽訂合約。<br>5.負責簽約後訂金的催收。<br>6.接洽業務簽約後，負責擬定function order。<br>7.負責與營業單位做事前的協調工作，並適時反應顧客的投訴事件，以便做適當的處理。<br>8.負責營業單位促銷推廣活動的策劃及執行，包括促銷活動內容、訂定產品價格、折扣售價政策。 |
| | 美工組 | 1.負責設計、打樣、製作成品、完成後續工作。<br>2.如外包者，需負責協調、監製、組裝。<br>3.會館內其他部門或因上級指示支援關係企業，依業務輕重緩急分工安排。<br>4.主動提出新構思、需求，配合營運作業。 |
| 櫃檯部 | 商務組 | 1.負責SA、I／O、會議及宴席之預約。<br>2.負責催收各大小宴席、會議訂金的支付。<br>3.負責與簽約客戶做最後的確認。<br>4.負責會議、宴席function order及變更單的擬定與確認；並分發到相關單位（由業務部擬定之function order需經預約中心的確認，再由預約中心集體分發到相關單位）。<br>5.負責接待租用會議室的活動主辦人，並居中協調相關部門。<br>6.業務人員外出時，安排相關單位協助show room工作。<br>7.必要時，辦理各項合約的簽訂。<br>8.提供SA住客、I／O租賃戶及會議室顧客各項專業的商業祕書服務，包括郵電、影印、傳真、e-mail、internet、快遞、打字、翻譯。<br>9.負責聯絡清潔人員，以維持I／O、會議室的清潔。 |
| | 接待組 | 1.負責SA住客、I／O租賃戶的C／I及C／O。<br>2.負責辦理SA住客、I／O租賃戶、及會議室顧客的帳目。<br>3.財務部下班後代理總出納的業務。<br>4.提供會員及貴賓有關當日館內各項活動的資訊。 |

表3-2　飯店各部門工作內容介紹（續）

| 單位 | 組別 | 工作內容 |
|---|---|---|
| 櫃檯部 | 接待組 | 5.協助會員及貴賓達成所需之服務。<br>6.負責交換機之使用、處理住客之留言、提供住客醒喚及住客電話帳目之核對。<br>7.負責大門之門衛、行李搬運、SA住客及各單位郵件發放、車輛調度等服務。 |
| 房務部 | 房務組 | 1.負責客房每日整床的工作及環境的重點整理。<br>2.負責客房每三日固定更換床單的工作，但需視實際狀況的需求，隨時更換床單。<br>3.負責客房每日浴室的清理及每三日毛巾類的更換工作，但需視實際狀況的需求，隨時更換毛巾。<br>4.負責客房每日廚房廚具、冰箱及餐具的清理。<br>5.負責每日垃圾的清理及地毯的清理。<br>6.負責客房設備故障損壞的簡易維修及報修。<br>7.負責客房定期的保養計畫。 |
| | 清潔組 | 1.負責建築物四周景觀、人行道之清掃。<br>2.負責頂樓環境之清潔。<br>3.負責地下停車場之清潔。<br>4.負責公共區域洗手間、玻璃、銅條、壁飾、盆景、家具、菸灰桶、地面、天花板、出風口、吊燈之清潔。<br>5.負責客用、員工電梯內之清潔。<br>6.負責各太平梯之清潔。<br>7.負責各餐廳貴賓室洗手間之清潔。<br>8.負責各餐廳打烊後地面之清潔。<br>9.負責俱樂部洗手間、地面之清潔（三溫暖除外）。<br>10.負責員工更衣室及洗手間之清潔。<br>11.負責會議室的桌椅擺設及清潔工作。<br>12.負責辦公室地板及垃圾之清潔。<br>13.負責公共區域設備故障破損時的簡易維修及報修。<br>14.負責公共區域定期的保養計畫。 |

表3-2　飯店各部門工作內容介紹（續）

| 單位 | 組別 | 工作內容 |
|------|------|---------|
| 房務部 | 管衣室 | 1.負責客房布巾類之申請。<br>2.負責員工制服的保管及領用、借用狀況。<br>3.負責客房布巾、餐廳檯布、口布及員工制服送洗的點收及發放。<br>4.縫補及修改客房布巾、餐廳檯布、口布及員工制服。<br>5.負責客衣送洗的點收及發放。<br>6.負責接聽並聯繫各單位傳達客人要求之服務項目。<br>7.負責客人遺留物之清點及保管。<br>8.負責核對房間報表及房間狀況之轉換。<br>9.負責與樓層或相關部門之聯絡。<br>10.管制房務部各級員工客房鑰匙之領發及回收。<br>11.負責備品之領取及報廢。<br>12.負責每月備品破損、遺失之統計。 |

資料來源：《餐旅人力資源管理》，蕭漢良，頁59-64。

## 第二節　工作分析程序及方法

　　在前面的部分，我們已經介紹過工作分析的目的——編制標準作業程序SOP與人力資源管理各大功能的關係，當然我們都知道工作分析最終必須完成工作說明書及工作規範的製作。現在我們將說明工作分析的必須使用程序步驟，我們都知道工作分析最先做的功課就是蒐集企業內部的資訊，因為依企業規模大小不同，其內部各部門的數目也有所不同（可參考圖3-2觀光飯店組織架構圖），所以取得彙整後的資訊可能有數十個不同的職務內容和工作性質，依其不同的工作性質，管理者應選擇適合的資料蒐集方式，以下將詳細介紹各種資料的蒐集方法（參考圖3-3工作分析程序圖）。

## 壹、事前規劃

顧名思義便是指在工作分析前就必須完成的作業程序，其必須考慮的因素有：（參考Thornton & Byham, 1982, pp.132-136）

一、依企業規模大小衡量所需的部門數、各部門工作性質、各職位內容等因素，擬定工作分析的範圍與其之間的差異。

二、工作分析目的——標準作業程序及人力資源管理各大功能。

三、評估從事工作分析這個作業程序會消耗多少資源及成本（例如：工作分析的高階主管、研究人員的數目及其經驗的多寡）。

四、工作分析的仔細程度（例如：是否要將每個步驟都詳加說明）。

五、工作分析是否可依相關的法律規定為依歸，或者兩者之間有相違背牴觸之處。

六、工作分析方案所涉及之範圍的大小（例如：受調查或訪問的在職者與其上司之人數以及分布的地方）。

## 貳、資料蒐集方法

「工作分析的方法主要係指蒐集工作資訊（job information）的方法（《人力資源管理理論分析與實務應用》，吳復新，2003）」。資料蒐集是整個工作分析程序最重要的一環，蒐集資料的過程可以很經濟也可以很耗時，主要是由工作分析人員來做決定，可以只單採用一種方法，也可以同時進行兩種或兩種以上的方法來蒐集資料。依著名的工作分析學者麥克柯米克（E. J. McCormick 1974, pp.4-42）所介紹，共有十一種的資料蒐集方式：1.觀察法、2.個別面談法（一對一的進行面談）、3.集體面談法（一次和數位任職者進行面談）、4.技術會議（technical conference）、5.問卷調查法——結構式、6.問卷調查法——開放式、7.工作日誌法、8.重要事件（包含導致好與壞兩種工作

績效的工作行為之重要事件、9.工具（或設備）設計資訊（如器械之設計藍圖等）、10.工作活動之紀錄（如影片等）、11.一般紀錄（如保養維護紀錄等）。以下將介紹幾種較常使用的資料蒐集方法，如下：

## 一、觀察法

在所有的資料蒐集方法中最簡單、直接的方法，工作分析人員只需親自花時間實地勘察，到工作現場從旁觀察，並客觀、有系統的記錄下受訪者的工作內容即可。觀察法適用於工作流程簡單、技術性及複雜性較低的工作，例如：外場服務員的服務流程、內場廚師的出菜作業程序等職務。另一個使用觀察法的重要因素是這些職位的工作人員其工作性質都非常忙碌，受訪者沒有辦法抽時間空出一隻手來填寫問卷或接受訪問。基於以上的因素，最佳的蒐集方法便是以工作分析人員不加入個人主觀因素的觀察、配合工作手冊相互交叉比對參考，並深入探討受訪者的工作內容、技術層面、困難度等問題，使用觀察法的好處是因工作分析人員實地走過整個流程，所以較能準確的找出易被忽略問題點而向上級呈報，也對此職位有深刻的了解；畢竟「隔行如隔山」，觀察法能將資料的錯誤率降到最低。

## 二、晤談法

簡單地說，晤談法就是與受訪者約好時間，並進行一對一或一對多的面談，當然面談法並不是如此的簡單容易。採取晤談法必須是工作分析人員本身具有深厚的訪談功力，並能精準地找出相關問題深入的進行訪談，否則晤談法很容易變成受訪工作者抒解壓力或抱怨的管道，甚至變成天馬行空的閒聊。若工作分析人員的訪問問題不夠深入核心層，使得蒐集來的資料只有問題的表層不足以採用。選擇受訪者絕對不能單單只聆聽一方的陳述，必須參考同種工作性質但不同層級人員的受訪資料（例如：餐廳裡的服務員、領班、副理、經理等不同階級的工作者），以及參考相關方面專家的意見，如此一來，蒐集來的資料才能具有多元及完整性。在面談的問題方面，必須涵蓋工作的內容、職

責、工作的時間長短、會遇到的困難和問題等，工作分析人員在訪談過程必須先站在受訪者的立場發揮同理心，讓受訪者能放下成見侃侃而談，最後再慢慢的一層一層抽絲剝繭直擊核心問題，問的越深入，所蒐集的資料就越齊全。最後面談法可能遇到的問題是受訪者的人數太多無法一一進行面談，此時建議採用統計學中的分層抽樣法（stratified sampling）取得資料。

## 三、工作日誌法

工作分析人員自行設計一本工作日誌發給所有的受訪者，要求受訪職員每天務必像寫日記一般記錄下今日所從事的工作流程，並詳加說明每個流程的細節、所耗用的時間及每個程序需注意的事項。採用工作日誌可能面臨相當大的風險，例如：受訪者的個人因素工作太繁忙而忘了記錄、有記錄但卻不詳加說明等，導致蒐集的資料不齊全，甚至不正確。所以工作分析人員須事先準備好周詳的配套措施（同時採用兩種或兩種以上資料蒐集方法），並事先擬定不同層面的問題及簡單易懂記錄表單，讓受訪者能清楚的記錄每天的工作活動。

## 四、問卷調查法

問卷調查法是指工作分析人員綜合自己想採訪的問題、專家建議、考量受訪者工作立場等因素，將這些問題以最簡短的文字設計成問卷表，並發給受訪者填寫。問卷調查法重視的是問卷的設計，例如：每個問題必須以最簡短的文字呈現，且簡單易懂、問題的排列必須由簡至難、題目不可以難度太高、題數太多、題目切忌涉及隱私或偏離核心等。問卷的基本問題應包括：工作名稱、職務內容、從事人員需具備哪些相關的技術及知識、工作時所使用哪些設備及工具等越詳細越好。當然不是所有回收的問卷都能採用，必須經統計系統的效度分析過後，確認回收表單的準確性後才能使用。

## 五、緊急重要事件技術法 （資料來源：人力資源管理理論分析與實務應用，吳復新，2003）

緊急重要事件技術法（critical incident technique, CIT）最早是由美國匹茲堡大學（University of Pittsburgh）教授約翰佛拉納根（John C. Flanagan）

所發展。依據他的說法：「緊急重要事件技術是一套直接觀察人的行為以蒐集一些特殊事件，裨解決實際問題與發展廣泛的心理原理的程序。所謂事件（incident）是任何一種可觀察的人之活動，這種活動本身即相當完整，因而從活動即可對從事活動的人做一些推論與預測。而一項事件之所以稱為緊急重要（critical），乃因行動的目的和意圖對觀察者均很清楚，而且其後果亦至為確定，毋庸置疑。」（Flanagan, 1954, p.327）

佛拉納根（1954, pp.335-346）同時提出以下幾個應用此技術的步驟：

## (一)設定目標

這是指確定一項活動的總目標（general aims），如此才能決定該活動的許多行為是否有效。例如：我們倘若不知道某人要完成的任務是什麼，那麼，我們便無法確定某人的何種行為是有效的（有助於達成目標）或無效的（無助於達成目標）。

## (二)確立緊急重要事件的規格（specifications）

在蒐集緊急重要事件的資料之前，必須先確定觀察的詳細要件。這些要件計有：

1. 所觀察的情境（the situation observed）

情境應包括地點、人物、情況、活動。

2. 與總目標的關聯性

在確定適當的情境後，接著便需決定所擬定觀察的某一特定行為是否與總目標有關。此點有賴觀察者的背景與經驗。

3. 對總目標的影響程度

其次觀察的事件對總目標的影響程度（即重要性）包括兩點：(1)對總目標的正面影響程度（最好附上實例）；(2)對總目標的負面影響程度（最好附上實例）。而影響程度的顯著與否，最好能有量化的標準，例如：平均節省或浪費全部生產時間為十五分鐘。

4. 觀察的人選

要觀察緊急重要事件，自然必須有適當的人選。在可能的情況下，應以該員對活動的熟悉度為主要考慮。因此，對許多工作而言，其上司是很好的典範。其次，應給予觀察者必要的訓練，至少包括了解活動的總目標、熟悉上述三項要件等。以上四點可歸納如表3-3的問卷表。

表3-3　緊急重要事件問卷表

| 當你看見下屬或其他人執行職務，明顯地影響其個人或整個團體的工作績效時，請就下列問題詳加記述：<br>　1.當時的工作環境。<br>　2.從事該工作員工的實際行為。<br>　3.為什麼這項行為對工作績效大有助益或不利？<br>　4.這事件發生（或存在）的時間。<br>　5.這個員工的工作是什麼？其個人從事這項工作又有多久？ |
| --- |

資料來源：何永福、楊國安，1993，頁82。

(三)蒐集資料

上述觀察的要件一旦確定後，資料的蒐集工作便很容易。唯應注意的一點是：應趁著所有的事實在觀察者的腦海中仍很新鮮時，即做好行為的評估、歸類以及紀錄的工作。最好是在觀察時，即做好全部這些工作。

當然，緊急重要事件技術亦可以應用於蒐集過去的事件與行為，只要它們發生的時間不是太久之前，同時觀察者能做詳細的觀察與評估，此事件通稱為「回溯事件」（recalled incident）。

蒐集資料時可以用的方法計有：1.個別面談；2.集體面談；3.問卷；4.書面記錄（包括現場記錄與填答表格兩種）。

(四)分析資料

指將所得的緊急重要事件資料予以分析，以獲致可供使用的評鑑構面。

表3-4　緊急重要事件實例舉隅

職務名稱：餐廳領班

檢核項目：工作流程準確性

緊急重要事件：

1. 注意收到的囍宴、酒席訂位名冊是否有錯誤，必要時需與顧客做再次的確認。
2. 將囍宴和酒席的預訂菜色列印在精美的立卡上，置於席桌上並以鮮花擺飾。
3. 在顧客預訂入席前再次確認擺桌是否有誤（例如：杯盤及筷匙的擺放位置、酒水準備是否完成、包廂用餐環境的整潔等）。
4. 如遇相關的問題，必須先查閱「領班工作手冊」。
5. 將常客的菜色喜好、訂席紀錄、外場服務員輪調紀錄簿等重要文件歸檔。
6. 常將冰庫中果汁的保存期限忘記。
7. 常忘記檢查杯盤等磁製器皿破損作總清點。
8. 常忘記將水杯、紅酒杯、銀器作定期的漂白、消毒、打蠟的保養工作。

資料來源：參考何永福、楊國安，1993，頁82，自行編製。

## 參、參考既有的工作說明書及工作規範

　　有時礙於時間緊迫、預算資金等壓力，工作分析人員不得不放棄使用上述介紹過的四種蒐集資料的方法，此時建議可以利用企業組織內部既有編制好的工作說明書、工作規範及相關資訊。另外也可以至其他的企業組織，借閱相關的資訊、或至其他專業機構、網站查詢相關的專業文獻資料，採用此種方法是最省事、最經濟的資料取得方式。但這些資料仍可因時代久遠、組織的編制方式不同、設備技術的變革更新等因素而不能完全適用，資料只能僅供參考，與實務上多多少少都有些許的差異。工作分析人員不能全仰賴二手的資料，應從中截長補短，並加入自己的見解。

## 肆、高階主管會議評估可行性及重要性

　　俗話說：三個臭皮匠勝過一個諸葛亮，無論是採用任何一種方法來蒐集

資料，工作分析人員都必須先將蒐集來的資料整理好，並處理成初步的資訊，並與高階的一級或二級主管進行會議，評估其蒐集的資訊缺失，高階管理者可依過來人的自身經歷與相關專業知識提供意見，也較能一針見血的找出研究資料需改進的地方，經過眾人集思廣益、全盤的檢討及謹慎評估，才能整理出完善資料，並提供工作說明書及工作規範齊全的文獻。

## 第三節　工作說明書

　　工作說明書（job description）是工作分析後的產物，主旨是明確列出職員該做什麼？如何完成任務？爲什麼要做？的一種書面規章，所以有人說工作說明書應該是「職位說明書」。工作說明書的制定對雇主和員工而言都是百利而無一害，對員工而言，工作說明書賦予員工一個職稱及所帶來的地位，並說明了員工在企業組織中階層地位，更重要的是工作說明書切確的說明了員工的工作內容、所需達成的目標及其連帶的權力與責任。對雇主而言，工作說明書是因人力管理各大功能而訂定，所以提供管理者在考核績效、員工懲處、新進人員的招募上有了依歸，也避免公報私仇、假公濟私等不公平的人事紛爭。

　　依George Bohlander、Scott Snell學者在其*Managing Human Resources*中，提到一份初步的工作說明書內容應包含三大部分：1.工作職稱、2.工作識別、3.工作職責，當然這些都是比較粗淺的提到工作說明書的內容。在工作說明書的撰寫上應越詳細越好，對勞資雙方就越有保障，更重要的是不得與法律規章相違背。一般而言，工作說明書會依其企業規模、管理機制的不同而有所變化，並沒有一定的規範，但其目的卻是相同的——達成勞資雙方良性的互動及建立明確制度，由此可見工作說明書的價值性。

## 工作說明書的內容

一、職稱（job title）

二、職等

三、所屬部門

四、工作編號（code）

五、主要職責：說明其主要的工作內容，但需注意言簡意賅。

六、工作內容：敘述工作職務、相關權力與責任。

七、所受的監督部門（直向關係）：明確指出需向哪個處室負責，簡單的說，就是上司與下屬的關係。

八、相關的其他部門（橫向關係）：指出所屬的部門和其他部門的聯絡與責任關係。

九、所使用的工具、設備及環境

十、備註

十一、簽章及認可：在經過勞資雙方同意後，需由直屬上司、工作分析人員及任職此職務的工作人員簽章後生效。

表3-5　人力資源專員工作說明書

---

**×××公司**
**工作說明書**

編號：CK002

姓名：

職稱：人力資源專員

職等：B級主管

所屬部門：人力資源處室

主要職責：協助人力資源處室處理有關公司人力資源之有效管理，以達成公司之經營目標。

此項工作的內容：

　一、規章制定

表3-5　人力資源專員工作說明書（續）

1. 擬定有關公司、（工廠）之人力資源管理、規章，並建立完整之制度。
2. 協助各部門闡釋及執行人力資源管理規章。
3. 執行政府有關勞工法令之規定。

二、人力管理

1. 依人力狀況制定人力資源計畫，以適應公司未來之需要。
2. 執行既定之人力計畫，裨公司人事預算不超越限定數額。

三、人員招募

1. 制定人員招募計畫，以因應公司人力發展之需求。
2. 負責人才甄選活動之一切任務：撰寫人事廣告、甄選人員、面試安排、考試、面談及審視查核、任用、對保、以及新進人員報到等事項。
3. 與學校、職業輔導機構保持必要的聯繫。

四、人員訓練與發展

1. 調查、分析及建議相關且必要之訓練需求。
2. 計畫、協商、準備與執行公司內部人員之訓練課程，新進人員訓練、在職訓練及其他訓練活動以符合公司營運之需。
3. 申購必要之訓練器材，安排有關之教育訓練計畫。
4. 檢討、評估現有之訓練績效，以為將來舉辦有關訓練之參考。

五、薪資、福利

1. 協助執行公司之薪資管理制度，如工作分析、工作評價、薪資調查、薪資表之建立、員工考績、薪資預算及薪資管理規章之建立，以確保此一制度之公平、合理。
2. 提升、執行員工福利計畫，如員工保險、退休、職工福利、員工休閒活動等。
3. 與有關部門協商，以維持各部門人員待遇之公平、合理一致。
4. 蒐集、審視與評估相關企業之薪資水準，以為本公司薪資調整、薪資預算之參考依據。
5. 掌管全體員工之薪資資料，並確保員工薪資之迅速、確實之核算、紀錄、發放。

六、員工事務管理

1. 掌管全公司各部門之人事檔案，提供部門管理之參考。
2. 按公司之制度，執行員工之離職、休假、加班、停職、紀律、獎金等業務。

七、勞工關係

1. 創造、確保和諧之勞工關係，裨有益於公司之營運。
2. 保持公開、互惠之溝通管道，有效傳達公司內部消息、意見、建議或員工異議與抱怨，並盡速予以合理之處理。

表3-5　人力資源專員工作說明書（續）

　　3.協調員工與主管間的關係。

八、諮商

　　1.提供員工或有關部門主管必要之協助、建議，以解決其問題。

　　2.對於員工間之衝突提供必要之協調，以求合理之解決。

主要接觸對象：

一、公司內部：各階層員工，以探討、協商人力、薪資、福利建議等事項。

二、公司外部：

　　1.相關企業之人力資源主管。

　　2.各級政府勞工主管機關。

　　3.保險機構。

　　4.人力資源（或人事）管理專業團體。

　　5.訓練與管理顧問公司。

監督管理：

　　直接：公司小妹一人：

　　間接：人力資源處室辦事員二人。

使用設備：個人電腦及相關之周邊設備（如雷射印表機）一套。

撰寫人：★★★　　　　　　　　　　　　審核人：★★★

日期：★★★★／★★／★★　　　　　　（直屬主管）：★★★

工作分析人員：★★★　　　　　　　　　日期：★★★★／★★／★★

日期：★★★★／★★／★★

資料來源：《人力資源管理理論分析與實務應用》，吳復新，2003，頁106。

## 工作說明書的撰寫方法

　　要如何撰寫及妥善地編排出工作說明書，有賴於工作分析人員的智慧及經驗，在此也歸納出幾個撰寫工作說明書時需注意的事項供讀者參考，當然拜科技昌明之賜目前市面上已有相關制定工作說明書的套裝軟體了，減輕人力資源管理者不少壓力及所耗費的時間，其主管單位只需將其套裝軟體內的範本開啟，依其原有的內文配合公司整體經營方針及企業文化稍作修改即可，這種內建約3,000篇的工作說明書可說是相當的方便。以下提出六項撰寫工作說明書時需注意事項僅供參考：

一、撰寫各詞句省去過於冗長的句子及贅字，應用字簡潔易懂。

二、避免使用專有名詞或專業術語。

三、職務內容應詳盡、完整的敘述，使職員能清楚明白工作內容，避免造成模糊不清的灰色地帶。

四、撰寫時應注意工作說明書是為個人而設計，所以不可在工作說明書的內容中寫上「參詳另一工作說明書」。

五、工作說明書之內容應依其重要程度、所使用的時間多寡等因素，依照順序排列。

六、工作說明書可能因現今法律修改而造成違反法令的規定，或者因公司經營方針的變革而造成工作說明書過時不適用的窘境，所以工作分析者應配合法規作適時的修改。

## 工作說明書與人力資源管理功能關係

餐廳和飯店業在創立初期都必須建立良好的人力資源規劃，特別是在這兩塊領域中「人力」是企業最主要的資產，其所販售的商品除了「有形」之外，更重要的是「無形」的服務。對任何一個管理者而言，最重要的資產——「人力」偏偏卻是最難以管理的，所以企業組織在成立之初，應作好人力規劃並製作完善的工作說明書。在此將探討工作說明書對人力資源管理各功能所帶來的益處。

### 一、以人力資源規劃為依歸

工作說明書是依工作分析為依歸，工作說明書和人力資源規劃是息息相關，所以當企業體在招募新進員工、內部人事異動、新設部門單位時，工作說明書可以提供管理者一個參考的依據。

### 二、人員的招募與調動

企業內部的人事流動是很正常的現象，每當公司因業務拓展新部門、分

公司時，或者職員離職、退休時，管理者往往就要依工作說明書上所敘述的工作主要內容為考量，並依此作為招考新進職員內部人事變遷的依歸。

## 三、人員的訓練

新進人員甄選過後正式成為企業全體同仁的一份子，為求讓新進職員能快速了解組織的運作情形並融入企業文化，或是內部原有職員所參與的在職訓練，管理者在此時要扮演指導員的角色，工作說明書就成了指導手冊，無論採用何種訓練方式，都要依照工作說明書中的主要工作內容為訓練設計的主題。

## 四、人員的薪資管理

優渥的薪資及合理公平的晉升制度，管理者才能留得住人才，但到底要給付多少薪資才算合理呢？給得太多，除了資方覺得吃虧外，更是人事成本的一大負擔；但給得太少，又會造成離職率居高不下，這也是令人棘手的問題。雖然勞基法中有明文規定雇主每月應給付職員的最低工資，但不可能在一個企業體中，上至總經理下至廚房內場負責清洗碗盤的職員都領著相同的工資吧！所以管理者可以參考工作說明書中工作性質，分辨其職位的困難度、所需勞心或勞力程度、完成工作所需消耗的時間等因素，來決定薪資的多寡。

## 五、人員的績效考核與晉升制度

員工為企業勞心勞心的工作，除了拿取基本的薪資之外，更需要的是得到主管的肯定，但管理者不可以毫無依據或因個人喜好，擅自決定員工的升遷，為求公平公正原則，依照平日的績效審核結果，決定員工的晉升或去留。有時候員工也會因為每天的工作內容大同小異而造成倦怠感，造成效率不佳，這時管理者除了利用工作設計使其內容作小幅度的改變，增加員工的新鮮感外，也可以在能力範圍的許可內做些許的加薪，以便增加工作效率。不管是上述所提的晉升或加薪，都必須以績效考核結果為準則，在工作說明書中提出的職務內容，便可提供管理者在評估績效時一個重要的關鍵依據。

# 第四節　工作規範

　　在前一節中已經詳細敘述了何為工作說明書，但有些工作分析人員在編寫工作說明書時會將工作規範囊括在工作說明書裡面，其實工作規範是否應該放在工作說明書內，或獨立編寫成冊並沒有明文的規定，但為求能使管理者和在其職位的工作人員能清楚明白工作規範的內容，仍然建議將工作說明書和工作規範分開來撰寫成兩本手冊。

　　然而什麼是工作規範呢？工作規範和工作說明書又有什麼樣的差別呢？工作規範（job specification）可簡單定義為一份書面文件，其內容包括制定其職位的工作人員應具備哪些個人特質（例如：人格、嗜好、興趣等），以及任職此工作的人員需具備的最低工作條件〔例如：知識（knowledge）、技能（skill）、能力（ability）（此三者簡稱KSA）、教育程度、經驗、相關證照或體力方面的要求等〕。對於初學者而言，是很容易將工作規範和工作說明書混淆不清的，簡單的說，工作規範的規定內容是「人」，而工作說明書的規定內容是「事」。

　　*Human Resource Management 2/e* 一書中，DeNisi/Griffin學者指出工作說明書和工作規範兩者合起來，提供雙向彼此調和的資訊集合、工作本身的細節和想要成功執行工作的員工，這些資訊被告知在接下來的招募和甄選上。在此引用了飯店業和餐飲業幾個職位的工作規範供讀者參考。

表3-6　工作規範手冊一

| ◎◎飯店 | |
|---|---|
| 職稱：特別助理 | 部門：總經理辦公室 |
| 職等：七 | 編號：AS203 |

表3-6　工作規範手冊一（續）

| ◎◎飯店 | |
|---|---|
| 直屬主管：總經理 | 年齡：25~35歲 |
| 性別：男 | 工作時間：8:00~17:00/天 |
| 教育程度：大學或研究所畢業以上 | |
| 工作經驗：・三年以上前檯工作經驗<br>　　　　　・飯店高階主管二年以上工作經驗 | |
| 專業條件：・飯店管理方面的專業知識<br>　　　　　・服務業管理的專業技能<br>　　　　　・精通英、日語（聽、說、寫流利）<br>　　　　　・具緊急應變能力<br>　　　　　・善交際、人際溝通、顧客抱怨處理 | |
| 體力條件：・至少能持續工作八小時以上 | |
| 儀表個性：・個性積極、誠懇<br>　　　　　・言談舉止端莊文雅、進退得宜 | |

表3-7　工作規範手冊二

| ◎◎飯店 | |
|---|---|
| 職稱：財務部副理 | 部門：財務部辦公室 |
| 職等：六 | 編號：DF509 |
| 直屬主管：總經理 | 年齡：30~40歲 |
| 性別：男女不拘 | 工作時間：8:30~17:30/天 |
| 教育程度：大學或研究所相關科系（會計、財務金融系）畢業以上 | |
| 工作經驗：・四年以上相關工作經驗<br>　　　　　・飯店財務主管二年以上工作經驗 | |

表3-7　工作規範手冊二（續）

| ◎◎飯店 |
|---|
| 專業條件：・具領導與經營能力<br>　　　　　・熟悉財務報表分析及財務規劃<br>　　　　　・擅長成本控管及分析<br>　　　　　・擅長預算編列<br>　　　　　・具有公開發行公司會計及財務經驗 |
| 體力條件：至少能持續工作七小時以上 |
| 儀表個性：・個性積極、負責<br>　　　　　・儀表端莊、成熟穩健<br>　　　　　・處事融洽 |

表3-8　工作規範手冊三

| ◎◎飯店 | |
|---|---|
| 職稱：採購部副理 | 部門：採購部辦公室 |
| 職等：六 | 編號：SK203 |
| 直屬主管：總經理 | 年齡：35歲以下 |
| 性別：男女不拘 | 工作時間：8:30~17:30/天 |
| 教育程度：大學或研究所畢業以上 | |
| 工作經驗：・五年以上飯店採購部門工作經驗<br>　　　　　・飯店高階主管二年以上工作經驗 | |
| 專業條件：・善於溝通及談判技巧<br>　　　　　・熟悉市場供應商銷售計算<br>　　　　　・熟悉採購作業程序及商品品質檢定<br>　　　　　・熟悉物品報銷之作業<br>　　　　　・隨時觀察並預測市場物價波動 | |
| 體力條件：至少能持續工作七小時以上 | |

表3-8　工作規範手冊三（續）

| ◎◎飯店 |
| --- |
| 儀表個性：·個性積極、誠實<br>　　　　　·責任心強<br>　　　　　·儀表端莊文雅、善交際<br>　　　　　·談吐進退得宜、富有同理心 |

表3-9　工作規範手冊四

| ◎◎飯店 | |
| --- | --- |
| 職稱：行銷業務部副理 | 部門：行銷部辦公室 |
| 職等：六 | 編號：MK613 |
| 直屬主管：總經理 | 年齡：30~40歲 |
| 性別：男女不拘 | 工作時間：8:30~17:30/天 |
| 教育程度：大學或研究所（相關餐旅行銷科系佳）畢業以上 | |
| 工作經驗：三年以上飯店業或相關行業行銷工作經驗 | |
| 專業條件：·擅長推動新行銷策略或產品<br>　　　　　·能具體掌握下屬行動<br>　　　　　·善於掌控業務部整體發展目標<br>　　　　　·具有判斷能力及市場需求分析 | |
| 體力條件：至少能持續工作七小時以上 | |
| 儀表個性：·個性活潑開朗<br>　　　　　·處事積極、誠懇<br>　　　　　·儀表端莊且健談 | |

資料來源：作者自行整理。

# 第四章

# 餐旅人員招募

## 第一節　招募目標

### 壹、招募的涵義

　　在各行各業中每個營業年度都會有現任的員工離職或退休，而若企業組織本身缺乏完善的晉升管理制度及福利制度，都可能造成員工流動率居高不下，然而企業各部門所需的人力都是固定的，若每當企業部門缺少基本的人力時，雇主卻又只以消極的方式面對問題（要求其他職員領一人份的薪資而做兩人份的工作），這種處理的方式往往只能短暫地遞補人力困乏的缺洞，長久下來，可能會導致更多的員工出走潮或由工會主導集體罷工等問題，這些問題都會造成企業更大的營業損失。倘若企業內部的員工流動率太高，人力資源部門就必須承擔起相關的行政責任，扮演廣招新進員工的角色。

　　餐飲產業在人力資源的管理方面是格外的困難，很多從事餐飲業的職員在考量未來展望、薪資待遇等因素下，往往都只把這份工作當成臨時性的打工，所以員工的離職率也普遍居高不下。在如此的窘境下，人力資源主管在招考新進人員時，必須尋覓符合餐飲業人才特質的員工，並且將對的人放在對的位子上，以降低離職率。招考新進職員對於資方的面試主考官而言，可說是一門大學問，不論是在招募或者是甄選任何一個階段，都必須在千百個應試者中找出符合企業需求與企業形象的職員。

　　招募和甄選都是人力資源規劃的一個重要程序，不論是在招募或甄選的

任何一個階段，都有各自固定的流程，很多人都容易將招募和甄選混爲一談。簡單的說，「招募」是招考新進人員的第一階段，在招募的過程中最主要的目標是利用各種管道，提供職缺訊息讓求職者知道，並且在招募的第一階段時初步選出合適的人員，但在通過第一階段應試的錄取者，並不代表能成爲正式的員工，接下來要再利用各種「甄選」的方式作最後的錄取動作，所以我們可以說招募是甄選的前置活動。

利用妥善的招考計畫，才能使招募和甄選兩階段發揮出最大的效用，錄取最合適的人選，而招募就好比是一張捕魚用的網子，若想要增加大量的魚獲量，就要撒下更大張的魚網，如此一來入網的魚兒自然就會變多；相對的，甄選的動作就好比是魚網上的網洞大小，唯有夠大的魚兒才能留在企業設下的魚網中。當然對雇主資方而言，招募的意義是爲企業組織設法廣招一群有能力且有意願前來應試的求職者之過程，最後再從應試者中雀屏中選地選出志趣相合的人才予以聘用。相對的，對求職者而言，招募是應試者和求才者第一次初步的接觸，也是多一份選擇心目中最理想工作的機會，「錢多、事少、離家近；位高、權重、責任輕；睡覺睡到自然醒；數錢數到手抽筋。」這雖然是一首俏皮的打油詩，卻寫出了求職者最理想的工作，求職者可能是在眾多應試的工作中，挑選出最符合自己需求的工作，招募是雙向地撮合企業組織和求職者的機會。

依人力資源管理學者DeNisi/Griffin兩位學者在其 *Human Resource Management 2/e* 中提到，企業組織與員工是同時各自懷著特定的求才與求職目的。對企業組織與應徵者而言，最佳的媒合機會出現在求職者與求才者懷有共同目標的前提下（參考圖4-1在招募中組織與個人的目標）。

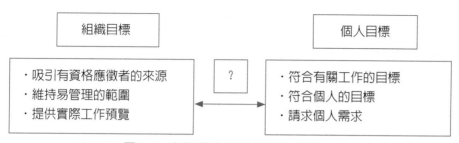

圖4-1 在招募中組織與個人的目標

資料來源：DeNisi /Griffin, *Human Resource Management 2/e.*

## 貳、招募的程序

　　人員招募是人力資源規劃的其中一個步驟，也是企業引才注入新血的第一步。對人力管理而言是一種「輸入」的形式，企業組織利用「招募與甄選」的過程為其本身延攬合適的人才，並將適當的人選依其專長放在適當的位子上（The right people on the right place），這種適才適所的人力管理程序能為企業帶來莫大的收益。在另一方面網羅優秀的人才是企業是否具有競爭力的關鍵，所以人力資源管理者必須特別重視優質人力（the best employee）的問題，在解決了取才的問題後，也才能進行後續人力資源運用（manpower utilization）。

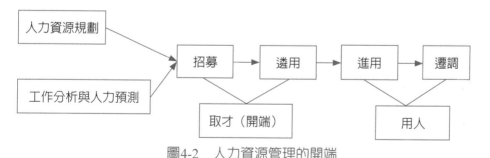

圖4-2 人力資源管理的開端

資料來源：L. L. Byars & L. W. Rue, *Human Resource Management*, 8th. ed., Boston, McGraw-Hill, 2006, p.112.

招募的程序大致上可分成四個程序，此四個程序的工作內容分別為：㈠設計招募計畫、㈡確定招募的人員來源、㈢選擇招募的方式、㈣從事招募活動，這四個程序環環相扣缺一不可。現在要介紹第一個步驟「設計招募計畫」，在設計周詳的招募計畫前，人力資源主管必須先徹底的了解此次招募對象必須具備的錄取條件、人才的種類以及取錄人數，最後在了解所有的資料後，必須向上級申請招募所需的經費，最後各有職缺部門的單位必須由主管填寫「雇用申請表」（參考表4-1雇用申請表實例）、該職位的「工作說明書」，並繳交人力資源管理部門，經由該管理部彙整後依照各單位部門所請求的職缺來設計招募的計畫。

　　在招募計畫中最主要的是依照總職缺名額來評估該用什麼方式招募員工？在第一階段招考時預計會有多少的求職者來應徵？特別是在初步評估會有多少求職者來應考是非常重要的步驟，如此一來才能估計要派遣多少主考官協助招募過程，通常在招募過程中所前來應試的求職者會比真正錄取的員工多上好幾倍，所以人力資源主管要精確的評估招募的規模大小。招募的規模簡單的說就是要撒下多大的魚網，若需要錄取的員工數很多就要撒下大張的魚網，利用平面媒體強大告知求職者資訊；若需要錄取的員工數較少，要盡量避免撒下過大的魚網，而導致過多的求職者來應試造成過多的人力資源浪費，但人力資源的主管是很難精準地估計出每次的招募活動究竟會有多少求職者前來應試。在此提供一個方式幫助讀者評估前來應職的多寡——「產出率」（yield ratio），產出率是指招募與考選的每一階段中，實得人數與參與人數的比值。例如：登報徵才，有300人來應徵，經過初步篩選，選取50人來參加考試與面談，比值就是6比1。而50人中，只有30人前來參加考試與面談，則比值是5比3。面談後錄取10位，比值是3比1；最後報到上班者只有5位，比值是2比1（參考圖4-3招募產出金字塔）。此種每個階段的「產出率」合起來可用一個「招募產出金字塔」（recruiting yield pyramid）（Dessler, 2000, pp.133-135），依照上

表4-1 雇用申請表實例

| ○○公司 雇用申請表 | | | |
|---|---|---|---|
| 人員職稱： | | 雇用人數： 名 | |
| 人事預算名額： 名　　現有人員（不含此次雇用人員）： 名 | | | 無預算 |
| 所屬單位： 部 | | 成本代號： | |
| 新增或遞補： 新增　　遞補 | | | |
| 新增理由： | | | |
| 遞補何人： | | | |
| 薪　　資：試用期間：本薪： 級　下限　　上限　　津貼／加給： | | | |
| 　　　　　正式任用：本薪： 級　下限　　上限　　津貼／加給： | | | |

| 性別 | □男　　□女　　□不拘 | 年齡 | 最高：　　最低： |
|---|---|---|---|
| 學歷 | □國中□高中□高商□高工□專科： 科□大學： 系□　研究所 | | |
|  | 特殊訓練： | | |
|  | 其他條件： | | |

| 經驗 | 種類 | 主管 | 採購 | 會計 | 物料 | 電腦 | 祕書 | 業務 | 工程 | 技術 | 助理 | 辦事員 |
|---|---|---|---|---|---|---|---|---|---|---|---|---|
|  | 年數 | | | | | | | | | | | |

| 直屬主管： | 預定報到日期： 年　月　日 |
|---|---|
| 申請人（部主管）：　日期： | 審核人（處主管或副總經理）：　日期： |
| 人力資源管理部意見： | |
| 核准人： | 日期： |
| 核准意見： | |

表4-1　雇用申請表實例（續）

| | ○○公司<br>雇用申請表 |
|---|---|
| 核准權限 | 預算內人員：1.間接人員一律由總經理核准 |
| | 　　　　　　2.直接人員除領班由總經理核准外，一律由廠長核准。 |
| | 預算外人員（含長期臨時人員、合約人員）：一律由總經理核准。 |
| | |
| 備註 | 1.本表一式二聯，由部主管於聘僱新進人員時填寫。<br>2.本表填妥後，連同「工作說明書」一份呈處主管或副總經理審核，再送交人力資源管理部。<br>3.人力資源管理部核對預算員額及填註意見後，轉呈核准人核准。核准後，第一聯送還申請人，第二聯由人力資源管理部留存。<br>4.雇用申請核准前，人力資源管理部不得刊登徵才廣告。 |

資料來源：參採吳復新《人力資源管理理論分析與實務應用》，2003，頁126。

述所提產出比率，餐飲業者大致可以算出每次招募時，網要撒得多大。例如：此次餐飲部的職缺希望能有4比1的比值，而且預計找30位求職者來面談，那麼，在招募時至少應能吸引到120位的應徵者，比值的設定通常可以由企業憑經驗加以估計。當然比值的大小與招募的成本成正比，所以，企業欲降低招募成本，便需減少產出比值，也就是提高招募的效率（參考何永福、楊國安，民82，頁123）。

## 第二節　招募來源

企業招募職員首要面對的抉擇是決定招募對象的來源，即是人力資源招募的管道（channels of recruitment），以下將列出一些提供人力資源的幾個市場，大致上可以區分成內部招募和外部招募，不論招募的來源是由外部招募或是由內部取得都各有利弊，現在要利用這個章節介紹招募的兩種來源。

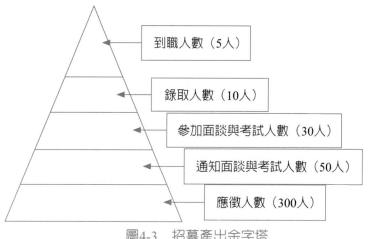

圖4-3　招募產出金字塔

資料來源：Dessler (2000)，p.135.

表4-2　內部與外部招募的優缺點

| | 優點 | 缺點 |
|---|---|---|
| 內部招募 | 1.不必重新訓練新進人員<br>2.激勵公司同仁士氣<br>3.符合企業文化、精神<br>4.易扮演支援同仁的角色 | 1.易導致漣漪效應<br>2.易造成組織停滯<br>3.無法改變舊有惡習或老舊思維 |
| 外部招募 | 1.能為公司帶來創新改革<br>2.能避免漣漪效應 | 1.易造成內部員工的不滿<br>2.培訓成本過高<br>3.可能有損原有動機 |

人力資源招募管道（引用人力資源管理，許南雄，頁73）：

㈠人力（勞力）市場：如大專院校、高中職技校、政府人力管理機關。

㈡社會公私立就業服務機構。

㈢獵人頭公司（head hunter）。

㈣專業公會協會等社會團體。

㈤人力銀行、人力仲介機構。

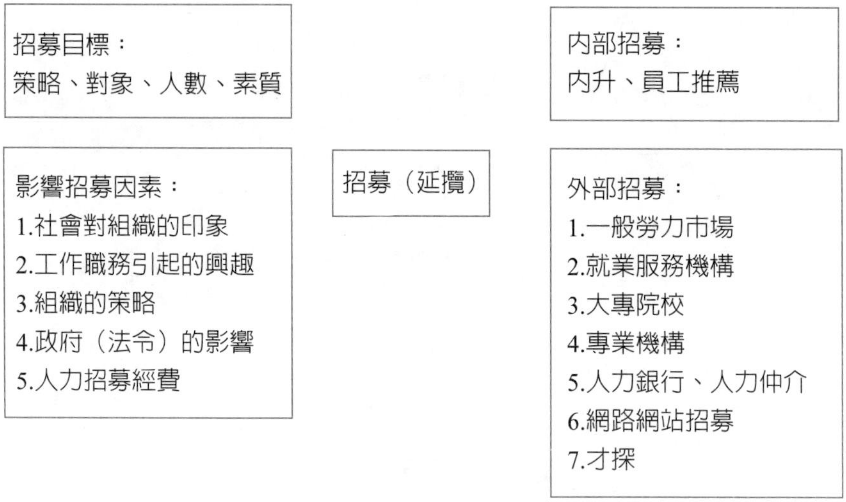

| | | |
|---|---|---|
| 招募目標：<br>策略、對象、人數、素質 | | 內部招募：<br>內升、員工推薦 |
| 影響招募因素：<br>1.社會對組織的印象<br>2.工作職務引起的興趣<br>3.組織的策略<br>4.政府（法令）的影響<br>5.人力招募經費 | 招募（延攬） | 外部招募：<br>1.一般勞力市場<br>2.就業服務機構<br>3.大專院校<br>4.專業機構<br>5.人力銀行、人力仲介<br>6.網路網站招募<br>7.才探 |

圖4-4　招募方案與人才招募管道

資料來源：《人力資源管理》，許南雄，頁74。

㈥人力資源網站。

㈦其他（如「探才」管道）。

## 壹、內部招募

　　若當企業組織內部出現職缺時，人力資源管理者選擇由組織內部原有職員中晉升遞補此職缺，這便可以稱之為內部招募（internal recruiting）或是內升制（promotion-from-within）。一般所指的企業招募都是以外部招募為主，雖然外部招募可以為企業組織帶來一些創意、活力和創新的改革，但是在新進人員錄取後並無法立即跟上企業經營的軌道，人力資源管理者必須先為新進職員做一些職前訓練，但這些是很消耗企業成本的做法，而且若冒然引用新進職員是無法事前了解他（她）的專業能力、人品、人際相處等條件，有時會使企業處於風險較高的處境。基於上述的這些因素，企業往往出現高階主管的職缺時，都會優先考慮由企業組織內部尋求可靠的人選。

招募內部職員和招募外部新進人員比起來，招募來源採用內部職員的風險低且帶來的優勢也較多，企業內部的任何一位職員都會期望從工作中得到主管的肯定，但最好的肯定莫過於藉由晉升來證明自己的能力，而內部招募正好提供了一個這樣的好機會，對一個有強烈企圖心、上進心強的職員而言，內部招募就好比是一雙無形的手推動著他努力向前，讓員工看到職場上的希望——晉升到更高的管理階層，員工會為此而更投入在其工作領域中、更專注於企業的經營策略、企業文化和理念、企業的行政程序……，內部招募亦可以算是一種對員工的報酬。

　　倘若企業組織的內部出現高階的職缺時，人力資源管理者卻選擇招募外部的人員即俗稱的「空降部隊」來遞補職缺，此舉可能會造成員工之間的失落感並打擊他們的自信心，甚至產生不願意配合外部招募人員的心態，使其政策無法順利推動，這些都可能造成企業在經營上的風險，為避免影響現職員工的工作士氣，並滿足、鼓舞其升遷的心理，應再慎選招募的來源。

　　但若每當企業組織出現職缺都是以內部招募為主要人力的來源時，可能會導致組織內部同仁的思想受到企業文化的影響而受牽制，甚至無法充分表達新思想或從事創新的改革，而使得企業內部呈現停滯、創造力受阻礙的缺點，長期下來管理者會發現企業文化會深受影響而缺乏動力，對企業組織而言，這並非具有正面的效果。

　　另一個內部招募的缺點就是會導致企業內部產生「波紋效果」（ripple effect），所謂的波紋效果便是當企業組織的高階管理層出現職缺時，人力管理者利用內部晉升制的方式，調遣下一層級的職員遞補此職位，但這會導致下一階層出現職缺，而又必須再從組織內部的另一部門調遣人力來填補空缺，管理者會發現利用內部招募的方式會使得職缺永遠都存在，特別是在餐飲業利用內部晉升的方式來填補職缺是無法徹底解決人力不足的問題，餐飲業需要龐大的人力作為前臺的服務，若用內部招募會使得前臺服務的職員工作量增加，這

充其量不過是個只能治標而不能治本的方法。

## 貳、外部招募

　　所謂的外部招募（external recruiting）又可以稱之為「外補制」（promotion-from-outside）。當企業組織現有職員離職或退休時，人力資源主管選擇利用各種方式告知求職者企業徵才訊息的過程，這種選擇以外部人才來填補內部職缺的方式便是外部招募。一般而言，當企業需要大量徵才時必會使用外部招募來尋覓人才，而外部招募的主要人力大致上是來自於學校、職業訓練機構、就業機構、網路人力銀行、人力仲介公司、專業團體、職業工會或公會、提供就業資訊的相關刊物及毛遂自薦者，通常採用外部招募的方式吸收人才必須再配合招考和面試才能聘僱新進人員，而且在徵選的過程中務必公開透明化作業且需秉持公平公正的原則，在招考前人力資源管理部門必須制定出完善的招考評分準則，避免產生徇私舞弊的窘境，且一切務必秉持著「因事擇人」而非「因人設事」的原則。

　　「好的開始是成功的一半」這句人人朗朗上口的名言也能利用在外部招募上，唯有為企業組織招募到合適且優秀的職員才能使企業永續發展，由外部的招募作為人力的取得，就如同內部招募一樣各有利弊，但如果能以工作內容的需求尋覓到最合適的人選（Hiring for fit, a good fit for a specific job.）便是最好的事了。外募招募的優點不外乎是藉由新進職員尚未受企業文化的影響，能為企業帶來新的活力、創造力、改革，而且更重要的是外部招募能有效地避免波紋效果；相對地外部招募也容易使得企業內部職員士氣受到影響，讓努力工作、有意晉升的職員產生挫折感。另外由於人力是外部取得，所以無法事前了解新進職員的工作能力、人際相處能力、人格品性等，這對於企業而言有一定程度的風險，特別是在人格品性和人際相處上都是無法藉由筆試或面試可測驗得知的。此外，對外招募所耗用企業的人事成本是相當高，除了招考事前的

準備動作外，更重要是聘僱新進人員後的專業訓練。新進職員在剛開始的工作上也無法立即適應企業文化和行政作業的程序，這個時期都是需要部門主管從旁協助，特別是招募人力是以學校為主要對象時。學校又可以細分成大學、專科和高職，這些提供的人力也會有所不同，大學和專科所提供的人才是屬於較專業的人力，而高工或高商所能提供的人才是屬於較技術層面的人力，但不論是選用何者，相同之處在於這些社會新鮮人是缺乏工作經驗的，所以對外招募所需要耗用的經費和人力是無法切確估計的。

## 參、其他招募方式

人力資源管理者在招募新進人員除了有上述的對外招募和對內招募兩種方式之外，以下還提供幾種方式提供讀者參考：

### 一、直接招募（direct recruitment）

直接招募顧名思義便是指企業組織出現職位空缺時立即進行的招募行動，一般所指的人力資源招募就是指直接招募，而這也是大多數的企業在網羅人才時最常採用的方式，此外直接招募也屬於短期性的招募方案。

### 二、儲備招募（anticipatory recruitment）

儲備招募存在的原因並不是企業組織有職位空缺，這是一種「未雨綢繆」的概念，企業需要備有儲備人才的計畫以因應臨時性的人力短缺，這是一種長期性的招募計畫，而預先招募的人才也必須通過遴選的測驗才能錄用。有些企業將儲備招募視為內部晉升的一種方式，先將有潛力的職員晉升為儲備幹部以備不時之需。

### 三、積極招募（positive recruitment）

企業在招募人才時應抱持著「好的人才不易得（good ones are hard to find）」的觀念，對資方而言每次的招募都是人力資源的浪費，所以企業更應該藉此找到理想中的人才；但若只是消極地採取一般的招募方式等待人才如

「天上掉下來的禮物」般自動來應徵，可能都無法順利的找到合適的人選，在這種情況下，人力資源管理者應利用各種方法主動出擊，積極地網羅最適當的人才，甚至不惜採用「三顧茅廬」的攻勢求才取才。在所有的招募中，人力管理者都應該秉持積極主動的精神來招募人力。人力資源學者許南雄教授表示：「就人力運用而言，只有積極招募才是招募人才之基本原則。」

### 四、公開招募（open recruitment）

公開招募是企業招募職員時最基本的要求「公開招考、公正原則」，但這並不表示企業招募時可以「來者不拒」通通錄取，人力管理者應抱持著「廣收慎選」的原則，並且重視人力素質及重視「寧缺勿濫」，避免發生「請神容易送神難」的困窘。

## 第三節　招募方式

企業組織在尋求好的人才之同時，求職者也在藉由各種的求職機會尋覓好的工作環境，這正是所謂的「良禽擇木而棲，賢臣擇主而事」的道理。但若企業不善利用各種管道讓求職者得到職缺訊息，又怎麼能吸引到合適的求職者前來投效，這便是為何人力資源管理者要特別重視招募方法的原因。不同的招募方式所能吸引的人數不盡相同，而且慎選招募方式時也要考量職缺的多寡和經費的預算問題，以下將介紹各種不同的招募方式：

### 壹、內部招募的方式（internal recruitment methods）

#### 一、職缺公告（job posting）

對內部招募而言這是一種相當普遍且常用的方式，當企業組織內部出現職位空缺時，人力資源部門利用企業組織內部的網路（intranet，如BBS）、公司備忘錄、公司時事通訊、布告欄、公司內部的刊物等管道發布職缺的訊息，

還有在公告的同時連帶將此職缺的工作內容、需具備的資格條件一併附上，並且訂定某一期限作為報名的最後登記日期，如此一來便讓有意勝任且資格符合這個職缺的同仁能報名參加甄選，這種類似「毛遂自薦」前來競爭工作的招募方式，亦可稱之為「工作競標」（job bidding）。

以「職缺公告」的內部招募方式仍有幾點需要注意（Byars & Rue, 1991, pp.138-139；《人力資源管理理論分析與實務應用》，吳復新，2003）：

㈠出缺職位應包括晉升與遷調。

㈡公告時應規定登記期限，期滿後才能對外招考。

㈢員工參加登記的基本資格應予明定，例如：規定必須服務滿一年才有資格等。

㈣甄選的標準亦應明確規定。

㈤必須要求登記者敘明自己的資格條件及申請理由。

㈥甄試結果應公告周知，並告知未錄取者其失敗的理由。

二、主管和員工的推薦（supervisory recommendations）

這是一種比較主觀的招募方式，當企業內部產生職位空缺時，人力資源管理部門便要求各級主管或公司同仁提名或推薦出心目中最理想的人選，而各級主管可從平日管理的下屬中挑選出合適的人選予以推薦。其實對員工而言，提名便是一種肯定、認同感，但這種內部的招募方式仍需避免過度的主觀意識和種族歧視。

採用主管和員工的推薦方式有很多好處，首先這種招募不需要用到太多的人力和宣傳費用，所以非常節省成本；再來員工介紹自己的肯定人選，可以增加參與感也能確保新進職員的素質，對於被推薦進來的新進人員基於「對推薦人的保證」，也會產生較強的責任感，這種「一個拉一個」的招募方式，也能有效減少流動率的產生。此外，在實施這種「主管和員工的推薦」辦法，也應該制定一些原則規定：「不論任何部門或階級的企業同仁都能參與提名，但

經推薦的被提名人不代表一定錄取，而且也不是優先被推薦的被提名人就會有優先錄取權，錄取資格仍是要由遴選時的考試及面試成績為主要依據」，如此一來有了明確的規定後，便能明確告知被推薦人企業在徵才用才方面的過程是公開化、公平公正，此外也能減少介紹人在人情世故方面的壓力。最後，若企業想利用推薦的方式徵才可以藉由提供獎金作為鼓勵同仁推薦的獎勵，特別是餐飲業在旺季（如新年、學生寒暑假）時需要臨時雇用大量職員時，正可以善用此方式招募，甚至也可依新進職員暫留時間的長短，給予不同的獎金，以減少離職率。

### 三、工會廳（union hall）

內部招募的另外一種方式便是利用工會廳的方式徵才，此種招募的對象是針對內部人力和外部人力之間作選才。但何種候選人才是屬於這兩者之間，第一種便是指企業組織內的約聘人員，約聘人員不屬於正式的職員，甚至工作時間也不是長期或固定的，但仍和企業之間存在著合約的規範；第二種即是指已被企業組織解僱的正式職員，但這些職員中不乏有著極佳工作能力的工作者，也許是因某種因素（如，企業縮減部門）而暫時離開企業組織。以上所提到的這兩種工作族群都是工會廳招募的主力對象。人力資源主管收到其他部門所開出的職位空缺時，可先決定招募對象的優先順序，再利用組織內部的網路、公司備忘錄、公司時事通訊、布告欄、公司內部的刊物等管道，發布職缺的訊息進行通知，但有意願的求職者仍需要參考遴選階段的考選。

## 貳、外部招募的方式（external recruitment methods）

### 一、大眾傳播媒體廣告（advertisement）

#### ㈠報紙／夾報

一般的求職者在尋求徵才訊息時大多都會利用報紙的廣告版面，所以報紙可以稱之為大眾傳播媒體的最佳宣傳工具。市面上的報紙種類繁多，但基本

上都會有一個求職的廣告專欄，依據欄位的大小區分成不同的價位，企業可以善加利用報紙的廣告欄發布職缺招募訊息，特別是剛成立不久的企業在資金有限、急需招募大量職員的情況下，藉由報社固有、廣大忠實之讀者，其廣告版面的宣傳效果佳，這種招募方式會是不錯的選擇。

倘若企業組織在資金的許可下，更可以利用報紙中的夾頁廣告單來宣傳企業的徵才訊息。一般的小型餐廳、咖啡店和地域性質的觀光飯店或休閒會館，都會使用夾報的便利性，也因報紙內頁所附宣傳單只會夾在區域性的報紙中，所以前來應徵的求職者對於業者而言，也較沒有供宿的困擾。

## ㈡海報

人力資源管理者確定職位空缺的名額後，必須更進一步藉由工作說明書從中了解其工作職稱、工作內容、資格條件和其他屬附條件，在與美工組配合設計出一份精美的海報提供宣傳使用，完成海報製作後再將其張貼在人潮較多的地方（如，學校、商業大樓、捷運站、公車站牌等附近），或者可以張貼在公司內部的公布欄、鄉鎮市公所的布告欄，由於海報製作的經費低又可以節省成本，再加上海報的刊登機動性高，所以人力資源管理者都非常喜歡利用這種方式招募。

## ㈢網際網路

拜科技昌明之賜，求職者也能「秀才不出門能知天下事」，利用網際網路的普及和便利，在網路上尋找職缺，越來越多的餐飲業者利用無遠弗屆的網路作為商業行銷的方式之一。架設網站行銷商品的同時，人力資源管理者也會不定期地更新求才訊息在網路上。另外也可以向熱門的網站公司（如，Yahoo奇摩、蕃薯藤、Google、MSN）購買小篇幅的廣告版面宣傳徵才訊息，這種新式的徵才招募方式較傳統的招募方式方便，且價格也較低廉，最重要的是可以連續二十四小時不間斷地傳播求才訊息，這種彈性高和高度便利性的招募方式，已逐漸成為人力資源管理者作為招募時的新寵兒。

## ㈣電視／廣播

　　人力資源管理者可以善加利用電視、廣播等影音傳播媒體進行人才招募的廣告宣傳，但此種招募的方式所需花費的金額可說是所費不貲，利用電視、廣播等熱門的廣告黃金時段宣傳徵才訊息，並非是餐飲業或飯店業者慣用的招募方式，但人力資源管理者可以利用參加類似能告知求職訊息的電視廣播節目（如，華視電視台的「就業快易通」電視節目），並在節目中進行宣傳，亦能達到同等的效果。

## 二、大專院校校園徵才活動（collages & universities recruiting）

　　每年的四月到六月都是莘莘學子的畢業旺季，在這個時候，人力資源管理者可以主動向各大專院校或技職學校的輔導室就業輔導組聯繫，並於事前發送各種求才的資料，最後才在校園內辦理徵才說明會及初步面試，人力資源管理者可以在同時請求校方提供優秀的應屆畢業生名單，主動與其洽談並建立檔案，這些剛從校園踏入職場的畢業生，尚未受企業文化影響，可塑性強且充滿活力及工作熱忱，除了沒有工作經驗仍需重新訓練的缺點外，大致上也可算是不錯的招募來源。

## 三、建教合作

　　目前國內各大專院校越來越多的學校都增設餐飲及旅館管理等相關科系，如國立高雄餐旅學院的三明治教學方式，正好提供學生一年到業界實習的機會。除了大專院校之外，也有更多高中職、技職學院的餐飲科系都有和一般的餐飲業者進行長期的建教合作，學生可以利用到業界實習的機會，讓專業知識和實務技巧相結合，更能增加工作經驗及競爭能力；而對業者而言，也可以從實習生中得到最新的專業知識和年輕人的創意行銷。此外也可以在實習生中挑選出工作能力佳的學生建立良好互動關係，以便等日後學生畢業後主動續聘，減少再次訓練的人事費用。

○ ○ 咖 啡 徵 才 公 告

職務類別：
　　　門市晚班正職人員
　　　門市晚班工讀人員

性　別：
　　　不拘

工作經驗：
　　　無經驗亦可，歡迎有志從事餐飲服務業者

待　遇：
　　　正職人員依照公司規定給薪，計時人員面談

上班日期：
　　　晚班正職人員 16:00~24:30 (部分依各店營業時間略有不
　　　同)、晚班工讀人員(依各店需求排班)

福利制度：
　　　享勞健保、工作津貼等

休假制度：
　　　正式員工月休八天、工讀人員排班制

應徵方式：
　　　可直接前往全省各門市或以 E-mail 寄送個人履歷表

郵寄履歷：
　　　台北市和平東路二段339號4樓 人力資源部收

圖4-5　外部招募會利用徵才海報公告

資料來源：作者自行蒐集。

# ○○餐館

## 人員招募　EMPLOYMENT

《職務類別》：

工讀生、定時社員、儲備幹部

《性　　別》：

男女不拘

《學　　歷》：

不拘，儲備幹部需大專以上學歷

《附註說明》：

★工讀生　→　◎16歲以上，時薪80～90元起

　　　　　　　◎享勞健團保，年中/終獎金，家族優待券，各項津貼

　　　　　　　◎應徵請洽各店經理

★定時社員→　◎16歲以上

　　　　　　　◎時薪125元起，月休4～6天，每日工作6～8小時

　　　　　　　◎享勞健團保，年中/終獎金，家族優待券，各項津貼

★儲備幹部→　◎享勞健團保，年中/終獎金，家族優待券，教育訓練

　　　　　　　◎平均月休9天，輪班輪休

　　　　　　　◎需配合全省輪調

圖4-6　徵才海報

資料來源：作者自行蒐集。

## 四、電子e化招募方式（e-recruiting）

　　對於電子e化這種招募方式，最廣泛的應用是在網際網路普及的地區，在上述提到的第一項大眾傳播媒體廣告招募方式中，已詳細介紹了網際網路的招募方式。在過去電子e化的招募，只能扮演好告知大量求職者職位空缺的資訊，但現在這種先進的招募方式包括線上招募（如，人力資源管理部門可利用電子郵件在短時間內發出上千萬封的徵才訊息）、線上報名（如，利用電子郵件寄發個人履歷表和報名表）、相關專業的招募網站等。利用電子e化招募方式也要考慮可能招募到求職者的年齡層普遍偏低，因為網際網路使用者大多以青少年族群居多，但不可否認的是電子e化的招募方式是最具經濟效益的。

## 五、各地公私立就業輔導機構提供招募資訊（publishing rosters of job vacancies）

### ㈠行政院青年輔導委員會

　　又可簡稱「青輔會」，成立於民國55年1月28日，並於民國75年正式更名為「青年職業訓練中心」，該部門目前可分為四個業務處室，其中又以第一處室和第二處室的行政業務和青少年就業輔導最息息相關，分別主管青年創業的輔導、青年創業貸款、青年的職涯啟航、職能開發及輔助就業等。青輔會除了在幫助青年創業之外，也提供婦女創業。並於民國88年成立「飛雁專案」，主要的目的是利用官方與民間企業的合作，幫助全台婦女重返職場，追求經濟獨立，並且找回自信心。青輔會網址為：http://www.nyc.gov.tw/，地址為：10055台北市中正區徐州路5號14樓。

### ㈡行政院勞工委員會職業訓練局（各區）就業服務中心

　　又可簡稱為「勞委會職訓局」，勞委會職訓局在全國各地共有六個職業訓練中心，分別位於台南、桃園、南區、中區、北區及泰山。此外另設有五個就業服務中心，各自位於基隆、台北、台中、台南、高雄，其主要的業務是提供有求職意願卻缺乏專業能力的人一個再度接受專業訓練的機會。此外也提供

身心障礙者重返職場的就業機會，相關的資訊都可以在其網站上查詢（如，工作機會、職訓機會），此外職訓局的網站中也提供了許多相關就業機會查詢的網站，如表4-3。勞委會網址為：http://www.evta.gov.tw/，地址為：10346台北市延平北路2段83號。

## 六、委外招募徵才（contracting out for recruiting）

有時企業組織在有限的資金下勢單力薄，所以並不能大張旗鼓地舉辦招募活動，相對地，所能招募的人才便相當有限，但若小筆的金額將招募的活動交由專業的人士來負責，更能顯示出更好的效果，這種委外招募徵才極少會只有單一公司對外招募，通常都是數個相同產業的企業組織共同委外招募；相對地，也能吸引更廣大地區的相關專業人士前來應試，這種「團結力量大」的效果，往往會比自行單打獨鬥好得更多。

## 七、才探對外挖角求才取才（the best qualified searches & hunting）

這是一種「主管搜尋公司（executive search firms）」、「獵人頭者」的招募方式，主要是利用這種專門替求才者的企業組織到別家企業尋找理想中的合適人選為主要業務的公司。人力資源的主管主要是將應具備的資格條件、工作經驗、薪資條件等列出來，給在專業的搜尋公司之個別招募者，又可稱之

表4-3　訓練中心網站彙整

| 網站名稱 | 網址 |
| --- | --- |
| 職訓e網 | http://www.etraining.gov.tw/ |
| 企業訓練聯絡網 | http://www.b-training.org.tw/ |
| 職業訓練數位學習網 | http://el.evta.gov.tw/ |
| 全國就業e網 | http://www.ejob.gov.tw/ |
| 身心障礙者就業開門網 | http://opendoor.evta.gov.tw/ |

資料來源：作者自行蒐集。

為獵人頭者（headhunter），或這種專業的主管搜尋公司亦可靜候佳音，通常要利用到獵人頭者來進行的招募對象便會是職位空缺屬於最高等級的管理階層（如，執行長、財務長等），主管搜尋公司或獵人頭者會將找到符合的人選作第一次初步的篩選，並將這些有意願轉換工作環境且有能力工作者名單交由企業組織，通常這些搜尋公司或獵人頭者所收取的佣金是填補該職缺者年薪的30%～40%，但基於這種專業搜尋者所尋獲的候選人都具有一定的品質保證，所以目前很多大型的企業組織，都開始利用這種招募方式來尋找專業的經理人。

## 八、人力銀行、人力仲介提供招募資訊

目前國內有越來越多的人力銀行、人力仲介管道的成立，其主要的業務是在協助人力資源管理者進行招募並在網路上提供就業的訊息；相對地，求職者也可以利用人力銀行進行職缺的查詢和線上求職報名，求職者只需要將個人基本履歷表填妥後上傳到人力銀行，往後若有企業組織向人力銀行招募人才時，人力銀行便能從成千上萬筆人事資料中提供符合企業需求的人才，這是一種時下非常熱門且普遍的招募方式。以下提供幾個網路人力銀行供讀者參考（表4-4人力銀行查詢）：

表4-4　人力銀行查詢

| 人力銀行名稱 | 網址 |
|---|---|
| 1111人力銀行 | http://www.1111.com.tw/ |
| 104人力銀行 | http://www.104.com.tw/ |
| J2H人力銀行 | http://www.j2h.net/job/ |
| 02Job大台北人力銀行 | http://www.02job.com.tw/ |
| MyJob人力銀行 | http://www.myjob.com.tw/ |
| 傳播人人力銀行 | http://www.comcareer.com.tw/ |

表4-4　人力銀行查詢（續）

| 人力銀行名稱 | 網址 |
|---|---|
| 24k金飯碗 | http://www.24k.com.tw/ |
| 1212人力銀行 | http://www.1212.com.tw/ |
| abc123超人氣人力銀行 | http://job.abc123.com.tw/ |
| 138人力銀行 | http://www.138.com.tw/ |
| 105人力銀行 | http://www.105job.com.tw/ |
| 汎亞人力銀行 | http://www.9999.com.tw/ |
| 大安人力銀行 | http://www.ta-an.com/ |
| 輕鬆找人力銀行 | http://www.ezwork.com.tw/ |
| eCareer職場情報網 | http://www.ecareer.com.tw/ |
| ATT人力銀行 | http://evergreen.att.com.tw/ |
| 101人力銀行 | http://www.101manpower.com.tw/ |
| 怡東人事顧問──人力銀行 | http://www.carewell.com.tw/ |
| easyjob人力銀行 | http://www.easyjob.com.tw/ |
| 中時人力網 | http://www.ctjob.com.tw/ |

資料來源：作者自行蒐集。

## 九、員工介紹

　　員工介紹的招募方式同時屬於外部招募和內部招募方式，唯一的差異是在於對招募的來源有所不同。外部的員工介紹招募方式，所徵才的對象是鎖定在員工的親朋好友，但仍需避免「裙帶關係（nepotism）」產生；而內部的員工介紹招募方式，所徵才的對象則是利用員工推薦企業組織內部的其他成員。在前述內部招募中，已詳細介紹員工介紹的招募方式，所以就不再多加細述。

## 十、其他

　　除了上述介紹過的數種招募方式之外，最後再為讀者介紹新興的一種招募方式，目前有越來越多大型連鎖飯店業者在經營方式跨向更多角化的經營（如，晶華酒店砸了五億入股併購知名連鎖比薩店達美樂的台灣、北京、上海區的代理權、亞都麗緻酒店取得故事茶坊經營權），但這些跨國的連鎖飯店業者在人力管理上就會有更高難度的挑戰，所以這些飯店業的專業經理漸漸地成立連鎖總部或專業的顧問管理公司，藉由總部內專業的人力資源規劃，進行人力上的輪調及招募工作，這也是一種極具工作效率的招募方式。

下列九種招募來源的平均評等方法是以五點尺度來評等（1=不好，3=平均，5=極好）

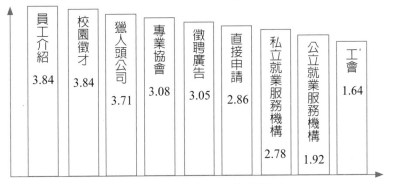

員工介紹 3.84
校園徵才 3.84
獵人頭公司 3.71
專業協會 3.08
徵聘廣告 3.05
直接申請 2.86
私立就業服務機構 2.78
公立就業服務機構 1.92
工會 1.64

圖4-7　招募來源平均評等

資料來源：David E. Terpstra, "The Search for Effective Methods" from HRFoucus, May 1996.

# 第五章

# 餐旅人員遴選

## 第一節　遴選程序

### 壹、遴選的定義

在前面章節中已詳細介紹過人力資源規劃的過程，在其過程中企業要注入新血必定會透過招募程序網羅人才，然而招募的過程中就好比是人力資源主管在人力市場中撒下的漁網。而現在此章節中將介紹人力資源規劃中重要的一環——「遴選」，遴選就好比是「招募」漁網中更細小的網洞，透過遴選的過程，人力資源管理者能做最後一次「入選的應試者」確定名單。

遴選（selection process）又可以稱之為「考選」或「甄選」，這是一種「雙向訊息流通的過程」。就人力資源主管而言，遴選的定義是篩選招募而來的求職者，並從中抉擇最合適的人選；相對地，以求職者的立場而言所定義的「遴選」，便是從所有的面試企業中選擇出最符合自己需求的企業組織，以獲得個人最大的利益，這個過程中是一種雙向的活動流程。依美國學者米克維奇（George T. Milkovich）與布卓爾（John W. Boudreau）（1994）的說法，這個雙向的過程可以稱之為雙向訊號（two-way signaling），請參閱圖5-1遴選過程雙向發訊圖，在圖中我們可以清楚的看到求職者和組織各自依其需求而產生所謂的「期望資訊」，又可以稱之為「效標」（criterion）；再來便是勞資雙方各自依其期望資訊發出訊號，而這些訊號便是所謂的預測指標（predictor）。簡單的說，就是求職者在挑「選」企業組織、企業組織在所有的求職者中做抉

「擇」。但基於實際層面而言，「遴選」大都是以企業組織「擇」人為主，而求職者都是以向面試主考官推銷自己居多。

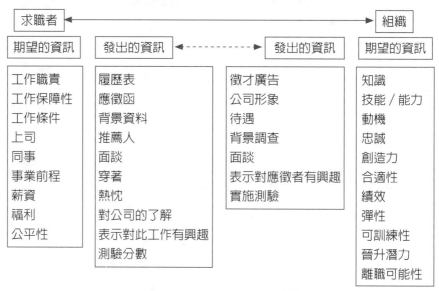

圖5-1　遴選過程雙向發訊圖

資料來源：Milkovich & Boudreau (1994)，p.337.

## 貳、遴選程序的步驟

「工欲善其身，必先利其器」在企業組織的經營上亦是非常適用的，任何一個企業組織的成立都是以永續經營為目標，但為了能在競爭激烈的市場中能不斷擴大事業版圖、創造更多利益，除了在硬體設施上求新、求進步外，更重要的是「軟體」——人力素質，特別是對從事餐飲業的企業主而言，除了販售有形的商品——餐點之外，更重要的是販售不具儲存性的無形商品——服務，更何況餐飲業是屬於人力流動率過高的產業，所以人力資源主管在進行新進職員的甄選時更需特別重視人力素質這一環。例如：國內台北北投地區知名

的溫泉會館——三二行館以及中部在日月潭風景區內的涵碧樓都是以高單價、提供優質精緻的服務為主要經營目標的飯店，所以其人力資源主管在甄選新進人員時必定會格外的嚴格謹慎（如，在儀表及身高上的要求、相關餐飲科系畢業生或者在相關產業具有豐富學經歷等）。

遴選程序（selection process）是屬於人力資源規劃的範圍內，發生在招募之後。簡單的說，遴選程序是指將所有前來面試的求職者作一個甄別、甄選的動作，利用各種甄選的考試（如，紙筆測驗、面試、實作測驗等）淘汰不符合需求的求職者，或者從眾多符合資格的求職者中利用面試或其他甄選方式取優汰劣，而這所有的遴選方式都需要一個準則，便是利用參考工作說明書的內容決定該職缺需具備的外在及內在資格，以便了解應該錄取哪種特質或條件的求職者。

有部分的學者認為遴選的過程是一種持續不斷的行為，其最主要的原因是任何一個企業組織隨時都無法避免發生職員離職或者退休；相對地，企業也就隨時都有可能因此而需要招募以及進行甄選適合的人員，如此一來甄選也就成了持續不斷的程序了。通常企業組織都會要求人力資源部門在每次甄選時留下求職人員的基本資料並且建檔，以便因應臨時性的人力缺乏困窘。

遴選程序並非一成不變的制式化程序，它會依其企業性質的不同、填補職位空缺的類型不同、層級不同而更動其順序，但大原則及其內容都是大同小異的。在遴選程序中的每個步驟都會有其貢獻度的評估，最後再將這每個步驟組合在一起變成一個流程圖，而在流程圖中的每個步驟對求職者而言就好比是一個一個的關卡，唯有能在遴選過程一路過關斬將的求職者才能順利地取得職位，當然也會有相當多的求職者在初步的紙筆測驗中就被淘汰，或者部分的求職者在面試時的表現不如預期而被拒絕，這都是司空見慣的事。

企業在遴選時，人力資源部門會利用數種方式對求職者進行測試，大致上都是先從一開始的填申請表、紙筆測驗、體檢、背景調查、面談等等，這些

遴選的過程都是爲了從求職者那邊取得更多的資料、更深入的了解求職者，但不論人力資源主管是用哪一種方式進行遴選都要秉持公正公平的原則，而且要具有高道德標準的要求，不論求職者到最後會不會成爲企業內正式的成員，人力資源部門都需保密求職者基本資料，因爲這攸關個人的隱私權、機密及相關的法律規定，更重要的是，人力資源部門必須依其工作性質的不同使用最有效的測驗方式，以確保遴選後的人員能爲企業組織帶來最大的效益。

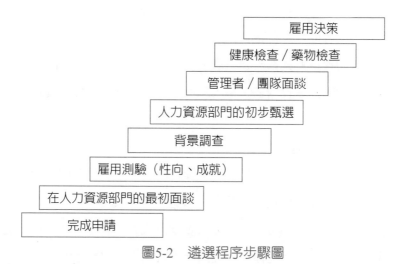

圖5-2　遴選程序步驟圖

資料來源：George Bohlander Scotts Snell, *Managing Human Resources*, 1993, p.155.

## 參、遴選目標最大化

「知人善任」是遴選的最終目標，在遴選的過程中，人力資源主管都是在作人力的預測，人力資源主管必須預測每位來應徵的求職者在往後的工作表現是成功或者失敗，如果預測的結果是求職者無法勝任這個職務，此時必須果斷地拒絕雇用此人；相反的，如果人力資源管理者的預測結果是應徵者能成功地勝任這個職務，便會決定錄用。在這章的後面我們將會詳細介紹數種遴選

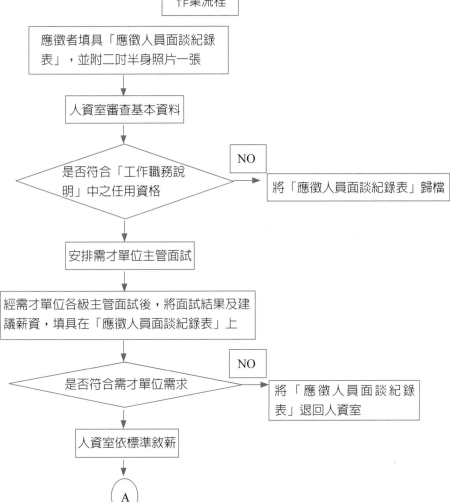

圖5-3　遴選程序流程圖一

資料來源：《餐旅人力資源管理》，蕭漢良，2004，頁82～83。

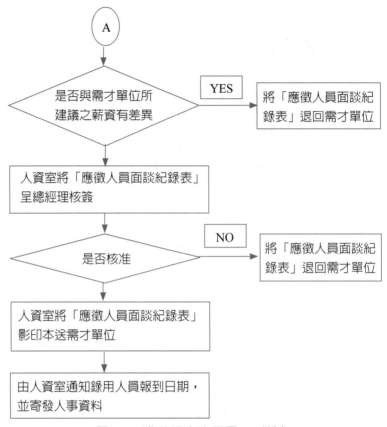

圖5-3　遴選程序流程圖一（續）

資料來源：《餐旅人力資源管理》，蕭漢良，2004，頁82～83。

的方式，透過各種不同的遴選方式協助人力資源主管作雇用的抉擇，但是目前仍沒有任何一種測驗的方式能提供人力資源主管作出完美的抉擇，我們只能盡可能的減少預測的失誤率，但仍無法完全避免預測失敗的發生。在企業組織中我們大致可以將人力資源主管容易犯下的遴選錯誤歸成兩大類：錯誤的肯定（false positives）和錯誤的否定（false engatives）。

　　在圖5-5遴選最終目標中，我們可以清楚看到人力資源管理者在預測人力時可能會發生的四種情形，如果預測的結果是落在第二（右邊上面）和第三

（左邊下面）象限，其所代表的結果是人力資源管理者所預測的結果和現實的表現完全一致，所以是百分之百的擊中目標，預測結果準確，又可以稱之為「選對數」，但兩者之間的差異是在於第二象限所代表的意義是人力資源管理者預測應徵者能在此職位上有所表現，且能成功勝任企業所分配的業務，而實際上這位應徵者的工作能力也能勝任這個職務；第三象限中所代表的涵義是人力資源主管認為此應徵者若聘用將會導致失敗，而實際上亦是如此，所以人力資源管理者應拒絕雇用此求職者。

接下來要介紹的是第一象限所代表的涵義，人力資源管理者預測若雇用此求職者能為企業帶來莫大的貢獻，但事實正好相反，此求職者根本無法勝任此職務，這是一種因人力資源主管的錯誤認知而導致預測失敗的雇用，又可稱

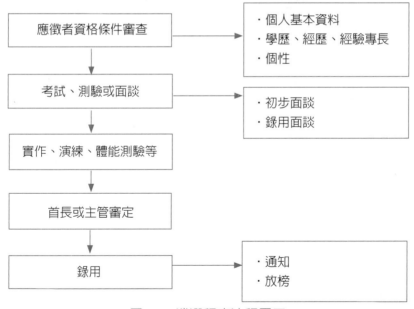

圖5-4　遴選程序流程圖二

資料來源：L. L. Bfyars & L. W. Rue, *Human Resource Management*, 8th. ed., Boston, McGraw-Hill, 2006, p136.

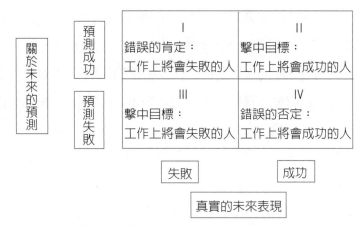

圖5-5　遴選最終目標──「擊中」

資料來源：參採部分Human Resource Managemet2/e DeNisi/Griffin。

之爲「錯誤的肯定」；簡單的說，就是求職者認爲自己會被錄取但後來卻被拒絕。最後則是第四象限所代表的意思，人力資源主管藉由各種有關應徵者的資料，預測他或她無法勝任這個職務所以拒絕聘用，但實際上，這位應徵者的工作能力和各方面的表現都是非常優異的，但因爲人力資源主管的預測失敗，導致企業損失優秀的人才，這又可以稱之爲「錯誤的否定」；簡單的說，就是應徵者認爲自己不會被錄取，但是被錄取後一定能有所作爲。不論是第一象限或者第四象限的預測都是未能正確擊中「目標」而導致企業甄選失敗，這些疏失都是人力資源管理者應該負起的責任。

## 第二節　遴選的規則

依照人力資源規劃中工作說明書內容，人力資源管理者可以評估目前職缺所要具備哪些條件，例如：個人特質、教育及工作經驗、能力和技能等，藉由工作說明書的內容爲依歸，可以有效減少人員遴選時的失誤，在這節將一一

為各位介紹餐飲服務業在遴選時，會依照哪些條件為錄取的標準。

## 壹、個人特質

人力資源主管在進行招募和遴選時，必須先行評估此次遴選的職缺是需要具有哪些特定人格特質，唯有個人特質符合企業形象需求，才能使企業組織塑造出來的形象一致。對求職者而言，個人特質並非一朝一夕所形塑出來，若個人特質無法符合職缺的需求，則容易造成往後工作上的倦怠感甚至容易離職。餐飲業目前所採用的遴選方式也漸漸要求人格特徵符合企業形象的訴求。例如：都會商務飯店所需要的外場服務員應符合具有細心、內斂成穩、親切的特質，觀光渡假型的飯店外場服務員就應該符合活潑外向、喜歡社交等特質，內場的工作人員則需要由細心、體力好的人員來擔任。

俗話說：「人之不同，如其面焉」，雖然人與人之間多少都會有些許的相同之處，但實際上卻不盡相同。所以在遴選時，人力資源主管會設計一套能衡量人格特質差異的遴選工具，目前大都採用「五大人格特質」性格特色（big five personality traits）來作為衡量的工具，以達到「適才適所」（right person in the right place）遴選之圭臬。

人格構面及基本項目

### (一)親和性

1. 體貼——我喜歡為人們做些令他們感覺舒服的小事情。

2. 同理心——我在做決策之前，會考慮其他人的情況和感覺。

3. 互依性——我傾向於把團體目標列為優先，個人目標則是其次。

4. 開放性——我覺得不需要為了和別人有良好的工作關係，而去分享個人價值。

5. 思想靈活——我認為在做結論之前去考量其他的觀點是很重要的。

6. 信賴——我相信別人通常對我很誠實。

（二）勤勉負責性

1. 注意細節——我喜歡根據工作計畫來完成每一個任務的細節。

2. 盡忠職守——我做事情都是依據一組嚴格的道德原則。

3. 責任感——別人可以依賴我去做對我有所期待的事情。

4. 專注工作——我可以有效的優先處理本身的工作，所以最重要的事情會先做完。

（三）外向性

1. 適應性——對我而言，改變是刺激的。

2. 競爭力——我喜歡獲勝，即使是不太重要的活動。

3. 成就需求——我偏好去設定有挑戰的目標，而非致力於我很可能達到的目標。

4. 活力——當大多數的人因為工作而精疲力盡時，我仍然有精力持續下去。

5. 影響力——別人總是會來找我，以尋求鼓舞和方向。

6. 主動性——我總是會尋找機會去開始新的專案。

7. 風險承擔——我很樂意冒很大的風險，只要可能會有很大的回報。

8. 社交性——我很容易和陌生人開始對話。

9. 領導力——如果沒有人負責，我會積極地控制工作的情況。

（四）神經質

1. 情緒控制——即使我非常生氣，對我來說，控制情緒是很容易的。

2. 負面情感——我很容易對工作上的事情感到不高興。

3. 樂觀——我對充實的生活很熱衷，顯而易見，與我共事的人也是如此。

4. 自信——我對自己的技術和能力感到有自信。

5. 抗壓性——我會去擔心即使我知道不應該擔心的事。

(五)開放學習性

1. 獨立──即使有其他自願者要來幫助我,我還是較喜歡個人獨力完成計畫。

2. 創造力──如果環境允許創造力和表現的話,我就能工作得很好。

3. 人際機伶──我了解在不同社會狀況之下,對我的期望為何。

4. 集中思考──我能很快的了解因果關係。

5. 洞察力──我經常可以在結果發生之前,就預見結果。

(資料來源:Mark J. Schmit, Jenifer A. Kihm, & Chet Robie. "Development of a Global Measure of Personality," *Personnel Psychology 53*. no.1 (spring 2000) : 1153-93. Reprinted by permission.)

## 貳、教育和工作經驗

教育(education)和工作經驗(experience)是遴選最基本的要求,通常在求職者的履歷表格式就有一個欄位是填寫教育程度和工作經驗。以目前餐飲業從業人員普遍的教育程度都有提升的趨勢,各大專院校都漸漸廣設餐飲相關科系,例如:國立高雄餐旅學院、景文技術學院、輔仁大學等等,所以台灣未來的餐飲服務水準會因為人力素質的提高而有所進步,人力資源管理者也漸漸體會到高學歷的人力素質,更能為企業創造專業形象且帶來較高的收益。另一個優點是受過較高等教育的職員,較願意接收新知或在職進修,在企業為他或她提供其他教育訓練機會時,往往學歷較高的職員會比較願意配合,雖然站在資方的角度若聘用越高等學歷的求職者,要付出相對較多的薪資,但站在永續經營的經營理念來看,勢必要學會「有捨才有得」的道理。

教育程度是代表著個人所受的正規專業訓練程度,例如:公立或私立、大學、學院、研究所、四年制的教育程度或者兩年的專業訓練等,接受教育

訓練所得到的文憑往往會成為遴選時初步考量的依據，或者有些許的加減分優勢，但學歷並不能和能力劃上等號，所以人力資源管理者往往會將學歷列入參考指標之一，應徵者的錄取與否，仍需以遴選時的測驗成績、面試成績為主要依據。

工作經驗對於人力資源主管在遴選時也會是一個很重要的參考依據，特別是在遴選較高管理階層的職缺時，更會特別要求一定的年經歷。例如：店經理的年經歷需要五年以上、領班需二年以上工作經驗等，工作經驗所代表的是個人踏入職場所經歷的任何工作及其工作時間的累積；除此之外也是一種工作能力的指標，年經歷越豐富的應徵者往往在工作表現較顯優異，而且當企業組織發生突發性的危機時，經歷越豐富的工作人員往往在危機應變處理上會比較優異。再以顧客導向的角度分析，工作經驗豐富的職員較能提供貼心的服務、待人處事上也會比較圓融，這些都是需要經過歲月的洗禮後才能累積社會經驗。更重要的是，人力資源主管若聘僱年經歷豐富的應徵者，因為他或她已具有相當豐富的工作經驗，所以可以減少不必要的職前訓練即可上手，這可以為企業組織節省許多人事訓練的成本；當然也會有些職缺是不需要有工作經驗就可以勝任的，這時人力資源主管便可以將工作機會保留給大學畢業的社會新鮮人，讓這些年輕的莘莘學子有所長，也能透過年輕人的活力和創意，為企業組織帶來新的一股氣象。

## 參、技能與能力

最後一個人力資源主管在遴選時會考量的依歸是，應徵者的特殊技能和工作能力（skills and abilities）。就台灣目前的餐飲業發展而言，政府有關單位（例如：勞委會）正努力推動餐飲業證照化的制度，並鼓勵已從事餐飲產業的從業人員能多多考取相關的證照。目前許多職業學校、技術學院也會鼓勵餐飲科系的學生參加相關的技能檢定，甚至將通過技能檢定設為畢業的門檻。專

業技能的證照往往能在遴選時扮演加分的利器，大部分的遴選過程都無法提供應徵者實地展現特殊技能的機會，所以求職者的技能是需要透過專業證照的方式來證明。

再者要提的是，應徵者的能力也是遴選時重要的考量之一，人力資源主管所在乎的不僅是工作能力的表現，還包括了人際相處能力、溝通協調的能力等等，餐飲業重視的不是個人英雄主義表現，餐飲服務業是需要仰賴團隊的合作與培養良好默契才能提供優質的服務。從內場的餐點製作到外場的餐飲服務，都需要一套流暢的作業程序，任何一個環節都是攸關企業的形象，所以必須小心謹慎，這也是考驗著人力資源主管的用人智慧，如何妥善安排人力的配置，使其工作效率提升、工作士氣增加都是一門大學問。倘若人力資源主管無法作出妥善的人力安排，或者招聘的新進人員因溝通能力、人際關係相處能力不佳，而導致無法與原有的企業組織內部同仁相處融洽，這些都有可能造成企業的損失。例如：餐廳新任的副理因為人際相處能力不佳，而導致無法和內場廚師和睦相處，就有可能影響廚師不願意上工，造成無法正常營業而開天窗的困窘，所以人力資源管理者在甄選應徵者時，應格外注意求職者在各方面的能力是否適合。

表5-1　餐飲業相關技能檢定表

| 名稱 | 級數 | 項目名稱 | 級數 |
|---|---|---|---|
| 中餐烹調 | 丙級、乙級 | 烘焙食品（西點、餅乾） | 丙級、乙級 |
| 中餐烹調（素食） | 丙級、乙級 | 烘焙食品（中點、餅乾） | 丙級、乙級 |
| 中餐烹調（葷食） | 丙級、乙級 | 烘焙食品（中點、西點） | 丙級、乙級 |
| 烘焙食品 | 丙級、乙級 | 烘焙食品（麵包、蛋糕、中點） | 丙級、乙級 |
| 烘焙食品（麵包、蛋糕） | 丙級、乙級 | 烘焙食品（麵包、蛋糕、西點） | 丙級、乙級 |

表5-1　餐飲業相關技能檢定表（續）

| 名稱 | 級數 | 項目名稱 | 級數 |
|---|---|---|---|
| 烘焙食品（麵包、西點） | 丙級、乙級 | 烘焙食品（麵包、蛋糕、餅乾） | 丙級、乙級 |
| 烘焙食品（麵包、中點） | 丙級、乙級 | 烘焙食品（蛋糕、西點、中點） | 丙級、乙級 |
| 烘焙食品（麵包、餅乾） | 丙級、乙級 | 烘焙食品（蛋糕、西點、餅乾） | 丙級、乙級 |
| 烘焙食品（蛋糕、西點） | 丙級、乙級 | 烘焙食品（中點、西點、餅乾） | 丙級、乙級 |
| 烘焙食品（蛋糕、中點） | 丙級、乙級 | 烘焙食品（中點、餅乾、蛋糕） | 丙級、乙級 |
| 烘焙食品（蛋糕、餅乾） | 丙級、乙級 | 烘焙食品（中點、餅乾、麵包） | 丙級、乙級 |
| 烘焙食品（麵包、西點、中點） | 丙級、乙級 | 餐旅服務 | 丙級 |
| 烘焙食品（麵包、西點、餅乾） | 丙級、乙級 | 西餐烹調 | 丙級 |
| 烘焙食品（麵包） | 丙級、乙級 | 調酒 | 丙級 |
| 烘焙食品（蛋糕） | 丙級、乙級 | 烘焙食品（中點） | 丙級、乙級 |
| 烘焙食品（西點） | 丙級、乙級 | 烘焙食品（餅乾） | 丙級、乙級 |

資料來源：作者自行蒐集。

# 第三節　遴選的方式

## 壹、遴選途徑

　　人力資源管理者應該慎選遴選的方式，並從眾多的應徵者中挑選出最適當的人選。目前餐旅人員的遴選方式大致可分成下列三種：（張火燦，民89，頁156-157；Milkovich & Boudreau, 1994, p371-374）

### 一、多重障欄法（multiple-hurdles approach）

　　應徵者需通過前一個關卡，才有機會參與下一個關卡的考選，認為如果缺乏這些能力或動機，將無法勝任日後的工作。

### 二、互補法（compensatory approach）

　　應徵者需參與所有考選的過程，不會因為某一個關卡的失利而被淘汰，最後以加權總分或總結果來決定錄取與否。

### 三、混合法（combined approach）

　　應徵者需通過前一個關卡的基本測驗或標準，才能參與其餘關卡的考選，最後以加權總分或總結果來決定錄取與否。此法兼具上述兩種方法的特點。目前，國家高考三級及普考均需先通過第一試，才能參加第二試的做法，即是此一途徑的最佳實例。

## 貳、遴選的種類

　　當企業對外界或者內部發放招募遴選的訊息時，必會先收到應徵者的個人應徵函，接著便開始進入遴選的階段。首先人力資源管理者會先依照所收到的個人應徵函作初步的篩選，之後再另行通知篩選後的應徵者到人力資源部門，或以郵寄的方式填寫工作申請表並收考試通知單，獲選者必須如期完成工

作申請的手續才能參與遴選考試。

依目前餐飲業遴選時所採用的雇用測驗方式（employment test）進行分類及介紹如下：

## 一、背景調查

避免應徵者為了能被人力資源主管所錄取，因而謊報學歷或者捏造不實的工作申請表等情形，因而造成遴選不公平的情況發生，所以只要在企業組織的財力許可下，人力資源部門便會透過各種管道進行背景調查。例如：向推薦該名應徵者的推薦人詢問相關的背景資料，甚至國內某些較知名的大型企業會透過徵信社的協助進行更深入的背景調查，但只限於高階管理階層的主管才會如此勞師動眾。

## 二、技能實作測驗、工作樣本測驗（work sample test）

技能實作測驗的遴選方式是透過相關的儀器設備輔助的測驗，並由人力資源主管出題對應徵者進行實際的操作，最後再由操作後作品進行評比。例如：餐飲業在招聘內場廚師時便常用技能實作測驗的方式進行廚藝的評比，也唯有採用此測驗方式才能了解應徵者的個人技能，技能實作測驗是餐飲業在甄選內場工作人員時最適用的遴選方法。

工作樣本測驗法則是透過人力資源主管出題，並要求應徵者要模擬當時的情境而進行實際操作的一種測驗方式。人力資源主管所提出的題目會由過去該職缺曾發生過的問題進行測驗，而應徵者只需照著自己的機智和感受作答即可，不必過於拘束，但切忌不可天馬行空的作答。例如：餐飲業在招聘外場服務人員時，人力資源主管便會要求應徵者模擬正式員工接到顧客抱怨時會採取的做法為何，這是一種考驗應徵者危機處理能力和臨場反應的最佳測驗方式。

## 三、健康檢查、藥物檢查

這兩種檢查都是在遴選的最後一個測驗，而且所需耗費的金錢也較高，但也是最重要的一環，絕不可省略。人力資源管理者可以藉由健康檢查和藥物

檢查的報告，了解應徵者的身體健康狀況以及是否有使用違法的藥物，唯有健康的身體才能創造無限的可能，所以人力資源管理者會依報告結果爲依據，判斷應徵者往後能否勝任工作上的要求。另一個健康檢查的重要性是在於往後職員若因工作而造成精神上或身體上的傷害時，勞資雙方都可依此爲依據，進行法律上的賠償問題。

四、自我評估量表

　　自我評估量表（self-report inventory）是屬於紙筆測驗的一種，人力資源主管會利用專業的測驗紙，要求應徵者回答一系列適合應用在個人或不適合應用在個人的題目，並藉由測驗的結果得知應徵者在心理層面是否有偏差或異常，這種測驗方式可以幫助人力資源主管過濾掉一些潛在的危險因子。

五、個性測驗

　　個性測驗（personality tests）是利用第二小節中提及的「五大人格特質」作爲人力資源主管衡量的工具，唯有個性適合產業的需求，才會對工作產生熱忱；對工作保有熱忱的人，才會在專業領域上不斷地精益求精。如此一來，企業就能減少離職率、降低招募所耗費的人事成本，個性測驗也是目前熱門的遴選工具之一。

六、認知能力測驗

　　屬於紙筆測驗的一種，認知能力測驗（cognitive ability tests）是一種測驗應徵者智力程度的遴選方式，透過應徵者的作答結果，人力資源主管可以得到應徵者智商的高低結果，並列入遴選評分的指標之一，這種測驗的方式和學術界所使用的The School　Aptitude（SAT）智慧測驗是一樣的衡量方式，其最主要的目的都是在測量IQ的高低，但也是備受爭議的遴選方式，這是因爲智力的程度並不能代表工作的績效。但目前也有研究顯示，智商高的人，工作效率也高；相反的，智商低的人，工作效率也較差，所以還是有很多的企業把認知能力測驗列入遴選的測驗方式。

## 七、面談

這是一種非紙筆測驗的遴選方式，面談又可稱爲口試，其可細分爲個別面試（individual interview）和集體面試（group oral）。個別面試顧名思義是人力資源主管和應徵者進行一對一的面談，雖然可以深入了解應徵者的相關資料，但卻要花費較久的時間。集體面試的好處則是可以藉由多位人力資源主管共同進行面試，如此一來便可在面試完得知結果。無論是採用何種面談的方式，其最主要的目的是在於藉由面談的過程，觀察應徵者的談吐內涵、氣質教養、臨場機智等等。一般來說，應徵者在最初的遴選時就會進行「初步面談」，如果面談的結果不盡理想時將被淘汰；若應徵者的表現良好，則會在遴選的最後階段由高階的人力資源主管進行「錄用面談」。

人力資源管理者於面談時應注意的事項：

### ㈠讓應徵者了解工作內容及制度要求

爲了避免應徵者對企業組織有過高的期待而造成認知上的差異，人力資源主管應於面談時詳細說明工作內容、薪資待遇、福利制度、企業管理政策等。

### ㈡掌控面談進度

有些善於表達的應徵者，可能在面談時會產生喋喋不休的情形，所以人力資源主管在面談時應隨時掌控問題的內容，避免產生偏離主題的情形發生，並且隨時注意每位應徵者的面試時間，避免造成面談進度的延宕。

對於某些較內向不擅言辭的應徵者在進行面談時，人力資源主管應多鼓勵應徵者發言，或者多用一些When、Why、Who、What、How的字眼來引導應徵者多回答相關的資訊。還有在面談時人力資源主管在發問問題時，應該要簡單明瞭、避免使用複雜或冗長的問句、多問最近發生的經驗、少問遙遠的過去等。

## ㈢尊重應徵者

在面試的過程中，人力資源主管基於維持企業對外的形象，應使其面談的過程中保持愉快的氣氛，讓即使不能被錄取的應徵者也能留下良好的印象，對於應徵者不願意多談的問題，也不可以勉強他人作答。

錄用與否應考慮之因素：（資料來源：《餐旅人力資源管理》，蕭漢良，2004，頁85）

1. 各甄選標準相對的重要性。

2. 應徵者在某一甄選標準的可塑性。

3. 比較價值與風險。

4. 了解人力市場情形。

5. 衡量內部現有員工的情況。

## 表5-2　應徵人員面試紀錄表

應徵項目：_____　　　　　應徵日期：___年___月___日

| 姓名： | | | 性別： | | | 出生日期： | |
|---|---|---|---|---|---|---|---|
| 身分證字號： | | | 血型： | | | 籍貫： | |
| 婚姻狀況： | | | 駕照種類： | | | | |
| 兵役狀況：□役畢　□免役　□未役 | | | 退伍時間： | | | 兵種： | |
| 身體狀況：□良好　□殘疾，未領有殘障手冊　□領有殘障手冊　□輕度　□中度　□重度 | | | | | | | |
| 現在住址： | | | | | 電話： | | |
| 永久住址： | | | | | 電話： | | |
| E-mail： | | | 緊急聯絡人： | | 電話： | | |
| 興趣： | | | 專長： | | 語言能力： | | |

| 學歷 | 學校名稱 | | 科系 | | | 畢業年度 | |
|---|---|---|---|---|---|---|---|
| | | | | | | | |

| 工作經驗 | 公司名稱 | | 擔任工作內容 | | 起訖時間 | | 月薪 |
|---|---|---|---|---|---|---|---|
| | | | | | | | |
| | | | | | | | |

| 家庭狀況 | 關係 | 姓名 | 年齡 | 職業 | 關係 | 姓名 | 年齡 | 職業 |
|---|---|---|---|---|---|---|---|---|
| | | | | | | | | |
| | | | | | | | | |

| 人事意見 | 談吐舉止：　　　　　　　專業知識：　　　　　　　專業技能：<br>其他：<br>可上班日期： |
|---|---|

| 初試 | | | 部門主管 | |
|---|---|---|---|---|
| | | | | |

| 董事長／總經理 | 執行副總 | 總管理處 | 人事單位 |
|---|---|---|---|
| | | | |

資料來源：《餐旅人力資源管理》，蕭漢良，2004，頁87。

# 第六章

# 餐旅產業訓練與發展

## 前言

　　餐飲業屬於服務產業的代表，面對市場競爭激烈、客人需求日新月異、生活品質大幅提升、員工對工作內容、薪資及福利制度要求提高等等壓力與挑戰。各大知名公司行號為求企業的永續發展、獲取較優勢的競爭地位、鞏固顧客忠實度，必須提升員工的生產力及服務品質。而達成此目的的不二法門就是加強訓練，而許多員工也將受訓視為工作報酬的部分。所以雖然整體經濟不景氣，但各家旅館及餐廳，無不費盡心思建立完整的標準作業流程、訓練各級專業人才，才有辦法爭取客人，而達到雙贏的局面。

## 第一節　訓練的意義

　　訓練（training）的意義，可以從兩方面來界定：從組織成員的角度看，它是一種學習過程，亦即一種為增進個人工作知識、技能，改變工作態度、觀念以提高工作績效的學習過程。因此，組織在從事訓練時，必須遵循一些學習（特別是成人學習）的原理、原則，才能發揮訓練的效果。另外，從組織的角度來看，訓練一項系統化的安排，其目的在於透過許多的教學活動，使成員獲得工作所需的知識與技能、觀念與態度，以符合組織的要求，達成組織的期望。

　　從上述訓練的定義可知，訓練具有以下幾項特性：

　　1. 訓練通常具有一項或多項的特定目標。

2. 訓練的時間通常較為短暫。

3. 訓練較偏重員工工作上的考量。

4. 訓練較強調立即的效果。

5. 訓練較講究某些特定的方法。

6. 訓練通常較著重以團體方式實施。

訓練與教育（education）有何不同？關於這個問題的答案，可以說是見仁見智。例如：有些企業（通常都是較偏日式管理的公司）便把訓練的功能稱為「教育訓練」，故其部門自然就以「教育訓練部（或課）」稱之。但一般而言，教育與訓練是有所區別的，最普遍的說法如下（張潤書，民77，頁757）：

1. 教育是舉凡立身處世各種事理與方法之學習與傳授；訓練是某種特別事理與方法之學習與傳授。

2. 教育著重成全基本能力之發展；訓練著重特種能力之致用。

3. 教育的目的以適應人生一般之需要為主；訓練則在於適應人生特殊之需要為主。

總而言之，教育具有廣泛性、基礎性及啟發性，它是一種面的鋪設；著重於知識、原理與觀念的灌輸及思維能力的培植，透過教育可以使人增進一般知識，並為個人奠定以後自我發展的基礎（張瓊玲，民82，頁54）。

至於訓練與發展（development）的區別，一般而言，發展較著重個人未來能力的培養與提升，故它不只是傳授新技能、新知識，更在於培養新的觀點，對未來可能面臨的情境預做準備。

上述訓練、教育與發展可說是人力資源發展（Human Resource Development，簡稱HRD）的三個主要構成部分（component）（Schleger, 1985, pp. 10-12）。張火燦教授依據聶德勒（L. Nadler）與賴德（D. Laird）兩人的觀點，對此三項活動的目的、功能與投資報酬率等提出了以下的說明：

「訓練」是為了改善員工目前的工作表現，或增進即將從事工作的能力，以適應新的產品、工作程序、政策和標準等，以提高工作績效。訓練對工作的影響是立竿見影的，由於訓練後可立即使用，投資上所冒的風險較低。因此，訓練在性質上雖是一種花費，同時也可視為投資。

「教育」是培養員工在某一特定方向或提升目前工作的能力，以配合未來人力規劃，擔任新工作、新職位時，對組織能有較多的貢獻。廣泛性的能力需經由一連串的安排與廣博的學習，方能激發個人的潛能，以提升其基本能力。在性質上屬短期的投資，若教育後沒有適當職位可安置，或轉換到其他公司。對該公司而言，將形成教育投資的損失。因此，就投資報酬率而言，所冒的風險勢必要比訓練來得大。

「發展」的影響在獲得新的視野、科技和觀點，使整個組織有新的發展目標、狀態和環境。發展雖以組織為主，事實上，個人的發展亦包含其中，唯有個人能充分的發展，組織的發展方能達成；同樣的，唯有組織能不斷的發展，才能促進個人發展。個人的發展主要在培養繼續學習的意願，具備自我發展的能力，以不斷充實生活的內涵，提高生活的意境，獲得圓滿的人生。由於發展重視的是組織長期性的目標，和個人生活品質的提升，其效果常不易顯現和掌握，在性質上屬於長期的投資，因此所擔負的風險也就更大。

訓練、教育與發展這三項學習活動雖有各自的目的與功能，但在實際應用上，有時不易予以嚴格畫分，因三者在總目標上有其一致性，在功能上又有交互的影響之故。此三種活動，可分別實施，亦可同時進行。至於重要性，對企業組織而言，不但是同等的，而且若結合三者的力量，方能匯集為一股整體的力量，以推動個人和組織的發展（張火燦，民85，頁240-242）。

## 壹、訓練的功用

訓練是人力資源發展的主要途徑之一，它所能發揮的功用甚多，歸納言

之，計有以下諸項：

## 一、增進員工的工作知能（知識與能力）

一個人從學校畢業後，其原來所學的很快就會變成過時或落伍，因此，組織必須及時施予必要的訓練，使其能不斷地獲取新知識，習得新技能；如此，不僅能增加員工個人的工作知識與技能，當然亦能使其在工作績效上有更佳的表現。

## 二、提高組織的生產力

有效的訓練對於提高組織的生產力具有莫大的貢獻。例如：一位新手經過訓練後，便能很快熟悉器械或工具的操作方法，於是生產效率便馬上提高。工作安全的訓練減少許多職業災害的發生，自然可以提高生產力。此外，有效的訓練常常可以使工作人員在生產過程中減少材料的浪費、防止不良品的發生，這些都是提高生產力的可行方法。

## 三、增進員工的工作生活品質，幫助個人的事業生涯發展

近年來，增進員工工作生活品質是許多組織甚為重視的課題，而其中一項有效的方法即是透過訓練來達成。此外，訓練對員工個人事業生涯的發展亦助益甚大，因為它可以促進員工發展潛能，從而達到其個人的事業目標。

## 四、發掘人才

在訓練的過程中，常可發現許多受訓者的可訓練性（trainability），亦即更清楚地了解員工的潛力，如此即能及早發掘可造之才，加以有計畫的培育，使其成為組織的棟梁之材。

## 貳、訓練的發展

比起著重在工作相關的技能上，如使新軟體或表現特定工作和工作功能，發展更普遍的針對在幫助管理者了解和解決問題、做決策和抓住機會。例如：管理者需要了解如何有效率地管理他們的時間，因此，有些管理發展課程

包括時間管理方面。其他管理課程也許是幫助管理者更了解如何激勵員工（例如：使員工討論投入額外的努力）。因此，管理者不一定需要由特定操作方法的發展課程來使工作更有效率，反之，他們可以由將來與他們有關的認知來做。也就是，管理者可以了解如何工作的更有效率、如何有效的激勵他們的員工，及如何做較佳決策，和對整體組織的功能及他們在其中角色如何有更完整的了解。在大部分的組織中，發展也常被認為是一種人力資源功能，但因為它策略性的本質和重要性，一個或多個資深執行者經常有確保管理發展是接近於系統性且理解性方式的特定責任。

## 參、員工訓練和學習理論

縱使訓練與發展有明顯的不同，但他們都有一樣普遍的重要基礎——學習。學習（learning）是從經驗導致的行為潛力上，做一種直接或間接，甚至於永久的改變。訓練和發展的意圖是要員工學習較有效率的行為。因此有興趣於訓練和發展的管理者，必須了解他們要運用訓練和發展基本原理。此外，在過去幾年有些組織已經開始特別注意學習的重要性，甚至更進一步企圖去重新定位他們的組織為學習型組織。一個學習型組織（learning organization）是員工不斷地想要學習新的事物，且使用他們所學習到的去改善產品或服務的品質。也就是，此種組織和其員工並非把學習看做是一個開始與結束操縱於特別訓練課程的分離式活動，但看做是組織和員工工作關係中一個進行的基礎及持續的一部分。

然而，在學習一般基礎的策略途徑之外，一些較特別的學習技術和原則也與員工訓練及發展有關。這些在圖6-1中有舉例一個基本的學習原則是必須與激勵一起做。明確地說，除非員工被激勵去學習，否則他們不會學習。也就是，個人必須要去獲得訓練者及發展者企圖去傳授的知識。

其次，發生於訓練和發展時的學習，必須在組織中被強化。假設一個員工

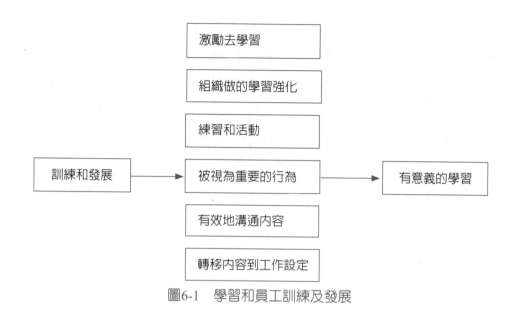

圖6-1　學習和員工訓練及發展

學習如何多花一點點力氣，做一件新工作，但在產出上卻提供完善的方式，當員工將此行為帶回工作場所並企圖實行時，若管理者負責為員工肯定此種新行為且提供一種強化或獎勵，如讚賞或正面評語，將是有幫助的。如果管理者忽略這種新行為，甚至更糟的去質疑或指責它，那它將不會被強化在未來，也可能不會被重複了。

　　另一項與員工訓練和發展有關的重要學習原則是實行和活動的概念。讓人們完全的去了解他們在訓練和發展中，學習是花時間的。他們需要花時間去實行它、去實際使用它，並看它如何真正地影響他們的工作績效。當一個新行為持續被練習時，專家則說它已被過度學習。持續練習是確保過度練習在未來不會被遺忘的好方法，此概念幫助去解釋傳統的智慧，一旦人們學會騎單車或游泳，他們就再也不會忘記。

　　此外，個人企圖去學習的行為必須是有意義的，也就是，個人正在接受發展和訓練時必須知道是有意義的。也就是，個人正在接受發展和訓練時，

必須知道此行為及它所關聯的資訊是重要的，且與他或她所面對的工作情況是相關的。除此之外，縱使資料上是有意義且重要的，若這訊息並無有效地與受訓者溝通，那麼他或她就不會努力地去掌握這些資料，而稍後可能就會引發問題。（例如：許多企管系的研究生太晚知道他們在大學時被教到去掌握計算。）

此外，訓練教材必須有效地被溝通。也就是個人必須有效地接收被傳授的資訊，並必須順利地回應教材。大範圍來說，有效的溝通仰賴配合訓練技術和被傳遞的教材。對某些類型的資訊，講課可能是相當被接受的，但其他就要求一些活潑的經驗或學習為訓練的一部分。如此的差異，伴隨在問題上不能有效地使用訓練技術，會導致資訊溝通上主要的障礙。

最後，被教導的教材必須是可轉移到個別員工的工作設定上。在訓練的設定上掌握教材是無義的，除非受訓者隨後可在工作上運用這些教材。這兩個重要的考量能促進訓練的轉換，首先是訓練的設定，至少在設定中新的行為或技巧是可行的，應該盡可能類似實際的工作設定。學習在一個溫暖、十分輕鬆的環境中組合鑽油設備機器的訓練，或許對被要求在多天的阿拉斯加油田組合設備下工作並沒有幫助。當然，管理者無法知道所有教材將被應用的設定，但試著去預期工作上的實際狀況，並在訓練中複製它們卻是重要的。

如果在訓練中學習的行為接近於工作中所要求的，訓練也會受到幫助。也就是，教導員工去使用一個與他們將來實際回到工作上不同操作步驟的機器是沒有意義的。事實上，如此的訓練會導致負面傳送，會干擾工作績效。但是，加班、機器改變等這種為了一部機器學習的流程，或許當新設備被引進時就不再應用得上。在此情況下，保持員工避免負面傳送是重要的。

## 第二節　餐飲業訓練需求分析

### 壹、決定訓練需求的因素

目前餐飲業負責訓練的單位，仍是以人力資源部門（或人事部門）居多，成立專職的訓練部門則以較大的公司行號者占多數。訓練主管單位在決定訓練需求時，多數以下列因素為考慮的要項：

一、公司的年度訓練重點。

二、企業文化及短、中、長期目標。

三、顧客反映及抱怨。

四、各部門建議。

五、員工工作的需求。

六、員工自我意願。

七、各單位自行決定。

八、其他臨時性的需求。

### 貳、訓練需求診斷的重要性

訓練需求診斷即是依據組織目標及可運用的資源，以決定訓練的重點。其次則要實施工作分析，以判斷人員需要具備何種能力才可執行職務，最後依其職責及未來發展方向，分析現在智能及意願是否合乎要求。當現在或未來預期績效與現在績效間有差距時，即有訓練需求的存在。

## 參、員工訓練需求的原因

### 一、新進員工

(一)對於新的工作完全陌生。

(二)有過去的工作經驗，但是其標準、方式及過程等與現在的工作不同。

(三)有過去的工作經驗，但是缺乏工作上某方面的知識、技巧或態度。

### 二、舊有員工

(一)缺乏知識、技巧或存有錯誤的態度，而未能達成旅館要求的工作目標。

(二)原工作內容、過程、設備、方法等有所變動，需重新介紹說明。

(三)新的工作成立、部門分立或合併等。

(四)升遷、調職或輪調。

(五)提升現有員工的工作職能、服務技巧、服務心態等。

(六)新的公司政策。

## 肆、員工訓練需求的評估與診斷方法

### 一、如何獲知需求所在

(一)與所有工作相關的人員會談。

(二)採用問卷調查方法（參採表6-1訓練的好處）。

(三)觀察法。

(四)重大的事件或案例經驗。

(五)人員雇用紀錄、教育背景及訓練資料。

(六)績效評估的方法。

(七)顧客意見調查表的彙整及統計。

(八)其他臨時性的案例或建議。

表6-1　訓練的好處

## 訓練的好處

在當時的經濟社會，每家公司行號在招募新人時，常常打出的文宣為「本公司具完整的訓練制度」，藉以吸引新人的投入。到底「訓練」的好處為何，可針對幾個方向來說明：

**對員工方面：**

1.改善自信並迅速達到應有的專業水準，迎向工作挑戰。

2.提升激勵的層次。

3.提高士氣、增加工作效率。

4.事先做好準備升遷的能力。

5.減輕因不懂而形成的工作壓力。

**對客人方面：**

1.提供高品質的產品。

2.提供高水準的服務。

3.使整體消費氣氛更愉悅。

4.讓客人有物超所值的感覺。

5.消費有保障。

**對督導者方面：**

1.降低員工缺席率及流動率。

2.有更多時間做現場督導工作，而非每日都在訓練員工。

3.掌控員工習性，建立與部屬間的互信與尊重。

4.提供更好的主管與部屬間的關係。

5.可以組成強勁的工作團隊。

6.提升自我專業的知識及服務技巧。

7.擁有更多升遷的機會，增進個人前途的發展。

**對公司方面：**

1.提高營業額。

2.增加生產力。

3.降低成本。

4.減少意外的產生。

5.提升公司整體形象。

6.建立與常客的互動。

7.增加服務口碑，並減少客人的抱怨。

8.吸引有潛力員工。

表6-2　訓練需求調查表

## 訓練需求調查表

部門：＿＿＿＿＿＿＿　　　　　日期：＿＿＿＿年＿＿＿＿月＿＿＿＿日

| 課程名稱 | 職前 | 在職 | 訓練目的 | 訓練人數 | 課程時數 | 預計費用 |
|---|---|---|---|---|---|---|
|  |  |  |  |  |  |  |
|  |  |  |  |  |  |  |
|  |  |  |  |  |  |  |
|  |  |  |  |  |  |  |
|  |  |  |  |  |  |  |
|  |  |  |  |  |  |  |
|  |  |  |  |  |  |  |
|  |  |  |  |  |  |  |
|  |  |  |  |  |  |  |
|  |  |  |  |  |  |  |
|  |  |  |  |  |  |  |
|  |  |  |  |  |  |  |

人資部審核意見：＿＿＿＿＿＿＿＿＿＿＿＿＿＿＿＿＿＿＿＿＿＿＿＿＿
＿＿＿＿＿＿＿＿＿＿＿＿＿＿＿＿＿＿＿＿＿＿＿＿＿＿＿＿＿＿＿＿＿＿＿
＿＿＿＿＿＿＿＿＿＿＿＿＿＿＿＿＿＿＿＿＿＿＿＿＿＿＿＿＿＿＿＿＿＿＿
＿＿＿＿＿＿＿＿＿＿＿＿＿＿＿＿＿＿＿＿＿＿＿＿＿＿＿＿＿＿＿＿＿＿＿
＿＿＿＿＿＿＿＿＿＿＿＿＿＿＿＿＿＿＿＿＿＿＿＿＿＿＿＿＿＿＿＿＿＿＿

部門主管：＿＿＿＿＿＿＿　　　人資主管：＿＿＿＿＿＿＿　　　總經理：＿＿＿＿＿＿＿

## 二、如何診斷訓練的可行性

　　㈠是否與公司政策吻合。

　　㈡是否合乎服務提升的理論。

　　㈢部門主管的建議及意願。

　　㈣訓練的成本、預算、場地及時間等因素。

## 第三節　訓練種類介紹

在了解餐飲人員的訓練目標和需求後，現在將詳細介紹餐飲組織中常見的訓練種類。一般而言，餐飲人員的人力訓練可以分成：職前訓練（pre-entry training）以及在職訓練（post-entry training）兩大類型，不論是職前訓練或者是在職訓練都可以概括一般訓練的種類。所謂的職前訓練，是指員工已經接受企業組織的甄選聘用，但尚未接受企業組織的新生訓練和專業訓練。職前訓練的目的是在於培育新進職員的基本專業技能；另一個目的就是讓新進職員了解企業的主要業務，職前訓練最終目標是讓新進職員能在最短的時間內完成企業所指派的業務，所以職前訓練的訓練內容必須包括通才教育及專業教育。

在職訓練的內容就更為多元廣泛，在職訓練顧名思義所訓練的對象是已任職一段時間的員工。一般而言，在職訓練的目標可以分成人力的發展、激發工作潛能、增進工作效率及專業、改善服務品質。所以在職訓練是人力運用及發展員工才能所必經的一個過程，這是屬於人力管理的積極面。在此區分職前訓練及在職訓練的不同，前者是任職前，後者為正式任用後。在性質上也有所不同，前者是教育基本知識能力，後者則為充實及發展工作知能。最後，在內容上的不同則是，前者以一般企業管理知識技能為主，後者則為工作職位所需知識、專業技術能力為主。

但也因各企業規模、文化的不同，訓練的種類、項目也會有所不同，不過在這些訓練種類細項中，大都可以分成個別式或分散式，即由各組織自行規劃實施，以下將詳細說明：

### 壹、始業訓練（orienting employees）

屬於職前訓練之一，是所有的新進職員都必須接受的講習訓練，始業訓

練會因各家旅館或餐廳的不同，其所提供的始業訓練項目規劃也會有所不同，但始業訓練的安排時間，大都會安排在新進職員報到後的第一到二天。

一、訓練內容大綱

　　㈠使新進職員了解企業歷史及沿革、企業文化及精神、經營理念、未來展望。

　　㈡使新進職員了解企業組織的制度、規章及福利。

　　㈢使新進職員了解企業內部的各項設施及各部門的操作情形。

　　㈣使新進職員了解企業環境的消防安全、衛生。

　　㈤使新進職員了解企業的緊急事件處理程序。

二、訓練課程安排

　　㈠介紹企業組織。

　　㈡介紹各部門一級主管及業務內容。

　　㈢介紹企業的歷史傳統及服務要求。

　　㈣餐飲業目前市場分析。

　　㈤餐飲業緊急事件處理程序及消防演練。

　　㈥人事福利及相關規章介紹。

　　㈦企業對員工的服裝禮儀規定。

　　㈧參觀企業各部門及工作流程。

　　㈨新進職員發問時間。

三、訓練應注意事項

　　當企業向新進職員說明企業的經營理念、服務理念、相關規章等等的同時，新進職員相對地也有許多的問題想請教人力資源部門的講師，所以在課程的安排時，需預留一段時間提供新進職員發問，並耐心的一一解答，讓新進職員感受到企業對他們的重視。以下是幾個新進職員常見的問題：（資料來源：餐旅人力資源管理，蕭漢良，2004，頁112）

㈠本公司將來的計畫怎麼做？

㈡本公司成立多久了？過去成功的表現在哪裡？

㈢我負的工作是什麼？公司要我怎麼做？我要做到什麼程度？公司怎麼考核我？

㈣我的主管是誰？

㈤我的薪資什麼時候領取？如何領法？有無加班費？多久調薪一次？

㈥我的工作時間和休假？

㈦本公司的升遷機會如何？

㈧膳食如何？交通如何？住宿如何？醫療或保險如何？

㈨接受訓練的機會如何？

㈩獎懲辦法如何？

(十一)若生病或有事請假，辦法如何？

(十二)若我有抱怨應向誰報告？

(十三)若我有更好的建議給公司，應向誰說明？

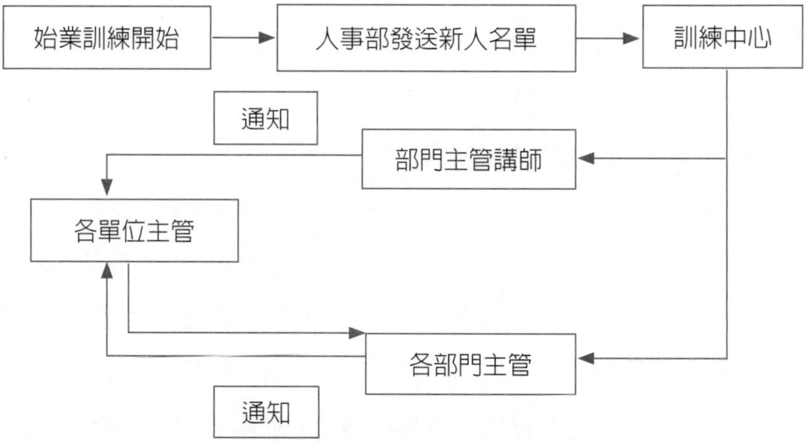


圖6-2　始業訓練流程圖

資料來源：參採蕭漢良，《餐旅人力資源管理》，2004，頁113。

(十四)本公司比其他同行有什麼不同？哪些比同行好？

(十五)有什麼福利？

## 貳、在職訓練（on-the-job training，簡稱OJT）

一般而言，可分成外語訓練及一般性訓練，介紹如下：

### 一、外語訓練

爲了提升企業形象以及讓企業能與國際接軌，餐飲業和飯店業者將目標市場鎖定在外國旅客，但依現實層面考量，若要吸引國外的旅客，除了硬體設備的提升之外；更重要的是，餐飲服務人員的外語能力是否能與客人有更好的互動及溝通無礙。一般而言，企業將會希望朝著英語及日語會話爲主要訓練課程。

企業在開班教授第二外語時，常與外面的補習班合作或由外部訓練教師開班授課，而所開授的課程也會依公司的需求而開班，依英語課程爲例，最常見的課程有：基礎餐飲英文班、領班英文班、前臺英文班、房務部英文班等等。而日文的課程則會以等級區分：基礎、中級、進階等三種班級。一般而言，各種外語訓練課程都會以二十四週爲一期，每週授課三個小時。

企業提供職員一個學習第二外語的機會固然是出自於美意，但應用鼓勵的方式，避免用強迫的方式要求員工上課；再者就是，授課時間應配合職員的上下班時間，例如：上午班或兩頭班的員工，在下午三點才有時間聽課，所以企業應配合在此時開班授課，還有同性質的課程應安排兩班，以不同的時間授課，讓更多職員能參加，但不可以造成職員的額外負擔，建議可以採用提供獎金的方式激勵員工參加。

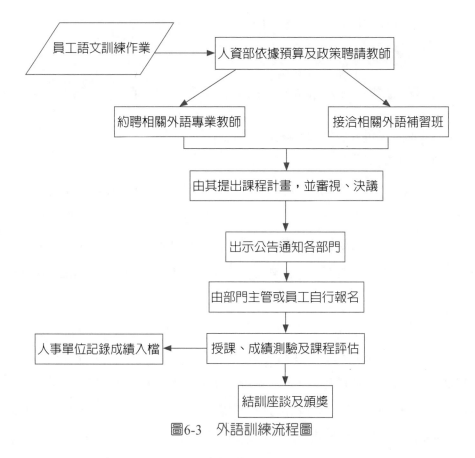

員工語文訓練作業 → 人資部依據預算及政策聘請教師

約聘相關外語專業教師　　接洽相關外語補習班

由其提出課程計畫，並審視、決議

出示公告通知各部門

由部門主管或員工自行報名

人事單位記錄成績入檔 ← 授課、成績測驗及課程評估

結訓座談及頒獎

圖6-3　外語訓練流程圖

## 二、一般性訓練

　　為了達成公司既定的目標及經營理念，企業的在職訓練中除了語文能力的加強外，還需建立員工的專業技能。一般常見的餐飲業專業訓練項目如下：

　　㈠消費者心理學。

　　㈡服務業品質管理。

　　㈢銷售技巧。

　　㈣顧客抱怨處理。

　　㈤緊急事件及消防處理。

㈥交談技巧。

㈦人際關係。

㈧美姿美儀。

㈨禮儀。

㈩自我發展。

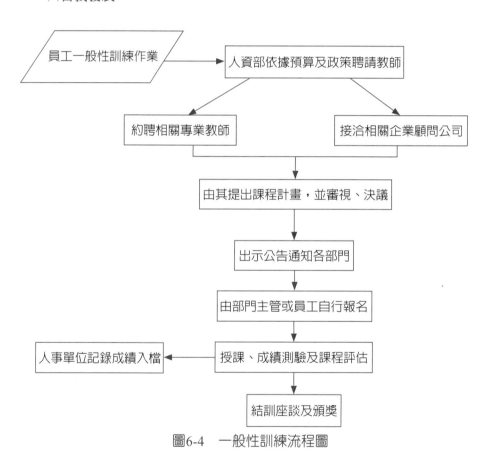

圖6-4　一般性訓練流程圖

## 參、專業訓練 （professional training）

　　專業訓練的目的是為了因應公司各部門主管的要求所設立，專業訓練的教學方式大都使用圖片、幻燈片、實習操作、實務講解、角色扮演、示範等等。企業會從外部聘請專業教師、專家開辦專業的技術性課程或智力訓練，一般的專業訓練項目如下：

一、服務處理流程。

二、餐桌擺設標準化。

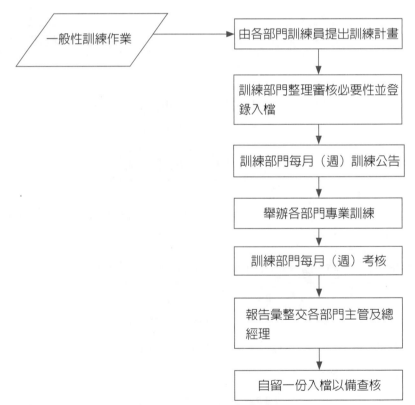

圖6-5　專業訓練流程圖

三、辨認眞假酒訓練。

四、辨認眞僞鈔訓練。

五、各種飲料介紹。

六、宴會作業程序。

七、各項餐飲用具的使用及銀器保養。

八、清潔用品的介紹及使用技巧。

九、其他。

## 肆、儲備幹部訓練（management trainee training）

目前有越來越多企業願意支付昂貴的人事訓練成本在儲備幹部訓練上，這些儲備幹部的目的都是爲了在短時間內成爲企業的一級主管。每年到了五、六月的畢業旺季，企業便會深入校園不惜成本的網羅這些菁英中的菁英，而且儲備幹部的要求除了以高標準審核外，更注重他們如白紙般的社會經驗，企業會在最短的二到三年內濃縮各種課程及訓練，並考驗這些儲備幹部的各種能力，最後從中挑選出極爲少數的幹部給予高階的管理權力，這些儲備幹部除了在訓練期間內需要比別人付出更大的努力，以及接受公司隨時指派海外部門的訓練外，更需要在短短的兩年內接受各部門的工作輪調。

圖6-6 儲備幹部訓練流程圖

第七章

# 勞資關係

## 第一節　勞資關係結構

　　勞資關係（labor management relations）簡單來說就是「勞方」（勞工）和「資方」（雇主）的關係，就是各機關單位勞工與雇主間的主雇關係，或者是勞資雙方的衝突與和諧關係。

### 壹、何謂勞工

　　根據勞動基準法（勞基法）第二條第一款：受雇主雇用從事工作獲致工資者稱之。

　　根據勞工退休金條例第三條中有關勞工之定義同勞基法第二條第一款。

　　根據勞工安全衛生法第二條第一項：本法所稱勞工，謂受僱從事工作獲致工資者。

　　由於工資係指工作的對價，所以服勞務以獲取工資，在勞動法上稱之為勞工。

　　依據我國勞工行政主管機關之解釋：「凡是具有公會會員資格和依法可以參與勞工保險的職員及工人均為勞工」。

　　由以上的法規定義可知，「勞工」，就是以體力勞動或者智力勞動而獲取薪資的報酬者。

## 貳、何謂雇主

勞基法第二條第二款提到雇主：「稱雇用勞工之事業主、事業經營之負責人或代表事業主處理有關勞工事務之人。」

勞工安全衛生法所稱之雇主，謂事業主或事業之經營負責人，與勞動基準法所稱之雇主（謂事業主、事業經營之負責人或代表事業主處理有關勞工事務之人）有別。雇主應能獨立經營事業，不受他人約束者，如不具自主決定自己事業單位勞動條件，而受他人監督、指揮、管理者，不具備雇主之性質。

## 參、雇主之責任

一、設置防止危害必要安全衛生設備及採取必要措施。

二、機械設備防護從源頭管理，實施形式檢查

為使機械設備能符合安全防護標準的規定，對機械設備製造商實施源頭管制，對通過形式檢定的機械設備張貼合格標識，使勞工知道所使用的機械是否符合安全防護標準，以減少職業災害的發生。

三、危險物及有害物的容器需張貼危害標示

如果危險物及有害物的容器上貼有標示，讓我們認知其危害性，如電石（俗稱電土）是著火性物質；使用汽油、酒精等屬於易燃液體；以及液化石油氣（桶裝瓦斯）、自來瓦斯等為可燃性氣體，在作業中，如不認識它的特性、沒有安全的處理方法，很容易導致危險發生或影響勞工的健康，所以說，貼危害標示很重要。

四、有危害勞工健康的作業場所需進行作業環境測定

作業場所難免使用具有危害性之原料、物料、化學品、溶劑等，如暴露於此等物質之氣體、蒸氣、粉塵、煙霧、霧滴中，如無適當之防護可能造成職業病，為測量暴露該等物質之濃度，需實施作業環境測定。

## 五、特殊危害作業之管理

　　高溫作業可能導致熱中暑、熱衰竭、熱痙攣；異常氣壓作業可能導致潛涵症或潛水病；高架作業造成昏眩導致墜落危害；精密作業可能導致視覺疲勞暨重體力勞動導致虛脫等。因此，此等具有特殊危害之作業，應減少工作時間，並在工作時間中給予適當之休息，以避免危害之發生。高溫作業勞工作息時間標準、異常氣壓危害預防標準、高架作業勞工保護措施標準、精密作業勞工視機能保護設施標準、重體力勞動作業勞工保護措施標準等，即是針對此等特殊危害作業危害預防需要訂定的。

## 六、勞工需實施體格檢查及健康檢查

　　勞工是不是適合擔任現場作業，雇主需透過體格檢查及健康檢查、健康指導和正確配工來管理每一位勞工身體健康狀況，同時使勞工保持或促進他的健康；健康檢查費用需由雇主負擔；另外健康檢查資料也需妥善保存，使勞工健康的身體在最適合的工作發揮潛能，達成良好工作環境的目標。

## 七、發生立即危險之虞場所需停止工作

　　工作場所因條件改變、環境變化，如有造成勞工立即危險之虞時，雇主或於該工作場所中代表雇主從事管理、指揮或監督勞工從事工作之工作場所負責人，應立即停止作業，並使勞工退避至安全場所。有立即危險之虞者指：1.自設備洩漏大量危險物或有害物，致有立即發生爆炸、火災或中毒等危險之虞時。2.從事河川工程、河堤、海堤或圍堰等作業，因強風、大雨或地震，致有立即發生危險之虞時。3.從事隧道等營建工程或沈箱、沈筒、井筒等之開挖作業，因落磐、出水、崩塌或流砂侵入等，致有立即發生危險之虞時。4.於作業場所有引火性液體之蒸氣或可燃性氣體滯留，達爆炸下限值之百分之三十以上，致有立即發生爆炸、火災危險之虞時。5.於儲槽等內部或通風不充分之室內作業場所，從事有機溶劑作業，因換氣裝置故障或作業場所內部受有機溶劑或其混存物污染，致有立即發生有機溶劑中毒危險之虞時。6.從事缺氧危險作

業，致有立即發生缺氧危險之虞時。7.其他經中央主管機關指定有立即發生危險之虞時之情形。

## 八、車輛、機械、設備、器具等實施自動檢查

職業災害的原因可能為機械設備、物料原料、作業程序或作業方法不當、緊急控制或預防設施缺乏，環境不適合或不佳，甚至個人因素如不知、不能、不願、不顧、草率等所造成。如何維持一切作業在安全衛生的狀況下運作，唯有靠管理制度之確立及落實施行，才能完成，因此，我國勞工安全衛生法規定雇主應依其事業之規模、性質，實施安全衛生管理；並依中央主管機關

綜合以上的說明，大致對於勞資雙方有初步的了解及雇主對於勞工所必須負責的事項。但是所謂的「勞方」僅指勞動者個人？還是代表著整體的勞動工作者？或者是兼具兩者？抑或是代表著勞動者的代表（公會）？似乎在界線上仍不是相當明顯。同樣的，在「資方」是代表資本家個人？還是其全體共同出資經營者？還是替資本家從事經營管理的代表？似乎尚未有明確的定論。

## 肆、勞資關係的內容

### 一、工會

工會是政府和勞工之間的中介團體，也是勞資雙方兩者的重要橋梁。負責處理勞工與雇主的糾紛及爭取勞動階級應有的福利，使其保障自身的權利，並為勞動者維持其基本生活、勞動條件及提高經濟上的利益和社會上的地位所組織的團體。

工會是人民團體中最重要的一環，它對國家政治發展、社會安定、經濟繁榮、民生福利，扮演著相當重要的角色。我國工會法規第一條規定：「公會以保障勞工權益，增進勞工知能、發展生產事業，改善勞工生活為宗旨。」除此之外，公會具備了以下功能：

(一)促進和諧團結。

(二)安定社會秩序。

(三)充分反映民意。

(四)訓練民主素養等原則。

## 二、工會設立之程序

### (一)發起

根據工會法第六條（產業或職業工會之組織）同一區域或同一廠場，年滿二十歲之同一產業工人，或同一區域同一職業之工人，人數在三十人以上時，應依法組織產業工會或職業工會。

同一產業內由各部分不同職業之工人所組織者為產業工會。聯合同一職業工人所組織者為職業工會。產業工會、職業工會之種類，由中央主管機關定之。

根據第七條（工會之組織區域）工會之區域以行政區域為其組織區域。但交通、運輸、公用等事業之跨越行政區域者，得由主管機關另行劃定。

根據第八條（同一區域同一產業、職業工會之唯一性）凡同一區域或同一廠場內之產業工人，或同一區域之職業工人，以設立一個工會為限。但同一區域內之同一產業工人不足第六條規定之人數時，得合併組織之。

### (二)籌組

#### 籌組步驟

步驟一、先將員工和工會幹部取得聯繫，隨後探索組成工會的可能性。在討論的過程中，員工將研究由工會代表勞工的好處，而工會幹部則開始蒐集有關員工的需求、問題和抱怨等資訊。工會幹部也將會找尋關於雇主財務狀況、主管風格、組織政策與常規等特定資料。為了贏取員工的支持，工會幹部必須創立一套論據，以強化反對雇主及支持工會主張。

步驟二、在籌組活動累積動能的時候，籌組幹部必須規劃最初的公會集會，以吸引更多支持者。籌組幹部可以由步驟一所蒐集到的資料，指出員工的

需求，並解釋公會如何確保這些目標的達成。組織性集會的兩個額外目的在於1.確認哪些員工可以幫助工會幹部指導活動的進行；2.建立溝通網路，以聯繫所有員工。

步驟三、第三個籌組活動的重要步驟是藉由有意提供活動領導角色的員工，組成一個內部的籌組委員會，吸引其他員工加入公會並支持工會活動。然而委員會還具備有一項重要任務，就是讓員工簽下授權卡，卡上聲明員工樂意由勞工工會代表他們，和雇主進行集體協商，而簽名的授權卡數量代表工會代表勞工的潛在力量。在全國勞工關係委員會舉辦代表權選舉之前，至少需有百分之三十的員工簽下授權卡。

步驟四、假如有足夠數目的員工支持工會活動，籌組幹部便會企圖進行由政府部門所主辦的選舉。代表權的申請書應向全國勞工關係委員會提出，要求進行祕密投票，以確定員工是否真的想要加入工會。在進行選舉之前，將針對員工進行一個大型的宣傳活動，以尋求員工的支持和選舉投票權，這是一個勞工、公會與雇主情緒緊張的時刻。

步驟五、當工會贏得選舉便可決定籌組工會，而工會勞工關係委員會將認證工會成員的合法協商代表。合約的談判可立即開始，而這些談判也呈現出工會與雇主間的另一個鬥爭現象。在協商階段，勞資雙方都在尋求有利於己方的勞動條件。公司工會籌組委員的成員和工會幹部，都將試圖針對員工的第一份合約進行協商。公會在贏得代表權的選舉後，每四個工會協商活動中便有一個無法取得第一份團體協約。萬一公會無法在贏得選舉權後的一年內取得協約，塔虎脫-哈特利勞工法案及同意員工可透過全國勞工關係委員會之撤銷認證投票，以解除該公會的代表權。（莫塞所論的籌組步驟）

㈢成立

工會組織完成時，應將籌備經過、會員名冊、職員經歷，連同章程各一份，函送主管機關備案，並由主管機關發給登記證書。工會職員之選舉，由

上級工會派員監選，主管機關派員指導。其無上級工會者，由主管機關派員監選並指導。並召開成立大會，經由出席成立大會會員或代表三分之二以上的同意，議定工會章程，而後依照本工會章程所定職員的名額及工會法所定職員資格之限制規定，選舉理監事，並分別完成，工會組織完成，應送主管機關備案，並發登記書。

根據工會法規第十條（工會章程應記載事項）工會章程應載明下列事項：

1. 名稱。

2. 宗旨。

3. 區域。

4. 會址。

5. 任務或事業。

6. 組織。

7. 會員入會、出會及除名。

8. 會員之權利與義務。

9. 職員名額、權限、任期及其選任、解任。

10. 會議。

11. 經費及會計。

12. 章程之修改。

根據第十一條（工會章程之議定）工會章程之議定，應經出席成立大會會員或代表三分之二以上之同意。

## 三、公會的類型

### (一)職業公會

是由同一職業或相同技能的勞工組成，此種公會可橫跨不同產業的勞工，是一種水平式結合。

## ㈡產業公會

是由同一產業內所有的勞工組成，包括了組織內層級的勞工，是一種垂直的組合。

## ㈢一般公會

組織內成員不受職業和產業的限制，也可以依政治、宗教、種族等來限定其範圍，是一種綜合性的組成。

## 四、勞資關係協商程序

就員工個人而言，員工在勞資關係中可行使權力相對較小。如果員工認為遭受不公平待遇，便可依全國勞工關係法案第七條所授與的權利，與雇主進行協商討論。當員工往上述發展方向進行時，勞工關係過程已開始。其過程包含了四個流程：

㈠員工欲希望有集體談判代表。

㈡公會開始其籌組活動。

㈢經由集體協商達成協議。

㈣執行契約內容。

# 第二節　影響勞資關係的因素

勞動部門之特殊性，在於問題之尖銳性、複雜性、全面性，並隨經濟之發展而更明顯化。首先，勞工行政部門所處理之各項業務，均觸及勞資雙方之利益矛盾，而此類利益矛盾存在於私下契約之範疇內。在自由經濟制度之下，國家無法一一加以親自干涉。其次，勞工部門所欲解決的勞工所遭遇之問題，勞工是社會階級之身分，其個人及家庭之生存發展，均仰賴此身分之實踐過程所遭受之對待。而隨經濟發展使勞工此一社會階級日益擴充，使勞工及其家庭成員成為社會最主要之人口。勞資關係，是現代政府和企業在面對勞工問題所

必須重視的主要管理策略。因為其不容易解決，而且一旦爆發罷工或抗爭，往往成為社會上矚目的焦點，影響到了經濟發展和社會的穩定。優秀的企業組織除了在產品的質和量上有所要求，他們也重視勞資關係，顧及員工的關係和問題，設法替為其效力的勞工謀求最大的權利和權益。

## 壹、勞工工作環境

自從十七、十八世紀工業革命以來，工業化的趨勢極為顯著，也成為世界上各國政治、經濟、社會發展的趨向。工業革命取代了傳統手工業和輕工業，以機器代替人力，而逐漸形成「工廠」的制度。一個工廠裡人員數由數十人到數百人甚至數千人都有，占據了工廠大半的人數，所以他們的福祉和利益是相當重要的。而全國的勞工總數更是可觀，也是國家經濟發展和社會穩定的重要因素之一，所以一個良好的工作環境對於勞動工作者來說是相當重要且必要的。

勞工的工作環境是平常這些工作者最常接觸也相處最久的環境，所以一個適合的、良好的環境對於勞工的生理、心理狀態往往有很大的影響。好的工作環境必定會增加勞工更加樂意為公司效力的意願，也讓勞工本身覺得替企業組織服務是一種榮譽，進而降低員工的流動率。也會在身心愉悅的狀況下提高工作的效率，增加生產的數量和提高產品的品質，這樣一來對勞工和管理階層兩方面都有益處，共同創造出最大利潤。

反之，若身處在不適合工作的環境條件下，這些勞動階級在心理上必然會想著如何偷懶、應付，進而造成勞資雙方的衝突及不悅和生產物資的損失。也會思考自己的工作環境條件這樣的糟糕，是不是有繼續服務下去的必要，造成公司組織員工流動率增加。

在工業時代，不論白領、藍領階級都屬於具勞動力的勞工，所以成千上百的勞工在工業化的社會裡扮演重要的角色。勞工雖然人數眾多，但也往往被

忽視而導致勞資雙方的爭議與衝突，所以這是必須相當重視的管理問題。

## 貳、政治因素的影響

這個因素對勞資雙方也是有著重大影響，自從戒嚴解除以來，這無疑是促進勞工運動和改變勞資關係的首要因素。政黨的開放及政治民主的開展等，都讓反對的勢力獲得更大的活動空間，間接的鼓舞了勞工抗爭的意識。總之，政治的開放，使勞資關係變得更複雜而動態化，也讓勞動階級有機會、有能力去爭取。

許多的勞資問題，經常因為立法的關係而產生。像是勞動基準法的公布與施行，讓社會上的勞資關係進入一個嶄新的階段。

另外行政機構對於法令的解釋也會引起不同的反彈，政府帶領和實行政策也會影響勞工的權利，一個有利於資方的政策通常會讓勞方的利益受損甚至降低，又或者偏袒勞動階級造成管理者的不適和反彈，政府的決策往往有決定成敗的功效，所以其拿捏分寸的重要性可想而知。

現代的民主政治在選舉的過程中，工會勢力和勞工選民常常是政黨和其競爭者極力爭取的對象，於是發展成政治影響的溫床。工會當然需要和政黨建立關係，但是工會只能將政黨視為協助工運發展的工具；亦即，工會儘管可以拿會員的選票來換取政黨在政治上對工運的支持，但工會絕不可喪失原有的工運宗旨而淪落為受政黨控制的選舉機器。對此，工運領袖必須認識到一個事實，那就是政黨，尤其是獲得執政權力的政黨，因其在「權力位階」上遠遠高過工會，所以工會不但不能奢望去控制一個已經成長茁壯了的政黨或政治人物，甚至在兩者的互動關係上，還必須極力維護「自主權」的完整，隨時警惕，避免讓政黨或政治人物直接宰制了工會或工運的自主決策能力。

由於政治的因素介入，某些有權力的政治人物，透過政治的力量來安排工會的領袖，工會領袖也會利用政客取得政治方式的安排，達成協議讓雙方能

達到最大利益，這就是政客與工會的互相利用。在原本所有的事項中都有一定規範，但由於權勢因素的介入讓勞資關係的因素又多了一層複雜的關係。

例子：2005年10月27日，在法國巴黎市郊因社會上高失業率和種族歧視而造成大暴動與罷工事件，對於某些公司和工廠造成員工心理上的疑慮與失落感，隨即在2006年3月該公司企業員工、勞工一百五十餘萬人因反對新勞工法，造成大罷工與暴動。

## 參、管理制度的缺失

政府、企業、公司、任何一種大團體組織，都需要有一套共同遵守的標準，以便針對團體內的個體，依其貢獻與否來決定升遷或解僱產生人事上的變動，或勞工是否被壓榨、是否得到應有的報酬、公司的行政是否合乎法令、勞工權益是否受保障。而管理就是各類組織團體的管理、策略、方法、程序、技術、控制和行為的管理體系。

但是隨著時間和社會狀況的改變，在制度上難免出現缺失或者在管理階級價值觀的改變，或者是因為外在的壓力而出現缺陷，也可能是因為被管理的階級因為普遍知識水準的提高，而在內部出現反對的聲音，要求在管理的制度上有所改變。

內部管理、社會支持和政府法制健全，則勞資關係也趨於穩定與健全；反之，機關組織的內部管理甚多缺失，各種工作條件，如薪資待遇、工作安全、設備技術等等無法令員工滿意。而社會環境與政府法令均具負面功能，則必定破壞勞資關係的穩定，此種不佳的情形下，如何避免員工抗爭和衝突發生呢？

企業管理，若能確立人性化的管理體制，有助於勞資爭議問題的防範和解決。倘若雇主視員工如敝屣，那麼員工必定將雇主是為寇仇，一旦勞資釀成罷工關廠，則後果不堪設想。人性化的管理，是基於法理的原則下，尊重員

工，做出合情合理的管理行為是防範衝突對立與爭議鬧事的良好方法。具體措施如下：

一、一切人事管理設施必須配合企業的需要。

二、人事管理與公司每一部門要發生密切關聯，一切均應了解，可彼此合作，切忌閉門造車。

三、需有資料了解每一員工專長能力、服務精神和學識道德。

四、公平就業機會與升遷原則和弱勢優先機會。

五、重視壓力、衝突、情緒、人際關係問題。

六、重視組織倫理及導正群體行為。

七、以激勵、溝通方式，增進勞資關係的和諧。

八、防止性侵害醜聞及性犯罪與緋聞事件。

以上之措施若能付諸實行，一定有助於改善勞資關係。

## 肆、勞資爭議與調解

近年來，在政治民主化、經濟自由化、社會多元化的衝擊下，勞工普遍受教育的程度提高，權利意識逐漸高漲，勞工們現在不只主動爭取自身的權益外，更積極參與國家公共事務，對於政府和雇主要求服務的層面及爭取該有的利益漸多也漸廣。基於勞工對生產的貢獻和其角色是過程中重要的部分，所以如何有效減少勞資雙方對立，建立良好和諧的勞資課題，提高企業生產力替企業及政府創造雙贏的局面，是各個階級必須正視的課題。

### 一、勞資爭議的種類

根據勞資爭議處理法第四條的規定，勞資爭議可分為兩種（勞資爭議之定義）：

本法所稱勞資爭議，為勞資權利事項與調整事項之爭議。

㈠權利事項之勞資爭議，係指勞資雙方當事人基於法令、團體協約、勞

動契約之規定所爲權利義務之爭議。

⑵調整事項之勞資爭議，係指勞資雙方當事人對於勞動條件主張繼續維
持或變更之爭議。

## 二、勞資爭議的解決方法

勞資爭議處理的準則，和一般的訴訟程序有所差別，其過程中的柔軟性
和迅速的特性是相當需要的，並且發動社會倫理的制裁跟約束力量，更是處
理問題的精要所在。勞資爭議在社會中，被認定是以非公式化的方式處理，勞
資爭議處理法仍然需要特別載明此一過程的精神和運作原理。如同大家所熟悉
的，非公式化的問題，處理仍有司法訴訟，金錢耗費上的弊病，而且解決問題
的關鍵點，也有賴於事理的明辨。而它的解決方法，必須建立在雙方的和解與
退讓之上。倘若勞資爭議的處理過程中沒有這樣的體悟，那麼將難以解決紛
爭。然而依據我國勞資爭議處理法，勞資爭議的處理程序可分爲協商、調解、
仲裁及訴訟：

### ㈠溝通與協商

一般而言，當勞資雙方有了糾紛或誤會，第一步驟往往採用溝通的方
式，而此一步驟是了解問題所在和解決誤會的最好時機，同時也是在工作上影
響員工士氣及幹勁的其中一個關鍵因素。雇員如果了解公司的情況、明白公司
的需要和目標，通常會更易發揮所長，更容易配合公司的腳步行進，取得理想
的成果。雇主如果能夠建立有效的溝通途徑，便可使勞資雙方了解彼此的需
要、利益和困難，並達成有利於雙方的協議。就此，雇主應注意下列事項：如
工作方式、程序或關於僱傭關係的事項有所改變而令員工受到影響，雇主必須
準備與雇員溝通和協商；如果公司內有雇員協會、工會或協商委員會，雇主也
應諮詢這些組織。

有效的勞資溝通必須具備下述特點：

1. 具有高層管理者及員工的支持。

2. 溝通的資訊應客觀、確實和理性。

3. 定期溝通和設有溝通系統。

4. 雙向的溝通，使雙方坦誠地交換意見。

## (二)調解

調解程序又可分為兩種：

### 1. 自願調解

勞資爭議發生時，當事人可以向直轄市或縣市主管機關提出調解申請書。勞資爭議當事人應為個別勞工，可以向其所屬的公會申請調解。倘若主管機關對於勞資爭議認定為有必要時，可以依照職權交付調解。

### 2. 強迫調解

由主管機關認定某一爭議事件實有進行調解之必要，雖然沒有當事人的申請，但仍召集調解委員會進行調解。調解成立時，是同爭議當事人的團體協約。

## (三)仲裁

交付仲裁決定之性質可分為兩種：

### 1. 自願仲裁

當事人申請仲裁時可向直轄市、縣市主管機關提出仲裁申請。此方式適用於：(1)非國營事業之公用或交通事業以外的勞資爭議調節而沒有產生出結果，經過爭議後當事人一方申請交付仲裁。(2)勞資爭議雖然沒有經過調解的程序，但經過任一當事人雙方之申請仲裁而交付仲裁機關裁定。

### 2. 強迫仲裁

按照調整事項之勞資爭議，調解不成立者，經過爭議當事人雙方申請，應交付勞資爭議仲裁委員會仲裁。主管機關認為情節重大有交付仲裁之必要時，可以依照職權交付仲裁，並通知勞資爭議當事人。此方式適用於非國營事業之公用或交通事業以外的勞資爭議調節而沒有產生出結果，經過爭議後當事

人一方申請交付仲裁。

## ㈣訴訟

此舉乃透過司法途徑來解決勞資爭議中的權利事項，不適用於利益或調整事項勞資爭議的處理。

綜合以上所述，我國現行之勞資爭議處理制度的確尚有待加強的地方。而其中勞資爭議處理人員之專業化與專職運用，可以說是刻不容緩的改革重心。勞資爭議處理人才的培養和訓練也有待更進一步的專業認證，進而再推廣以證照制度來保持與更新問題處理的品質，此為勞工行政的最高主管機關所應有的當機立斷之舉。再者，勞委會在各級地方自治團體普設公益性之勞資爭議處理機構事宜，深值嘉許。當此一機構之熱忱性、迅速性、柔軟性、公正性、獨立性、專才性與周延性等，不足架構起爭議當事人之他律依賴時，上述機構之角色定位便需調整。畢竟凡有心於爭議處理者，應自我期許於「睹一斑而窺全貌」與「醫感冒又兼體檢」之大義。

# 第三節　勞資倫理

勞資倫理主要在探討雇主和勞工之間應該如何對待，才符合道德標準。例如：資方是否可以用嚴厲的標準對待勞工，而無所不用其極的剝削，或員工是否可以為了個人的利益而洩漏企業的機密。簡單來說，倫理就是牽涉到對問題是非、善惡或好壞的價值判斷。

企業管理的能力要能跟上時代的變遷而有所成長，企業經營的模式從過去雇主的利益至上而逐漸轉移到利害關係兩者並重的階段，強調兼顧員工在內的利害關係人權益。企業倫理的發展遂從社會回應提升至社會績效，這就是在強調發生勞資糾紛時，企業不僅要能做出有效的回應，更必須有效預防勞資衝突的發生。企業若能在謀求正當合法的利潤之外，能夠遵守各項勞工法令規

範，考慮兼顧到勞工的權益，及能夠符合企業倫理的要求，並且善盡社會責任。

## 壹、勞資關係的演進與特色

想要了解勞資倫理的意義，就必須先從勞資關係在歷史上演進的過程和意義特色著手。勞資關係的行程與演進，是順應著人類經濟生活的改變而發展，下面只以西方歷史演進的觀點概分為三個時期說明之：

### 一、奴隸制度時期

在久遠的奴隸時代，日常生活中所需要的勞力均依賴奴隸提供，在此時奴隸就等同於法律上的物品，是可以被買賣被交換的，或者讓其他人使用，即使生命受到威脅，奴隸也絲毫無選擇和反抗的餘地，只能靜靜接受命運的安排。所以，在那時候的勞動者在本質上就近乎是奴隸，毫無自由及人權可言，純粹是一種物質。

但是經歷幾個世紀的演變之後，社會上慢慢脫離了奴隸勞動的階段，於是進入勞動是為了其他自由的人所使用，不再是讓主人以奴隸方式自由的出借或買賣，勞動者已經可以把自己的勞動能力用給付薪資的方式，將勞動力出租給對方，並且進一步的擁有自己的自主權和工作上的自由權。

### 二、完全自由契約時期

在十八、十九世紀法國大革命的風潮影響下，勞動的關係也有明顯的進展。當時盛行的個人主義及自由主義思想達到極致，人們相信自由放任的政策，可以自然的讓社會和經濟發展的需求達成平衡，所以企業組織極力讚揚支持企業經營的自由和簽訂契約的自由，並要求政府做最少的干涉，認為「最好的政府」便是干涉最少的政府。這種觀念，隨即表現在勞資雙方的工作契約上，認為在工作薪資、工作時數等勞動條件上，均必須由勞資雙方自行協調決定。政府不應該插手干涉，因此出現了完全自由和相互平等的人格契約觀念。

勞動者和企業的報酬相互交易關係，就像是把勞動轉換成貨品一樣出售給買家的關係。在這個時候勞資關係變成了企業和勞動者之間的經濟價值交換契約（即金錢和勞力提供的交易）。

三、法定勞動基準時期

　　在前面所敘述的自由契約思想，在人格上，勞動者雖然是獨立的個體，但是實際上由於勞工與雇主之經濟實力相距極大，雇主有強大的經濟力量，而勞動者為了獲得工作以維持日常生活所需，必須服從雇主的要求，而在雇主與勞動者間所簽訂的工作契約上，不論是工資、工作時間的內容，在形式上是基於自由平等關係，但實際上無疑是由雇主自己片面決定，成為雇主剝削勞工的合理依據。為了解決這種不合理現象，除了勞動者團結互助外（例如：組織工會以增強勞工之力量），各國政府也以國家的直接干預方式來達到直接保護勞動者的目的。例如：我國73年8月1日公布實施的勞動基準法就是規定最低的勞動條件而達到保護勞工的目的，於是這個時候我們可稱為勞動契約處於不得違背法定勞動基準時期。

　　在這個時候的勞動關係，已經不再是過去單純的勞動和金錢的交換關係，所以必定不能再將勞動當作是一種商品的買賣，而是一種近似於「合作」的關係，雙方均是為了共同的事業而結合成的人事組合關係。這種組合裡的每個個體都是以平等為原則，而在之前的勞動關係則是以勞動者隸屬於雇主的型態而組成。所以，在勞動契約上除了對於雇主所給付的薪資和勞動的事項有所規定外，對於勞資雙方的組成性質和勞動者所隸屬的性質也應加以重視。因此有關雇主對勞動者之照顧義務及勞動者對雇主之忠實等義務，也成為勞資關係間重要的一環。如前所述，現在的勞動關係已不是單純屬於勞動與報酬的商品交換關係，而是基於某種共同目的結合而成的共同體關係，勞動者在提供勞動力時必定與他的人格不可分離，使得勞動者與雇主間產生從屬性關係，於是勞資之間便產生了倫理關係。譬如，雇主不能無正當理由而對共同體的勞工予以

差別待遇，而另一方面在企業面臨急迫或經濟不景氣時，共同體成員的勞工亦有義務為謀企業的利益而提供勞動契約約定以外的事項等，即是勞資倫理行為的具體表現。

## 貳、勞資倫理的意義

### 一、勞資倫理的意義

勞資關係是以人為主要的對象，是一種以人的價值為主要因素的人際關係，而勞工倫理就是勞工和雇主之間的倫理關係。勞資倫理有一個很重要的特性，那就是具有對待性義務與非對待性義務，所謂對待性義務就是，當對方沒有辦法或者沒有確實的履行義務時，而我方也就不具有履行的相對義務，是一種互相的情境。而非對待性義務就是對方倘若不遵行義務時，而我方不能以此為由而拒絕履行該有的責任，免除自己該做的義務。

所謂對待性，舉例來說：就像我國一般的國民一樣，想要享有國家所提供的福利，那麼就必須要先善盡自己的義務——納稅、服兵役等，有納稅國家才有資金去建設、才可以有福利政策施行。如果沒有國民的納稅，那麼就沒有國家的福利，有國家的保護就要有國民善盡自己的義務，這就是互相有對待性。

再舉例來說，員工有提供勞動的義務，而雇主有提供報酬的義務，這兩者義務是有對待性的，只要員工提供勞務，雇主就必須給付報酬，不提供勞務，則雇主不需給付報酬，這就是互相有對待性的。

另外非對待性義務方面，比如說「學生」在學校上課都希望老師能認真教學，把自己所學都教給學生，上課不遲到、早退等等，但是如果老師沒有做到，那麼學生還是得依照自己的本分唸書、做功課，並不會因為對方沒有履行義務，而不去實行自己該有的責任和義務。

舉例來說，員工有「忠實」的義務，這些包括要對企業機密保密、在工

作上要服從指揮、工作要謹慎等；而雇主方面也有他的義務，就是員工在企業內工作，雇主就必須在生命、財產、安全衛生方面多方照顧他。這些義務都是非對待性的，彼此之間是獨立的，不因對方沒有履行義務而可以免除自己該履行的義務。

例如：員工對企業有保密的責任，不可把企業內的機密洩露出去或告訴別人，但是因為老闆對於員工的福利不夠重視或者吝惜增加薪資，所以為了報復我就把公司內部的機密或客戶資料洩漏出去。在這例子當中，員工的保密義務是非對待性的，不可以因為雇主沒有履行福利制度的義務，而不去履行保密的義務。因為保密的義務本身就是倫理原則轉化成為法律義務的原則，所以它仍然保持倫理的特性在內，因此員工不論雇主是否有錯，你都必須遵守這個義務，不可因雇主有錯而免除這項義務。相對的，如員工沒有履行提供勞務的義務時，雇主亦不可據此而免除他照顧員工生命、財產、安全衛生等義務。由上可知，勞資倫理應包括勞動者倫理與雇主倫理二者在內。

## 參、企業主的勞資倫理觀

身為中國人必須探討我們的企業倫理觀念，從古至今，以中國人來說是相當重視「情分」的，家族的企業就是建立在此一觀念之下，很少強調理性主義和法律，通常是以對方和我有無直接或間接的關係而決定，凡是重情不重理，對員工的績效成果不重視，對正常的勞資關係就不重視，這完全是狹隘的觀念所導致。

另外在企業裡，中國人固有的觀念就是「員工就是我所雇用的」，沒有將公司的員工視如己出，因此往往把所有權利綜攬於一身，所有人都必須聽從指示。對於企業未來的接班人通常都是由家族（父親傳給兒子或女兒再傳給下一代）所繼承，造成家族企業的現象，此情況出現在我國企業中並不稀奇，因為中國自傳統歷史中便是如此。

在中國的社會中講求孝道，父母親尊長的權威是不容否定和懷疑的。企業主的人格於是建立在這種孝道文化的基礎上。在此種情形下，企業主通常養成不授權，由個人決定一切的習性。我們可以從很多家族企業中董事長和總經理均為同一人中印證。

在勞資關係上，除了勞工必須盡勞方的本分，確實遵守勞動契約的內容和對於企業的忠實外，雇主也有它必須遵守的本分，做到雇主的照顧義務。

## 一、雇主應盡的義務

### ㈠薪水給付的義務

工作的薪水獲得是勞工和其家屬所賴以維生的，因此，工資的支付是員工最關切的，而這也是雇主最主要的義務。工資的支付，原則上以法定通用貨幣為之，例外的情形，才可以實物支付。計算薪資的方式可以分為按時計算、按件計算或者按時按件混合計算。工資的支付額，原則上依勞雇雙方的同意，但不能低於勞動基準法規定的基本工資，也不可違反團體協約的規定，或趁著勞工急迫、草率或者沒有經驗，讓他的勞動和所得不成比例或者有其他不利的情形。工資，除法律另有規定（如需繳勞保費或扣繳薪資所得稅等）或勞雇雙方另有約定（如約定每月代扣若干工資以辦理儲蓄存款）外，應全額給付給勞工，原則上並應由勞工親自領取，但如因故不能領取者，可由其家人朋友出具證明委託代領。

薪資和勞務給付就如同前面所說的是具有對待性的關係，原則上如果勞動者沒有提供勞力，雇主自然不會給予薪資，亦即「有勞動，則有報酬」的原則。

### ㈡雇主提供良好的環境和照顧的義務

勞資倫理的核心，是勞工的忠誠義務和雇主照顧勞工的責任所構成。消極的照顧義務泛指雇主在工作繼續期間，有義務維護並保障勞工的生命、身體、財產等的安全，而不做任何有損勞工利益的行為，而積極的則應提供勞工

除了優質的工作環境外，還必須有向上發展和繼續進修、深造的環境與機會。雇主的照顧責任相對於勞工忠實義務一樣，並非都毫無範圍限制，一切都以合法的手段追求企業的利益，不得強迫雇主爲了盡力其義務而違法，倘若爲了依循法律而有損勞工的利益，那麼便必須以法律爲主要的依歸。

### (三)生命及健康的照顧義務

勞工每天從事工作，如果因爲工作環境不良原因造成勞工的健康受損甚至死亡，不僅是對勞工本身和其家庭的損失，也會造成企業內部的不安和社會、國家的損失。所以，不論是在有害或無害的工作環境下，都必須考慮勞工的適應和身體健康況狀。另外，企業本身也可定期提供健康檢查用來確保替其效力者的健康，並可以促進雙方的關係。

在先進的國家裡，企業對於勞工的生命和健康的照顧方面，仍有立法規定：1.雇主在勞務給付性質的許可範圍內，爲保護勞工生命及健康免遭受危險，就其工作的處所、設備及工具，應有適當的設施與維持。2.對於勞工及其家屬，雇主應就其居住與睡眠的處所，以及勞動、休息、時間，應斟酌勞工的健康、習性及宗教而做必要措施與調節。這種對勞工生命及健康的保護，涉及把勞動生活視爲人道化的實踐，是雇主照顧義務中最重要的一環。（德國爲例）

另外在我國的勞工安全衛生法中也有所規定，對於防止爆炸性、含毒性、廢氣、噪音等引起之危害，應作必要的安全衛生設施，以維護並確保勞工的健康及生命的安全；對於被指定具有危險性之機械或設備，非經檢查機構檢查合格者，不得使用；工作場所有立即危險時，雇主應作妥當的應變措施；在高溫、高壓、高架作業、重體力勞動及對勞工有特殊危害等作業，雇主不得使其每日工作時間超過六小時，並應給予適當的休息。勞工所從事的工作如特別危害健康時，雇主應給予定期的健康檢查。

### ㈣人格權的保護義務

　　為了讓勞工了解他的權利和義務，雇主可以藉著訂立合理的工作規則，讓勞工可以明白自己的地位和權責所在。除此之外，雇主在發展企業的過程中，也可以徵求勞工的意見，除了讓勞工有機會表達自己的機會外，也可以藉此了解基層員工的需求和公司的不足，畢竟最基層的員工對於顧客或產品的需求和缺點也最清楚，如此一來更可以提高勞工的向心力。例如：召開勞資會議，雇主可以藉此表達公司的年度目標和經營理念，以及未來的政策措施等，讓勞工了解公司在階段性的目標為何？以方便配合企業共同達成經營的理念，使公司、企業更進步。此外，雇主也可以匯集單位人員籌組一套獎懲的標準，來負責審理勞工的過失和功勞，並且提供申訴平反的機會，來達到獎懲分明的目的。

### ㈤勞工保險的義務

　　在工作的過程中，難免有傷害、意外發生，一個優秀的企業有義務替其效命之員工進行投保的動作。如此一來，當意外災害發生時能夠給予受害者最及時的照顧和理賠，並且讓勞工知道在資方方面也是有替他們著想的。倘若沒有保險，那麼在意外發生時除了讓員工受到傷害外，也增加了該企業在社會上的不良印象，甚至可能因此而觸犯法律。所以基於倫理的原則，資方有辦理保險的義務。

### ㈥保障工作安全的義務

　　雇主有保障勞工工作安全的義務，亦即雇主依法不得任意解僱勞工。例如：雇主不得因勞工參加工會而解僱之，在勞資爭議期間不得解僱勞工。

　　除非勞工有勞基法第十二條所列事由，雇主可直接予以解僱之：

1. 於訂立勞動契約時為虛偽意思表示，使雇主誤信而有受損害之虞者。
2. 對於雇主、雇主家屬、雇主代理人或其他共同工作之勞工，實施暴行或有重大侮辱之行為者。

3. 受有期徒刑以上刑之宣告確定，而未諭知緩刑或未准易科罰金者。

4. 違反勞動契約或工作規則，情節重大者。

5. 故意損耗機器、工具、原料、產品、或其他雇主所有物品，或故意洩漏
雇主技術上、營業上之祕密，致雇主受損害者。

6. 無正當理由繼續曠工三日，或一個月內曠工達六日者。

遇有下列情事之一者，雇主可事先預告勞工停止勞動契約：

1. 歇業或轉讓時。

2. 虧損或業務緊縮時。

3. 不可抗力暫停工作在一個月以上時。

4. 業務性質變更、有減少勞工之必要，又無適當工作可供安置時。

5. 勞工對於所擔任之工作確實不能勝任時。

此外，雇主對勞工亦不得任意調職，如有實際上或業務上之需要而必須
調動勞工工作必要時，必須依下列原則辦理：

1. 基於企業經營上所必需。

2. 不得違反勞動契約。

3. 對勞工薪資及其他勞動條件，沒有做不利的變更。

4. 調動後工作與原有工作性質為其體力能力及技術所可勝任。

5. 調動工作地點過遠，雇主應予必要的協助。

調動勞工除非能符合上述五個條件，否則不得任意調動勞工。

促進勞工發展與升遷的義務：任何人在職場上工作，無非就是希望在工
作上能發揮自己的專長，因此，雇主有義務提供並保障勞工自我實現的機會，
使勞工發展自我、提升自己、肯定自己的價值。要促進勞工的發展和升遷，最
具體的方式就是透過教育，除了增加勞工的專業知識外，最重要的就是技能的
訓練。辦理專業訓練不僅可以提高勞工的知識和技能，也可以增進企業的營運
績效，是一個可以讓雙方都有利的方式，但雇主往往不願投入這些資本，其原

因是往往訓練到某一種程度時，勞工就跳槽、離職，造成公司的損失。因此，勞資之間養成合理的勞資倫理，勞工不惡性跳槽，企業間不彼此惡性挖角。否則，就長期而言，沒有一個人會有好處。

## 肆、勞動者的勞資倫理觀

了解了中國人的企業主觀念後，接著我們也必須了解勞動階級在近年來的改變。由於教育程度的提高，讓勞工對自己的自主性要求更強，對於任何事情都有了自己的想法和意見，並且希望在事務上能有自己決定的機會，對於權威敬畏的程度降低了，由於有了知識和較好的分析能力，在工作上必定要求更大的自由。另外台灣勞工的性格也從保守的狀態漸轉變為積極的性格，除了工作外，對於自己本身的權益也積極的爭取，在各方面都表現出極為強烈的態度。在過去通常把工作視為一種維持生計的工具，但現在工作卻成了自我實現、達成人生理想的手段，所以，如果在工作上無法滿足他們的需求，便令他們感到相當失望。

所謂勞動者倫理就是指勞工對其所從事的工作及該工作所涉及的關係人，不論直接或間接，均需盡道德上之義務。以下僅就勞工的工作義務、不可兼職義務、遵守法規紀律義務，分述如下：

### 一、工作義務

依照勞動契約所訂定的內容工作，是勞工最基本的義務。當然，這契約內容所規定的必定要合情合理，任何法令的規定，如果有違反法規的地方，勞工自然可以提出抗議或者向工會團體申訴。例如：在勞動基準法中規定，倘若雇主要求勞工加班，必須經過公會或者勞工本人同意，而且加班男性一天不可以超過三小時，女性一天不可超過兩小時，假如雇主強迫勞工加班或者以解僱脅迫，那麼雇主可能已經違法，可請求雇主更改。又或者勞工本身自願替其效力，甚至超過法規規定的時間那也是不被允許的。

## 二、不可兼職義務

　　勞工在尚未被解僱前或者勞動契約期滿前，沒有經過雇主的同意不可以和其他的公司或雇主訂立勞動契約。簡單說就是不可以到別的地方工作，但是如果在其他的地方工作不會有損原來工作的利益那就不在限制範圍內。為什麼有這樣的義務產生呢？這主要是為確保勞工可以有良好的工作品質，因為兼差可能會引起勞工的工作時間過久，導致精神不濟和體力上的透支，而使得工作的品質和效率降低，造成雇主產品和其他的利益損失，這樣對於雇主是不公平的。所以，基於公平和誠信的原則，員工應該將最佳的狀況提供給雇主。

## 三、遵守法規紀律的義務

　　就如同雇主必須遵守勞動契約和勞動法令的規範一樣，勞工也必須確實遵守雇主所規定的工作條約，以維持工作場所的紀律和安全。否則，當企業有所損失，那麼勞工最後也會是受害者，所以基於公平和誠信的原則，勞工也必須遵守相關法令和工作的規定，如此一來才符合倫理。

## 伍、改進勞資關係的方法

　　經由以上的介紹，勞資倫理的重要性可想而知，有好的勞資倫理關係，對勞工和雇主都有獲益的地方，反之，則不僅是雇主損失，相對的勞工在工作上亦可能受到批評或者解僱，以下方法是讓企業和勞工重振倫理的建議。

## 一、在企業方面

### (一)建立「避免投機的心理」

　　如果企業有投機的行為發生，或遊走在契約規範、針對法令的漏洞來謀求自己的利益，那麼必定嚴重影響社會對該企業的觀感甚至違法，也會在同業中留下不好的名聲，塑造出不良的企業形象。那麼企業最終將走入倒閉一途。反之，如果企業確實遵守法令規範、對待員工也不吝惜獎懲，這樣一來員工必定會想，自己的老闆的這麼遵守勞工法的規定，那麼他必定也會進自己的心力

來替公司效勞，讓企業徹底提升起來，也乾淨了投機的社會風氣。

## (二)不斷進修、充實自我

有了扎實的正確理念後，接著就是要不斷的自我進修、吸取新的知識、了解時代的脈動，讓自己更了解社會上流行的趨勢，明確未來發展的方向和在社會上的地位，如此才能帶領企業做出正確決策走向成功之途。

## (三)建立行為準則和違反規定的處分

為了使全體員工有更明確的準則可遵循，必須建立一套「公司管理的法則」，明確的告知公司的原則和成規，這必須讓每個員工都清楚明白，一旦有所違反的行為那麼必定受到處分，並嚴格執行，以確保公信力。如此企業的倫理水準自然提升，公司的形象也可以因此建立，但在這之前必須是企業主能挺身力行，以身作則，否則員工必定也不會信服。

## 二、在勞工方面

## (一)不斷學習專業知識和技能

目前是一個專業分工的時代，員工對於自己的專業必須不斷的精進。專業知識充足便能在職場上充分發揮獲得成就感，也能從中獲得滿足和快樂。倘若達到這種境界，工作倫理上哪裡會有不足的地方，所以企業應該鼓勵員工。

## (二)了解工作的意義

員工必須對工作的認知有所改變，不再把工作只當作是謀生的工具，了解工作具有其他積極的意義。工作是一種具有創造性的活動，而工作也算是一種社交生活，因為每個工作的最後目的，都是希望促進社會進步，是一種對社會上的貢獻。如果員工能體認到如此，那便可以充分發揮「敬業」的精神，因為在過程中是享受的、是快樂的。

## (三)確認工作的價值

企業內的員工都必須認為自己的工作是很神聖的、重要的，而且需要專業技能才能完成的，如此一來，可以增加工作者的自信和挑戰的欲望。

在每一個工作裡或者行業裡，都必定會和其他發生關聯而有所互動，此種動態的結構，讓職業關係變成一種快速轉變和高流動的社會現象，每個人在這種環境下，必須調整自己的適應步調，加強自己在社會中的競爭能力。

第八章

# 餐飲人員薪資管理

## 第一節　薪資論述

## 前言

　　在人力資源管理中，薪資扮演著一個舉足輕重的角色，而在企業中的運作和執行，薪資制度的齊全與否，更考驗著公司是否有能力留任將離職員工，激勵員工求取新知、吸引優秀人才前往，促使員工對公司效力，更進一步區分企業組織的文化。

### 壹、薪資的意義和功用

#### 一、薪資的意義

　　「薪資」狹義而言，它所指的是公司對於員工在體力和智力上的付出，給予等值的回饋。一般而言，員工工作的目的在於維持日常生活所需，就此一目的而言，如何能求得更好的生活，便自然而然的成為企業組織或各種單位機構內成員最關心的問題。員工所得到的報酬並不局限於實際的法定貨幣，報酬的種類涵蓋的範圍相當廣泛，包括財務上、非財務上、甚至是精神上，如：工作的滿足感、成就感、社交生活或者是個人技能知識的成長等。

#### 二、薪資的功用

##### ㈠薪資可以留任人才

　　一般勞動者工作的主要因素就是需要報酬，所以當員工有意願要辭職離

去時，大部分的主要因素可能是工作已經不再具有挑戰性，或者迫於現實的經濟必須去尋求更高報酬的工作，又或者是對於公司制度有所不滿，所以較高的薪酬可以留任有意願離職的員工，更可以吸引外部的員工來任職。整體而言，雖然薪資不是員工考慮的第一條件，但是當員工有離職傾向時，薪資的提高常決定其去留。

### (二)薪資可以滿足廣泛的要求

薪資在消極上不僅可以吸引外部員工，減少員工對於內部組織管理的不滿，在積極的層面上，更可以促使員工做到努力替公司效力。對於員工而言，薪資的增加更是對他能力的一種認可和信任。此外，薪資的增加也可以讓員工更具有成就感，進而給予實質上的獎勵。

### (三)薪資制度會影響企業文化

企業的薪資結構，可從員工的薪資和福利來了解該企業對員工權益的重視，更可以反映出一個企業的企業文化。如果企業在營運上有明顯的獲利或者市場的占有率增加，企業便論功行賞，如此便營造出有朝氣、有向心力和鼓勵創新的企業文化。反之，如果企業有了明顯的成長，但是卻沒有因此而受益，那麼在員工心態上必定會想說：「好處都被老闆占盡了，而我那麼努力工作是為了什麼」，如此一來，員工再也無法為企業奉獻出最大的力量。

## 貳、薪資的重要性

薪資對企業和員工而言都具有重要意義，以下將針對兩方不同的立場論述薪資的重要性。

### 一、對企業組織而言

薪資制度是每家公司都需要的重要制度，但是怎樣的規劃設計才能順應產業環境的需要？使公司建立一套適合公司、員工、外界環境需要的薪資系統。不會因為薪資系統的設計不良，產生許多管理上的窘境。

薪資是生產成本中重要的部分；在製造業中，薪資占企業高達百分之四十，在服務業中，員工的工資更可以高達百分之七十。而政府機關的人事費用往往是預算中的最大項。此外，對企業來說，薪資也是影響員工工作態度和行為的重要因素。事實上，現存的激勵理論中，大多數都直接和薪資有關的。因此，薪資制度若設計和運作良好的話，自然可以提高員工工作的意願和士氣，同時也可以增進員工的工作滿足感。若處理不當的話，則不僅會直接打擊員工士氣和努力工作的意願，同時更可能導致缺勤率和離職率的增加。因此，不論從財務方面或人力資源管理的角度來看，薪資都是企業的一個重要決策，特別是在現今競爭激烈的社會，生產成本的高低和員工表現的好壞，都直接影響企業的競爭能力。（何永福、楊國安，民82，頁201-202）

薪資設計的基本精神在於：薪資要合理、要跟上社會的行情、薪資要能和員工的效率、能力成正比。薪資設計的過程雖然繁雜，但還是有一定的順序與步驟，只要按照順序進行，還是可以整理出頭緒的：

㈠認清公司的主要政策方向。

㈡了解外界起薪與獎金行情。

㈢考量人員能力與績效。

㈣設計薪資結構（包含底薪、獎金、津貼……等）。

㈤調薪政策，升遷、工作晉升的遊戲規則為何。

## 二、對員工而言

對企業組織的成員而言，薪資對他們而言是相當重要的且具有不同的意義，薪資不只是物質上的需要，同時它也是員工用時間、精神、體力及智慧換取的一種回饋，藉此建立一個互利的交換關係，此即薪資的由來。正因為薪資就是工作酬勞的代價，所以企業往往依據員工的工作程度、性質和生產力，決定薪資的多寡。所以，現今企業的薪資標準便採取只要是同樣的工作程度、同樣的工作效率、同樣的工作時間，便可以享有同樣的薪資。

## ㈠薪資是身分地位的顯示

企業機構成員中，每個人負責的事項有所不同，依照專業能力區分各個職位的重要性，所以每個職位的薪資必然有所差異、互有高低，並不完全是依據工作程度來區別。

在一般的基層員工中，未必有明顯的分界，因為最基層的員工中，所需要的技能是大多數人都能勝任的，也不必擔負較大的責任，所以在薪資上除了工作時間的長短有所區分外，其他尚無明顯的界線。但是在管理階層中，薪資比別人高，表示自己所負責的單位和工作較為繁重，對組織企業的貢獻也較大，所以這也代表他的角色在公司中的重要性，同時他所肩負的責任相較於基層要來的大，故領取較多的薪資。

## ㈡薪資是員工賴以維生的憑藉

薪資的高低直接和生活水準有密切的相關，倘若員工薪資高，那麼必定在物質上能有更好的享受，對於生活和教育的品質也會有所要求。例如：在社會上往往有身分地位的人，對其後代的栽培更是不遺餘力。同時薪資更是一種社會地位的象徵，而且薪資的多寡也代表其服務組織成就的高低，往往好的企業組織對於員工的薪資不吝惜給予，也相對的重視員工的福利，這就是大家都喜歡往大企業擠的原因。

反之，倘若薪資所得不高，連三餐餬口都成了問題，又怎會注重後代的教育和精神生活的充實呢？

從以上的說法，便可看出薪資的重要性，不僅維持生活所需，更是自己身分地位的表現，又可以看出工作環境的良窳，所以薪資的重要性，無庸置疑。

## 參、薪資的分類

### 一、薪資和工資

理論上「薪資」和「工資」是有所區別的。以前者而言，在歐美國家薪資屬於給予白領階級的，是一種以「期間」為基礎的報酬，依照年、月、週、日等時間計算，故有年薪、月薪、週新、日薪等說法，且具有固定性。但是「工資」則是以按時、按件或按時按件混合計算，不具有固定性，而其支付的對象通常為勞力者，即是所謂的藍領階級。

### 二、薪資和實物

薪資依照給予的方式來區分的話，則可分為現金和實物兩類。現在一般的酬勞不論是加給或津貼，基本上都是以國家通行的貨幣發行，鮮少使用實質物品，但是在特定情況下可被允許（員工自行要求）。

## 肆、薪資管理的目的和重要性

### 一、薪資管理的重要性

「薪資管理」是組織在從事人力資源發展中非常重要的工程，組織為求永續經營，人才留任與人才培育直接影響組織之存續。薪資制度之設計除需在同業間具競爭力外，組織內部員工之薪酬給予之合理與公平，自然是人力資源管理的一個重要課題。其依賴「績效管理」之應用極為密切。完善的薪資管理是成功的績效管理的「結果」。薪酬必須給予對公司有貢獻的員工，其程度之差別應因「職」而異，亦應因「人」的表現不同而異，績效管理直接影響薪資管理。

### 二、薪資管理的目的

薪資管理的目的，主要在於制定公平且合理的薪資制度，滿足員工日常生活的需要和精神生活。有利的薪資制度，有助於吸引優秀的人才，可以使員

工無後顧之憂並獲得激勵，進而對工作全力以赴，提升工作、品質效率，提升企業的競爭能力。除此之外，良好的薪資制度也有助於企業控制支出，健全組織的發展，避免員工對公司有不滿的情緒，促進勞資雙方的和諧，共同達成雙方的最大利益。

## 伍、薪資管理的原則

由於影響薪資制度的因素有很多，所以在薪資的管理上必定需要一套遵循的法則來設定，以下即為薪資管理必須把握的幾項原則：

### 一、公平原則

在薪資的管理上，公平是相當重要的一個準則，在企業裡所有的員工在基本上都是處於平等的狀態，並不能因為其身分的特殊而有所差異，否則必定引起其他員工的不滿而造成彼此之間的誤會。或者企業員工發現相同或類似的工作下，其他的企業有較高的薪資，那麼必然會讓員工內心產生不悅，進而降低其工作效率。

在公平原則的條件下，又可以分成以下四點：

#### ㈠對內的公平

指企業內部員工之間工作酬勞的公平性，及不同類型的職位彼此在薪資上的差距是否合理。例如：主管和基層員工的薪資差距是否合理，員工之間在薪資上的計算是否相同等類似問題。

#### ㈡對外的公平

指的是在企業的薪資水準是否相同於其他類似或相同的行業，或者在不同的公司中相同程度的工作勞動，在薪資上是否有所差距，若有差距，是否差距過大。例如：金融業員工彼此在年終獎金或薪資上是否有差距，而差距是否過大。

㈢個人公平

　　個人工作的勞動程度是否和薪資酬勞成正比。例如：一般員工額外的加班是否因為時間的長短而有所差別。

㈣組織的公平

　　企業內的利潤是否平均的分享給員工。例如：企業在發送紅利時，每個同階級的員工是否得到相同的利潤。

　　此四種的公平原則，是應用在企業的不同層面上，對外公平是企業和企業中薪資的比較；而對內公平、個人公平和組織公平，則是對企業內不同職位和同職位的薪資比較。

表8-1　薪資制度的公平原則

| 公平種類 | 區別對象 | 薪資管理的目的 |
|---|---|---|
| 對內公平 | 企業內部員工 | 確保員工薪資的公平及維持企業的生存和發展，並維持良好的勞資關係。 |
| 對外公平 | 企業和其他企業 | |
| 個人公平 | 員工個人 | |
| 組織公平 | 企業員工 | |

二、比較原則

　　一直以來，企業員工對於薪資的水準都相當重視，經常相互比較，一旦遇到高薪的待遇往往會跳槽而去，造成原公司的損失，所以這項原則主要是在均衡企業和外部組織的薪資待遇，以免差異過大，而無法維護員工薪資體制上的健全。這一原則相似於「對外公平原則」，但比較原則需要先進行「薪資調查」以便互相比較，再進而根據社會上其他組織的薪資結構和體系，制定具有「競爭力」的薪資條例。

## 三、合理原則

此一原則是指薪資的給付，需依照員工個人的能力條件和所負責的工作給予，倘若負責的事項輕鬆，也不需要專業的技能知識，但是卻可以享有高額的薪水，如此一來便會造成在公司成本上的浪費，也會造成員工的抱怨。如果負責的任務重大，需要的人力眾多但是薪資卻沒有辦法依照他的付出給予相等的待遇，那麼便沒有辦法發揮激勵員工工作的效果；或者薪資在社會上不具有吸引力（即無法達到社會一般水準），那麼便無法吸引優秀人才。因此，當企業在制定薪資管理時必須考慮眾多的因素，謹慎決定。

## 四、配合社會變動原則

此一原則在說明由於國內政治因素（例如：朝野惡鬥）或國際情勢（例如：美國發生911事件）的變動影響到失業率、幣值、生活水準、物價等生活層面，這些變動勢必會影響到企業的利潤和員工的生活費用，如果嚴重到影響員工生活的程度時，薪資的調整就有其必要，意思就是說必須配合社會上的物資變動做改變，而不是只有單純的現金增加。

## 五、勞資互惠原則

綜合以上所提到的，良好的薪資管理是維持公司和員工間和諧的主要因素之一，而且更可以提高勞資雙方合作關係的愉悅程度，共同謀求企業未來的發展和繁榮。因此，一個公平且合理的薪資制度可以讓雙方都受益。假設資方提高薪資，那麼勞動者必定會因此而受到鼓舞，進而增加工作上的效率，所以兩者是同時進行的。以雇主而言，必須體認到在競爭過程中，自己和勞工是一種相互依存的夥伴關係，必須考慮員工在生產過程中所貢獻的心力，而給予等同這些付出的報酬。倘若沒有辦法做到如此，那麼勞資關係必然緊張，不僅對勞動者無益，資方也會因為緊張的勞資關係受到影響。就員工來說，也應該體認到資本在生產過程中所占的重要地位，因為如果缺乏資金的話，則員工也沒有辦法憑著勞動而無中生有，更沒有辦法藉著勞動來獲得日常生活所需的費

用。因此，制訂一個公平且合理的薪資制度，對於減少勞資糾紛、促進勞資合作、增加勞工的忠誠度和向心力都有很大的助益，所以在薪資的管理上是一門相當重要的議題。

## 陸、薪資的策略選擇

發展薪資策略的決策是決定相對市場上行情的組織給付，三種基本策略分別是高於市場薪津率、市場薪津率、低於市場薪津率。因為它代表組織的成本，所以此決定非常重要。例如：公司選擇給付高於市場薪津率，這個決定的結果會導致額外的成本。特別是這種策略選擇說明組織給付員工的薪酬水準比其他雇主為同樣類型的員工支付較高的薪酬。當然，這也是預期達成各種不同的福利。一些組織相信假如所支付的工資和薪資比其他組織所支付的還要高時，能吸引更好的員工。也就是說，把薪酬視為是競爭的問題。認為高品質的員工很可能從各種有潛力雇主之中做選擇，願意支付高於市場報酬率的公司，擁有較高的機會吸引最佳的員工。高於市場的報酬政策最可能使用在大型公司，特別是已經實行得很好的公司。

除了吸引高品質的員工外，高於市場策略也有一些其他好處。給付高於市場率可以使員工的離職率自動降到最低，因為離開給付高於市場工資的公司，到其他地方尋求雇用必然會被減少給付。給付高於市場率的另一個原因是可以創造和培養這菁英主義的文化和競爭優勢。高於市場薪酬的缺點當然是成本。因為組織決定支付給員工較高的薪資，所以勞動成本會較高。除此之外，一旦這些較高的成本變成制度的時候，員工可能開始會有這是應得的權利的意識，逐漸地相信他們應得較高的報酬，這會使組織要把目前的薪酬下降到較低水準變得相當困難。

另一種策略選擇是給付低於市場薪津率。採用這種策略的組織，本質上決定支付給員工比其他組織所提供給相同類型的員工薪酬更低。所以，這個策

略的風險是所節省的勞工不足以彌補所吸引來的低品質勞工。最有可能追求低於市場率的組織是那些在高失業率地區的組織。若假設很多人正在尋找工作，但只有相當少數的工作機會時，很多人願意為較低的工資工作。所以，組織也可能給付低於市場率，但還是可以吸引適當和有資格的員工。這種策略對組織的好處是較低的勞工成本。另一方面，組織也會面臨一些負面的邊際效果。首先是士氣和工作滿意度不會比組織使用另一種方式更高，某人確認他們得到相對較低的報酬時，這個因素會產生對工作不滿意的感覺與感受，並會暗地裡埋怨組織。此外因為員工會繼續尋找較高報酬的工作，而一旦得到那些工作，就會離開組織，所以離職率也會較高。在員工中有較好執行能力的員工是最有可能離職，以及執行能力最差的員工是最有可能留下來，這樣的情況會使事情更加惡化。

最後，薪酬策略的第三個選擇是去支付給員工市場薪津率。也就是組織可以選擇給付的薪資和工資與其他組織比較，不多也不少。明顯地，採用這個策略的組織是採取中庸的觀點。組織不只認為會比使用低於市場策略的公司得到較高品質的人力資源外，同時也想放棄使用高於市場策略的組織吸引高品質員工的能力。這個策略的優點和缺點與其他策略比較，也可能反映採取了中庸的觀點。也就是說，組織的離職率會比使用高於市場率的公司為高，但是會比使用低於市場率的組織為低。採用市場薪資率策略的組織很可能相信組織提供無形的資產或較多重要的福利給員工作為報酬，以換取讓員工接受比別處較低的報酬。例如：工作安全是一些組織提供的一個重要福利。認知他們正在被提供高水準工作安全的員工，也許願意接受有點低的工資率和接受市場率的工作。很多大學也經常採取這個策略，是因為他們相信在這樣的組織工作的人不需要期待較高薪資或較高工資。Microsoft公司也使用這個方法，它提供可獲利股票選擇權和非常好的實質工作環境來彌補平均工資。

# 第二節 福利制度與政策

在企業中，人力資源是組織中最重要的資產，「人才」更是企業最有利且最寶貴的競爭資源，只有留住人才，才能在日後更激烈的競爭環境中生存下來。而員工離職的行為是人力資源管理上常遇到的問題之一。一般來說，適當的員工流動，有助於企業內部的新陳代謝，防止員工年齡過於老化，促進經營效率的提升，但員工的離職可以說是員工對於所屬組織的一種否定。流動率過高或人才的流失，通常會使企業產生相當大的成本損失。例如：一旦員工已經被訓練到足以獨當一面、擔當重任的時候，卻沒辦法長久任職、一心離去，這種情況相信不是任何一個企業所樂見的。雖然薪資福利是求才留才的重要因素，對企業而言，如同刀之兩刃，往往徘徊於提供福利和節省支出兩難之間，取得適當的平衡點，應是規劃員工福利的重要關鍵。

## 壹、福利的意義

福利因經濟、社會發展型態的改變，使其範圍、內容及觀念上有很大的擴展及轉變。其推展不只對勞工本身有利，且兼具有經濟性、社會性與政治性的功能。而福利又有多種不同的名稱，是依據不同的法令和適用的範圍，所以稱呼又有所差異。例如：在勞工法規中稱為勞工福利；在勞動基準法和工會法中稱為福利；工廠法中稱為工人福利；在職福利金條例中稱為職工福利。與員工有關的福利歸納出的名稱有：勞工福利、職工福利、勞動福利、工人福利、企業福利、員工福利……。

一般而言，組織在給予員工工作報酬時，除了支付事先約定好的薪資外，尚會提供一些額外的利益和服務，這些利益就是一般所稱的福利。所謂的利益，大都是一種對員工直接有利且具有金錢價值的東西，例如：退休金、有

薪休假、保險等。而所謂的服務，則是指較難以金錢衡量或表示的東西，如運動設施、康樂活動以及報紙的提供等。兩者雖有區別，但關係卻非常密切，故一般在用法上並不予區分而合稱爲福利。由於福利也是企業的一項成本，同時也被員工視爲待遇的一部分，所以，不論對企業或其員工而言，均極爲重要。

以下將分別介紹適用於不同單位組織的福利：

## 一、勞工福利

勞工福利的內容包括三個層面：其一爲由政府主導，以全體勞工爲對象的一致性方案，包括勞工保險、勞工住宅；其次爲以事業單位及公會爲主的職業福利；第三則爲其他非制度化方案，如休閒文康、勞工輔導等等（詹生火，民78）。若以實施主體加以分類，則可分爲政府主辦的勞工福利、企業主辦的勞工福利或是其他社會團體所主辦的勞工福利等。

我國勞工福利範圍的界定可以區分爲廣義和狹義兩種，廣義的勞工福利是以全體勞工爲對象，所有保障利益、改善勞工生活的規定，包括勞動基準法中所規定的工資、工時、休息、退休、休假、安全衛生、職業災害補償，及其他法規如工會法、職業訓練法、勞工保險條例等，都可稱之爲勞工福利。狹義的勞工福利範圍則爲勞工除應得的工資報酬外，所享有的各種福利措施（蔡佳燕，民85）。

## 二、職工福利

是指職工福利金條例及其附屬法規所訂，各公民營工廠、礦場、其他組織或無一定雇主之勞工組成之職業公會，而依該條例規定提撥職工福利金辦法之福利事業。職工福利金制度是由政府以法令規定強制企業辦理，與自由經濟賦予企業責任，取決於企業本身作爲的精神，有顯著差異（詹火生，民85）。實施迄今，隨著社會經濟快速變遷，職工福利金條例所規範之適用對象、法定提撥職工福利金內容、方式及職工福利措施項目等，已難符合企業成長及勞工之實際需求，有必要就勞方、資方及政府三方面，在企業福利制度推動扮演之

角色上，思考定位之平衡，並發展多元之福利提供模式。

## 三、工會福利

依工會法第五條規定，公會的任務包括辦理會員的就業輔導、儲蓄、組織生產、消費、信用等合作社，舉辦會員醫藥衛生事業、舉辦勞工教育、托兒所、設置圖書館、書報社、舉辦會員康樂事項、調處工會或會員糾紛及促進會員福利事項等工作。

此處所指的公會，依工會法第十二條，是指在工會組織區域內，年滿十六歲之男女工人，加入其所從事產業或職業之工會組織，即涵蓋產業公會及職業工會等。

## 四、企業員工福利

意指因受僱者和雇主之間的就業關係，由企業主主辦的勞工福利，給予勞工任何一種薪資以外的間接性給予和服務（王麗容，民81）。若以法律強制的形式來區分，提供的內涵分為強制性的法定企業福利與非強制性的法定外福利。前者是根據政府法規由企業實施的福利制度，提供勞工有形或無形給予和服務，包括勞工保險、勞工退休準備金或職工福利等等；後者是企業本身因員工需求、企業經營哲學或人力資源管理理念，由勞資雙方共同協商，所提供的各種給予和服務（蔡宏昭，民78；王麗容，民81）。

## 貳、福利的範圍

關於福利的範圍，可區分成廣義和狹義，以下分別說明。

## 一、廣義的福利：包含「工作」和「生活」兩部分

在工作方面是指能改善員工生活、提升生活的樂趣、促進員工身心健康者均是廣義的福利。例如：在工作上，雇主提供一個良好又安全的工作環境，讓員工保持身心的平衡，而能樂於從事工作，並依據員工身心狀態和所擁有技能多寡，安排適合的工作種類、工作分量及工作時間，使其能充分發揮；或者

在任職期間內，提供必要的訓練，使其增進知識、技能，讓員工有機會去謀求更高的職位等等，諸如此類，對員工有益的事都可稱為福利。

二、狹義的福利：可分為三大類（引用自黃英忠教授著作《人力資源管理》，1997，p359-360）

㈠經濟性福利措施

經濟性福利措施，主要在於提供給員工薪資以外的若干經濟安全服務，藉此減輕員工的負擔或增加額外收入來源，進而提高士氣和生產力。此類措施包括以下各項：1.退休金給付，由公司單獨負擔或公司與員工共同負擔。2.團體保險，包括：壽險、意外以及疾病保險等。3.員工疾病與意外事故補助。4.互助基金，由雇主和員工共同捐貲，取代沒有保障的標會。5.分紅入股、產品優待等。6.公司貸款與優利存款計畫。7.眷屬補助、撫卹及子女就學補助或獎學金等。

㈡娛樂性福利措施

舉辦此類福利措施的目的在增進員工的社交和康樂活動，以促進員工身心健康及增進員工的感情與團結精神，但最基本的價值還是在於透過此類活動，加強員工對公司的向心力與認同感。其內容包括：1.舉辦各種球類活動及提供運動設施，例如：許多公司均設有桌球室、室內羽毛球場、籃球場等。2.舉辦社交活動：如郊遊、舞會、同樂會等。3.特別活動，例如：舉辦電影欣賞及其他有關業餘嗜好的社團，如：橋藝、烹飪、插花、書法、拍攝、演講與戲劇等。

㈢設施性福利措施

設施性福利措施是指員工的日常需要，會因公司所提供的服務而得到方便或滿足。此類具有服務性質的福利措施大約有以下七項：1.保健醫療服務，如醫務室、特約醫師等。2.住宅服務，如供給宿舍、代租或代辦房屋修繕或興建等。3.設置員工餐廳。4.設立公司福利社，廉價供應日用品及舉辦分期付款

等。5.教育性服務，如設立圖書館、閱讀室、辦理幼稚園、托兒所、子弟學校及辦理勞工補習室教育等。6.供應交通工具，如交通車。7.法律及財務諮詢服務，由公司聘請律師或財務顧問提供服務。

## 參、福利制度的促成因素

事實上，美國企業界在二次大戰前僅少數公司有員工福利制度，而此種福利的支出亦不多，故一般稱之為「邊緣利益」，且它在全部薪資費用中所占的比例也很小。以美國為例，1992年福利和薪資比較，僅占3%。但是，二次世界大戰後，福利制度蓬勃發展，同樣以上述福利支出在全部薪資費用中所占的比例而言，1949年占16%，1961年占25.5%，而到今日已經達到41.3%。依據美國商會1994年調查報告指出，美國企業一年花在每位員工福利上的費用，即高達美金14,807美元，成長速度極為驚人。

其中最主要的因素便是由於公共政策及政府立法使然。如美國1935年的社會安全法案，要求雇主支付失業保險的全部費用，負擔員工的退休金、工作能力喪失等保險費，促使福利措施更加完善。成長速度快速的另一個主因便是工會的力量日益增大。政府的工資穩定政策及所得稅法上的要求，也是促使公司福利制度快速發展的原因。此外，更由於勞工的短缺，特別是具某些專長的勞工，企業為爭取勞工乃在間接性的報酬方面不斷擴增。歸納而言，福利制度的行程及其快速成長的原因大致如下：

### 一、員工的要求

當一個國家越富有時，個人逃避風險以增加安全的欲望就越高。現行的部分福利制度即是反應對各種風險的逃避需求。此外員工亦要求充裕的休閒活動。當然種種福利項目，皆可由員工自行購得，然而他們寧願由薪水中扣除，因為不在薪水袋出現的錢，花的比較不心疼，而且可以免扣所得稅。另外，員工認為經由公司大量購買可能會便宜些，因此員工福利的項目便日漸俱增。

## 二、工會爭取

團體協商對於工會的福利亦有相當大的貢獻。工會間的競爭，使得員工福利的花樣百出。擴大福利比同等加薪更受歡迎。至於有沒有工會的廠商為保持其吸引新員工的魅力，也不得不起而效尤。

## 三、雇主的採行

雇主主動採行福利制度，主要有三個理由：1.提高士氣。2.履行其社會責任。3.對員工的能力作更有效的利用。

## 肆、福利的功用和設定原則

### 一、福利的功用

#### ㈠從員工方面而言

##### 1.福利是員工福祉與生活保障的重要憑藉

薪資是維持員工基本生活的主要經濟來源，而福利則是增進其生活品質、提高生活水準的重要手段；至於保險則更是發生意外時，員工所賴以保障生活的唯一憑藉。

##### 2.福利常是求職者決定應徵與否的關鍵性因素

一般而言，相同行業所提供給類似職位的薪資往往相差無幾，因此，福利的有無或多寡，便常成為求職者考慮是否應徵，甚至是錄取後決定是否前往就職的重要因素。舉例來說，如果一位應徵者到兩家公司所需要耗費的時間相同，但是其中一家有提供交通車或車馬費補助，那麼，這個人會選擇哪一家公司，就可想而知了。

#### ㈡從企業方面而言

##### 1.福利可提高企業形象，增加招募的吸引力

福利的好壞常被當作評論一個公司形象的重要標準。換言之，福利好的公司常被列為優先選擇的對象，所以，在招募時，常成為較受應徵者青睞的企

業。

### 2. 福利是降低流動率以及留住優良員工的有利因素

福利如果辦得好，辦得有特色，往往會成為降低員工流動率以及留住優秀人才的利器，因為它會增加員工的工作滿足感，使大家捨不得離開。

### 3. 福利是企業一項重大的成本，必須妥善規劃，始能發揮其維持企業競爭地位的功能

一個公司必須妥善規劃其福利制度，始能降低成本而維持其競爭的地位。例如：運動設施與時間的提供，便能減少員工因健康問題而支出的醫藥費用。

## 二、舉辦福利措施的原則

福利措施的舉辦，需要把握住以下的原則：

### (一)需要原則

福利的舉辦，自然要以滿足員工的需要為主旨。員工的需要很多，不可能全部予以滿足，因此應該以大多數人所最迫切需要的為主；生、老、病、死、傷等事項是每個人所不能避免的，所以，保險、醫療、生育補助等都是應優先舉辦的。

### (二)公平與平等原則

此一原則是指在舉辦福利措施時，應秉持公平與平等的態度對待全體員工。公平是指每位員工所獲得的福利都一樣，沒有福利數量或品質上的差別待遇。例如：中秋節發放禮券，規定一人可領5,000元，那麼每個人就應該一樣。而平等是指福利措施的實施對象，不應因員工職位的不同而有所差異。例如：公司決議每人補助海外旅遊10,000元，那麼，不論總經理或小弟均應一視同仁，補助同等的金額。為何需要此一原則？原因是：福利乃員工所得的利益，為表示「同舟共濟」的精神，不宜再有差別待遇而徒然製造「矛盾」，因為「差別」已在薪資中充分顯示了。

### (三)經濟原則

任何組織所擁有的資源都是有限的，因此，如何使資源發揮最大的效用，當然是必須講究的，這就是所謂的「經濟原則」。福利措施的舉辦自然也必須為此最高準則。俗話說：「錢應該花在刀口上」，就是此一原則的最好說明。

### (四)參與原則

前曾述及，福利措施必須以大多數人最迫切需要為主。如何知道什麼是大多數人最迫切的需要，自然必須讓每位員工都有表達意見的機會。所以，舉辦福利措施必須掌握此一原則，如此所辦的活動才會被大家所接受與支持，也才能發揮它的最大效益。

### (五)溝通原則

此原則是指公司必須將其為員工所舉辦的所有福利措施，透過適當的方法與管道，讓所有的員工充分知道與了解，如此才能達到福利所應發揮的功效。

### (六)效果原則

對組織而言，任何福利措施都是一項投資，故必須講究效果，也就是一種成果的回收，否則豈不變成了慈善工作。福利措施所期望發揮的效果：1.不外乎提升生產力。2.提升形象而有助於人員的招募。3.提高士氣，增加員工對組織的忠誠度與向心力。4.降低流動率與缺勤率。5.改善組織與工會的關係。6.彌補待遇的不足。

### (七)彈性原則

員工的需要常隨著年齡、收入和家庭的狀況而有所不同。例如：收入低的員工，由於日常生活的需要，一般而言，對現金的喜歡自然甚於福利，但收入高的員工，則喜歡福利，因為可以減低稅賦的負擔。此外，年輕的員工通常較喜歡有薪休假（如假期或年假），而年長者則偏愛退休金和保險制度。因

此，福利制度的設計，應考慮企業員工的不同需要，而採取更具有彈性的做法，以便滿足個別需求而使大家都能獲得更大的滿足。

## (八)守法原則

任何福利措施均必須在法令規定的範圍內才可舉辦；否則可能惹來無謂的麻煩，不僅得不到員工的支持和感激，更可能影響組織的形象，而落得一個「賠了夫人又折兵」的下場。

# 第三節　企業發展薪資福利的重要

## 壹、薪資體系

薪資體系乃構成薪資總額之項目，其中主要包括(一)本薪(二)津貼及(三)獎金三個項目。

### 一、本薪

本薪又稱本體或稱底薪，即雇主支付員工之基本薪給，分爲年功給、職務給及職能給等三種。

#### (一)年功給

此型是依據個人之學歷、年資或經驗等人爲的條件，滿足薪資的等級。在亞洲國家廣被採用，尤其日本企業因受終身僱傭制度的影響，使得年功給更爲普遍。

#### (二)職務給

依據個人工作之質與量的相對價值決定薪資。所謂相對價值是指工作所負的責任度、困難度、危險度與複雜度等要素。採用職務給必須確立工作分析與工作評價。亦即依「同工同酬」（equal pay for equal work）之原則來決定薪資。這種薪資制度在歐美國家較爲盛行。

### (三)職能給

職能給係依員工個人工作表現之能力或對某一職務之貢獻度來決定薪資。一般而言,對工作表現的能力包括潛在能力與外顯能力。前者是指基本能力(知識、技能、體力)、意志力(規律性、協調性、積極性)與精神能力(理解、判斷、企劃力),而後者是指業績的貢獻度。

## 二、津貼

「津貼」或稱「加給」,是對基本薪所做之額外補助,以配合實際需要。津貼種類很多,主要可歸納如下幾種:

### (一)物價津貼

因應物價的波動,參考物價指數給予之津貼。

### (二)眷屬津貼

對於員工眷屬,按眷口多寡給予津貼或實物配給(目前,公務機關已無此項津貼。)

### (三)房屋津貼

對未分配住宿舍員工給予之津貼(此項津貼目前政府機關已廢止,而民營企業中相當少見。)

### (四)專業津貼

對於某些專業人員或技術人員給予之津貼。

### (五)危險津貼

對於擔任具有危險性工作之人員給予之津貼。

### (六)夜班津貼

對於夜班輪值工作人員給予之津貼。

### (七)交通津貼

對於遠地通勤人員,或未搭乘交通車人員,或對外務人員給予之津貼。

㈧職務津貼

　　對主管人員或職務較重者給予之津貼。

㈨誤餐費

　　對於因加班誤餐人員給予之津貼。

㈩地域津貼

　　對於服務偏遠、深山交通不便地區人員給予之津貼。

㈠超時津貼

　　即加班費，對於超過規定工作時間者，按超時之時數給予之津貼。

　　以上各項津貼，各企業視實際需要及財務負擔給予之。

三、獎金

　　獎金是基本薪之外給予金錢之獎勵，一般來說有績效獎金、考績獎金、工作獎金、提案獎金、全勤獎金、資深獎金、年終獎金等。

㈠績效獎金

　　獎金之給予視其直接參與營運之績效、生產績效、作業績效之高低而給予之，或稱盈餘獎金，或紅利。企業於年終或一定期間結算而有盈餘時，依盈餘多寡提出分配給員工。有的企業規定員工分得盈餘獎金後，作為入股資金，建立員工即股東的制度。績效獎金對提高工作效率、激勵士氣有很大的幫助。

㈡工作獎金

　　企業於一定期間，不分效率如何，也不分盈餘多寡，給予員工的獎金，通常於年終發放，或稱年終獎金。

㈢全勤獎金

　　員工全月或全年無請假，亦無曠工、遲到、早退者，給予獎金。全勤獎金數目不宜大，否則對因有事而必須請假者是不公平的。

㈣資深獎金

　　員工服務同一公司達一定年限，如二十年、三十年而無重大過錯者，給

予獎金。

### (五)提案獎金一

員工所提改進意見，所提建議，有採行價值，或經採行者有成績，給予獎金。獎金的多寡應依提案的價值而定。

### (六)考績獎金

定期或專職員工之工作表現作一考核，成績優良者晉級之外，另給獎金，稱考績獎金。

### (七)年終獎金

組織於一定期間，不分員工個人效率爲何，也不分盈餘多寡，給予員工的獎金，通常在年終發放，故稱「年終獎金」。

### (八)分紅獎金

即每一個營業部門爲一利潤中心，有盈餘者則將稅後盈餘百分之五至百分之十以一套標準或平均分配的方法，分給所有員工。

### (九)計件獎金

以計件論酬的方式鼓勵員工爭取業績，例如：前一陣子因應SARS的風暴，許多餐旅業推出促銷專案或餐券販賣，許多員工有一定的額度需要促銷，若達成目標者，則給予獎金。

### (十)提案獎金二

凡員工提出可以增加銷售或節省成本的改善方案，公司將分發獎金以資鼓勵，金額以1,000元到5,000元不等，若能節省金額超過10萬以上，提撥節省金額之百分之五至百分之十作爲獎金。

## 貳、福利制度的完善與發展

### 一、薪酬福利制度對企業發展的重要作用

與傳統的人事管理理論不同，新型的人力資源理念開始把人力看作一種

資本和資源，在管理方法上也變人事管制、管理爲人力資源經營；同時引進契約自由和等價有償等私法原則，賦予員工就自身權益（主要是勞動報酬和勞動保護）和企業對等談判的權利。在對薪酬福利問題的認識上，不再簡單的把薪酬福利看作勞動者所應當支付的報酬，更把薪酬福利看作勞動者基於個人自由意志而向企業出售勞力和智力所應當獲取的對價，看作一種吸納人才調動員工積極性的主要手段。基於這種認知的變化，薪酬福利管理作爲人力資源管理的重要組成部分，第一次擺脫了在企業管理中的從屬地位，成爲任何一個企業必須嚴肅對待的課題。設計科學合理的薪酬福利制度，並在實踐中不斷地予以發展和完善，爲企業員工提供對內具有公正性、對外具備競爭力、對員工具備激勵性的薪酬福利制度是企業管理層（特別是薪酬管理者）的重要工作任務。

薪酬福利制度對企業的重要作用可以從許多角度來考查。首先，公平合理的薪酬是企業吸納員工、留住員工、減少勞資糾紛、激勵員工工作積極性、實現企業戰略發展所需要的核心競爭力的關鍵。客觀、公正、合理的向每一個爲企業發展做出貢獻的員工支付報酬，能給員工帶來自我價值的實現感和被尊重的喜悅感，增加員工的歸屬感和對公司發展戰略的認同和支持。

其次，科學的薪酬制度是企業實施成本控制的重要措施。這裡所講的成本控制並非是指靠降低員工薪酬待遇來人爲壓低成本，實質意義在於：在支付合理薪酬之後，控制員工（特別是經營管理階層）的在職消費和控制員工（主要指生產管理和生產操作一線）的人爲資源耗費（即人爲浪費）就具備了合理性。我們知道，如果企業的薪酬福利水準偏低，員工又看不到在聲譽、職業培訓、職位升遷、股票期權等方面得到彌補的可能，要麼選擇退出、離開，要麼選擇自我激勵。這種退出和離開，就是員工辭職。自我激勵，對於管理階層，因爲負有一定職權，多數表現爲侵占公司利潤、侵吞公司資產、追求過度的職務消費；對於普通員工，多表現爲消極怠工、損害設備、浪費原材料等行爲。合理的薪酬是抑制這種不良心態和行爲、避免無用消耗、實現成本節制的前

提。

　　再次，科學的薪酬制度本身就是企業制度建設的重要一環，關係到企業文化建設和企業外部輿論形象。如果企業能為員工提供合理而又有外部競爭力的薪酬，就能增強企業凝聚力，形成人人為公司盡責、人人關心公司命運和前途的良好企業文化氛圍。員工在為公司盡力服務的同時，也會有意或無意的對外宣傳公司薪酬，對公司樹立正面企業形象，提高知名度、吸納人才和資源，有非常積極的意義。

## 二、薪酬福利制度調整的必要性

　　不斷的發展和完善企業薪酬制度的必要性在於企業內外形勢的變化。我們設計和建立薪酬福利主要是依據當時的現實情況，隨著世界的推移，現實情況會發生這樣那樣的變化。這種變化，主要體現為員工素質和能力的提升、社會人力資源供求情況的變化、企業經營理念和戰略目標的調整、社會整體物價和消費水準的變動等。固定成形的薪酬福利制度，在這些變化形成前卻越來越脫離實際現象。首先是現行薪酬制度已經不能準確而客觀的反映員工工作的質和量，員工對個人所獲薪酬的滿意度降低，以致頻繁離職。其次是公司在產品品質和經營業績方面的波動和下滑。最關鍵的是公司發現自己在經營穩健性、市場競爭力方面逐漸失去優勢。

## 三、發展和完善薪酬福利制度應要妥善處理的幾個問題

　　㈠在薪酬水準定位上，要把握好一個上限兩個下限。這個「上限」就是企業支付能力。撇開成本控制問題而設計，超過企業支付能力極限的「超級薪酬」是和企業的設立目的相違背的，是對企業盈利能力的嚴重削弱。所謂兩個「下限」，其一是指員工心理承受範圍，即員工可以接受的最低薪資水準。低於這個下限，員工就會選擇從和企業的勞動契約關係中退出，形成企業「工荒」。另外一個「下限」就是企業所在地的勞動和社會保障部門確定的當地「最低工資標準」。對這一

最低標準的遵從，是法制文明社會和守法經營企業的其中因應之道，事關企業的社會責任和義務，作者不再贅述。

㈡薪酬制度的變革，要遵循對外具有競爭力原則、對內具有公正性原則、對員工具有激勵性原則；要以總體穩定為前提。上述三項原則是基於薪酬制度的性質、作用和意義而創設的，無論是薪酬福利制度的設立，還是發展完善都必須遵守。不遵守這三項原則，薪酬制度就不能正常發揮作用，也失去了它存在的意義。所謂「總體穩定」，是指在現行薪酬福利制度沒有失去現實基礎和尚具備可操作性之前，對其發展和完善都是局部性的，都應該在變革的同時維持其基本面的穩定，目的是保持薪酬福利制度的可執行性。薪酬福利制度的顛覆式變革，勢必造成一定時間內企業在薪資管理上的無序。此等「休克療法」通常亦為我們所不敢採用之方法。

㈢要注意職級的區分。企業員工，從職級角度可以畫分為普通員工階層和管理階層。在普通員工階層的薪資管理上，要注重其工作的質和量，這是衡量其貢獻，決定其薪酬的主要指標。對這一階層，以月薪制為宜。對於管理階層，在考核上除了關注工作的質和量之外，更要考慮到其肩負的職責。越是趨於高層，其職務（職責）工資在其總體薪資中所占的比重就應該越大。對於管理者階層，可採取月薪制加獎金，也可採取年薪制。其薪資中獎金應占相當比重。也可嘗試對管理者基層實施股票期權激勵，改變其單純的職業地位，賦予其企業所有者身分，使其和企業風險共同承擔、利益共用。

㈣要注重職系的畫分。企業工作崗位可以按工作性質分為生產操作、生產管理、行政後勤管理、技術研發、市場銷售等多個系列。在制度設計上，對生產操作職位的員工，應建立以產量考核為主的薪酬制度，對生產和行政後勤管理等為生產提供管理和服務的職位，要建立以崗

位和貢獻為主要指標，同時和產能及公司經營業績掛鉤的薪資福利制度。對技術研發人員，要以技術職稱級別、崗位等確定薪資，實行能力薪酬和相對高薪制。對於從事市場業務的人員，多採用底薪加抽成的薪酬制度，突出業績對薪酬水準的決定作用。

㈤薪酬福利制度的變革，要充分的體現績效、崗位職責、技術水準、年齡與工齡、學歷職稱等因素的影響，要體現出生活費用和社會物價水準、企業工資支付能力、地區和行業工資水準、人力資源供需等方面的變化。在薪酬設計上，根據付酬因素而對不同崗位的重要程度不同，界定付酬因素，賦予每個要素不同的百分比，再將這些百分比畫分為不同的等級，而後將每個職位按不同等級彙整計算出該職位的總分數。還要注意參考競爭對手的薪資水準和薪資制度。

㈥薪酬福利制度的發展和完善，要以合乎法律為基本前提，要立足於企業、員工和社會三方利益的一致性。在薪酬管理中，企業家要注重自己的社會責任，企業要和當地的勞動和社會保障部門保持經常性的交流溝通。在薪酬福利制度的制定、執行、發展和完善中，要多聽取企業員工和企業工會的意見，可以吸收員工代表或工會委派的代表參與。

㈦要協調薪酬支付和社會福利、職位晉升、股票期權激勵、在職消費等方面的關係。薪酬福利制度發展和完善中，勢必牽涉到薪酬水準的重新定位，這就要考慮到員工是否享受社會保險等福利，是否有職位晉升的空間和可能性，是否能夠獲得股票期權方面的激勵，是否有在職消費的權力等方面。要綜合平衡以上幾個方面，使員工的實際或總收入在一個合理的範圍內。

㈧要注意員工薪資差距問題。薪酬福利的發展和完善，其實質是對員工收入的調整。不同崗位的員工之間的薪資差距過大，容易造成低薪員

工的不平衡感；差距過小，又起不到很好的激勵作用。薪級設置，是薪酬福利發展和完善中的一個重要課題。

## 四、企業內部各職能主體在薪酬制度發展和完善中的職責分工

(一)毫無疑問，公司的內部規章制度的批准權在總經理。企業薪酬福利制度的發展和完善，任何變動，最終結果都要經過總經理辦公室，得到總經理的批准方為有效。

(二)人力資源部，特別是專職設立的薪酬專員，是薪酬福利制度運行情況監控和薪酬福利制度發展與完善的主要職能部門和責任人。

(三)財務部門是負責薪酬福利制度執行，特別是薪酬核算的主要部門，並負有對完善後的薪酬福利制度進行財力可行性分析的責任。

(四)法律顧問（或法務專員）負責完善後的薪酬福利制度的合法性審查。其有權參與到薪酬福利制度的調整過程中來。

(五)各個部門、各員工都有責任向公司回饋薪酬福利制度執行情況和員工意見的義務，都有向公司提出發展和完善薪酬福利制度的建議之權力。企業工會組織應該發揮其獨有的溝通勞資雙方的作用。

## 五、企業薪酬福利制度的發展和完善流程

小規模企業內部機構設置簡單，薪酬福利制度設置靈活，變動迅速方便。中大型企業因內控機制完備，其薪酬福利制度的變革需要遵循事先設定的程式。現以中大型企業為例，簡要介紹薪酬福利制度的發展和完善流程。

薪酬福利制度的發展和完善是以現行的薪酬福利制度的後續性作為邏輯前提的。所以，由人力資源部門（特別是薪酬專員）對薪酬福利制度的執行情況進行監督，蒐集相關各方面的回饋情況，對所掌握的資料進行分析是第一階段。這種監控考察，會得出兩種結論：一是現行薪酬福利制度基本可行，能夠發揮其應有的評價和激勵作用，二是現行福利制度問題較多，實施效果不好，各方面意見強烈，急需變革和完善。這時，就要啟動薪酬福利制度的調整程

式。

　　第二階段，在確認變革的必要性後，由薪酬管理人員以人力資源部門的名義向高層反映情況。這個情況反映多是以書面方式做出的，其目的是取得高層對情況的認同和獲得總經理辦公室對變革的授權。

　　第三階段，實施調查，分析情況，擬定發展和完善方案。薪酬專員要發揮協調作用，採取電話調查、問卷調查、面訪員工等方式，了解既有薪酬制度的問題所在。要突破企業的範圍，設法了解行業薪酬狀況和地區薪酬狀況，特別是競爭對手的薪酬狀況，了解社會生活費用和社會物價水準。結合內外情況，在現行制度的基礎上，擬定新的薪酬福利制度草案，提交總經理辦公室。

　　第四階段，總經理辦公室會視情況的不同而採取不同的步驟。一般是在其認為合適的範圍能徵求意見，尋求各方面的反映；要求財務部門進行財務支付上的可行性分析，要求法律顧問（或法務專員）對草案從法律角度進行分析。

　　第五階段，總經理辦公室針對人力資源部門結合員工（工會）、財務、法務等各部門的意見，對草案作補充修改，形成新的草案。

　　第六階段，總經理辦公室討論通過，總經理批准新草案。草案獲得效力，取代舊的制度，作為公司制度的一部分得到執行。

## 六、薪酬制度發展和完善中要避免的幾個問題

　　㈠勞動僱傭關係是基於勞資雙方各自的意思自治而形成的契約行為，薪酬是企業使用人力資源所支付的報酬。所以，薪酬制度建立、發展和完善不能拋棄員工而由企業各自為之。之所以要特別指出這一點，是因為人口眾多是我們的基本國情，當前人力資源供需關係嚴重失衡，國民整體特別是勞工階層的整體素質較低，法律意識和權利維護意識較弱，權利受侵害的事情屢屢發生。

　　㈡要注意杜絕企業管理者借薪酬制度改革之名而為自訂薪酬行為。郎咸

平教授曾經指出，中國是個缺乏信託責任的國家，「保母」侵占「主人」財產的現象比比皆是。很多企業管理者，爲自己制定高額薪酬，或大肆職務消費，嚴重損害了企業產權所有者的權益。

㈢要注意避免企業薪酬福利制度過度頻繁的變動。頻繁而劇烈的改變薪酬福利制度，就會失去其穩定性，企業在薪資核算和薪酬管理上會陷入無據可依的局面，薪酬管理行爲不能準確的評價員工業績；員工也不能對個人的收入作合理的預期。

最後要說明的是，企業薪酬福利制度的發展和完善不是一勞永逸的。形勢在變化，要不斷的進行制度創新。薪酬福利制度的變革，要體現企業、員工和社會三方面利益。薪酬福利制度的發展和完善，要採取專業方法和科學態度。聘任專業機構對企業薪酬制度進行診治和聘請專業人員負責企業薪酬福利管理與薪酬福利制度建設，是薪酬福利管理的新方向，也是唯一正確的方向。

# 第九章

# 生產力效率的工作環境

## 激勵人與人力資源管理

國內外有關人力資源管理的著述，大都包含激勵管理的章節，究竟這兩者的關係如何呢？通常，管理學之立論中都會強調激勵與績效（productivity, performance）有密切關係。唯就人力資源管理而言，激勵與取才用人的關係未必僅限於績效，或者寧可說，其相互關係未必在績效，而在帶人帶心的過程與成果。這還是需從激勵的涵義與重要性說起。

## 第一節　激勵的涵義與重要性

激勵（motivation）即針對員工生理、心理與社會的機動與願望，而以獎懲、鼓舞的方式，啓發誘導員工，使其符合管理目標的行爲。因此，激勵的內容不外乎激發工作潛力、鼓舞工作情緒、誘導工作熱忱。激勵需包含兩項要素，一是預期的目標，二是誘導的行爲。如何預期的目標明確合理，誘發的行爲適切有方，則激勵的效果必顯著，故凡能以組織管理的目標爲準繩，而激發員工的工作能力與士氣，均稱之爲激勵管理，也稱激勵術，或激勵法則。

一、工作潛能之激發。

二、動機行爲之誘導。

三、習慣態度之薰陶。

四、個別差異之體認。

五、工作士氣之鼓舞。

試說明上述涵義如下：

「激勵是工作潛能之激發」：工作潛能是指員工在工作職位上所具備的潛在能力，它與實際的工作技能，並無嚴格的界限，但正如心理學者所強調的一般員工在工作上尚未能用出其三分之一的潛能。心理學者又指出「人能做到什麼，便必要做到什麼」（What a man can be, he must be.），不僅說明了人的潛能有極大發展的可能，且道出了發展員工潛能的重要。因此，主管對待部屬，應不能有「朽木不可雕也」的想法，問題只在如何激發員工的潛能而已。潛能的發掘有待於人性尊嚴與人心良知的體認與顯現，而這又是人性發展的自然趨勢。墨飛（G. Murphy）著《人之潛能》一書，闡述人性潛能（origiral human nature）、社會學習潛能（social human nature）與創造發展潛能（discovery human nature），眞是「人心之靈，莫不有知（良知）」（大學）。馬克利高教授（D. Mcgregor）的「理論Y」亦謂：「激發潛能的力量，存在於員工自身」，由此可見，工作潛能的激發必始於人性潛能的了解，並據之以誘導，使員工能體認潛能發展的重要，而激發其潛才，此則爲激勵之技巧。

「激勵是動機行爲的誘導」：激勵必有目標，所謂目標，即是管理者所希望產生之行爲，故主管激勵屬下的主要目的，乃在促使某種行爲之產生，行爲有群體行爲與個體行爲之分。就個體而言，員工行爲之產生，自有其原因，飢則求食、寒必擇衣、飢寒即爲衣食行爲之原因，心理學上稱之爲「需要」（needs）或「動機」（motives）。員工有生理、社會、心理的動機，而在工作上又自然地產生需求安定、升遷、優遇等等的願望（wants），這些動機（需要）與願望皆有待滿足，而一切工作行爲之泉源，很顯然地，主管欲鼓舞員工的工作行爲，則需先了解員工的工作動機與願望，才不致捨本逐末。因此，學者稱動機與願望爲「誘因」（mainsprings of motivation）。

「激勵是態度習慣的薰陶」：習慣是行爲的模式（behavior pattern）、態

餐旅人力資源管理

度是行動的傾向（disposition to act）。前者每每表現於動作上，後者則常訴諸意見。具體地說，人的種種印象與觀念、意見與癖好等等，均能影響其工作行為。良好工作習慣與態度，如勤勞、奮勵，值得嘉許；偏激的習慣與態度，則宜疏導，而這全賴激勵技巧的運用。員工習慣與態度大規模的組織中，越易造成錯綜複雜性，如地域上的偏見，又如傳聞謠言，而使工作行為有失正常性，如何化緊張為和睦，化消沈為進取，正有賴主管的薰陶與勸服，故陶冶員工的工作習慣，健全其工作行為，也正是激勵術的一項要義。

「激勵是個別差異的體認」：員工由於先天稟賦及後天教養的不同，才形成了個別差異的現象，包括智力、性向、氣質、體力等等的不齊，在工作場所中表現出工作速度、習性與技巧等的不同，此種差異也說明了主管人員應了解並容忍員工之個別差異，不可以己之長短，權衡屬下之優劣，要以關注、愛護的心情激發員工之上進心，這便是激勵術的應用。又員工的個別差異能否改變？及是否能在管理技巧的運用下，改變員工的工作特性、使之合乎主管所預期者。心理學者多認為工作習慣與態度一經養成，即難改變。唯個別差異的形成不外天賦與環境兩大要素，若管理者能確切地了解何種習性與特質深受環境影響，而據之調整工作崗位及給予良好的訓練與監督，乃有助於激勵法則的運用。

「激勵是工作士氣的鼓舞」：員工士氣能夠提高，係因個人的需要與願望，或是適度的滿足員工的工作表現而受賞識，而主管的愛護屬下，如改善工作環境等，尤能激起工作的熱忱。由此觀之，工作士氣的高昂，主要是取決於員工的工作表現是否得到賞識與鼓舞，如果員工受壓抑或輕視，則縱使為良材美質，亦將無以舒展工作意志，更遑論士氣的提高？故工作士氣的鼓舞，即是激勵技巧的運用，欲維持良好的工作士氣，即需發揮激勵技巧。這也就是「欲激勵於士氣」（putmotivation into morale）的道理，其意不僅強調激勵及鼓舞士氣之途徑，且說明了激勵員工的目標與鼓舞士氣的目標是一致的。

從以上的敘述，激勵管理的主要意義如下：

一、激勵是改變員工行為的管理技巧。管理者欲改變員工行為，必須了解人性及行為的本質，而後能運用激勵管理措施。

二、激勵管理包含激勵工作意願、工作機會與工作能力，此為人性化管理之前提。

三、管理者（首長、主管）係最主要的激勵者，而激勵員工更是帶人帶心的必要途徑，善盡激勵職能，才是管理者的角色功能。

四、激勵技巧涵蓋激勵潛能、誘導行為、改善態度、體認個別差異與鼓舞士氣，已構成行為管理的主要範疇。

激勵在人力資源管理上可達到數種意義與成效，而顯示其重要性，及滿足員工基本需要（動機）（meeting basic human needs）、鼓舞員工工作成就（designing jobs that motivate people）、激發信念達成效果（enhancing the belief that desired rewards can be achieved）與一視同仁對待員工（treating people equitably）。

若從管理績效或成果的觀點，人力資源管理必定重視員工的工作意願（willingness to perform）、工作機會（opportunity）與工作能力（capacities），而在組織管理職場採行各種行為調適與改變的措施，以維護及增進工作意願、機會、能力，達成績效目標的歷程，正是激勵管理的主要內涵。由此觀之，激勵管理必兼顧維護工作意願、增加工作機會與增進工作能力，如欠缺激勵的措施，是很難達成績效目標的。

## 第二節　激勵與員工行為管理的互相關係

激勵，可視之為改善工作態度，以至改變員工行為的管理技巧，而此一技巧的運用，必定產生行為的效應，而朝向管理者預期的目標，如員工工作

意願的維護、個體與群體行為的導正。可以看出激勵行為管理深具相關性，而行為管理則是首長主管有關「人的管理」（management of people）之核心問題。

　　員工行為可以分為個體與群體兩方面，但個體行為並非人人相同，同為飲食男女，行為表現卻各異其趣，即以群體行為而言，更因組織背景、工作環境、職位角色的相異，而有不同的型態，這是員工行為複雜的主要原因，也說明了管理者處理人的問題之困難。因此首長與主管除了對行為的本質有一基本的認識外，尚需於實際的工作環境中，隨處體認、善加應用，否則「畫虎不成反類犬」，激勵無方或產生反效果，便得不償失。

　　所謂激勵，即根據員工行為過程的了解，尤其對於員工動機與願望的體認，給予刺激、誘導或啓發，使之產生合乎管理目標的行為，其激勵的方式，或為積極性的獎賞鼓勵、或為消極性的懲罰約束，則有賴於管理者靈活運用。員工的需要（動機）可分為生理需要（paychological needs）與心理及社會的需要（paychological and social needs）三類，前者為基本的，後者為衍生的。生理需要是人體活動的必要需求，是人類行為的最基本動機，故除非獲得滿足，不會產生其他的需要。生理的需要包括食衣住用、睡眠休息、男女性愛等等，此類需要欠缺時，要求極為激烈，所謂：「人最缺乏麵包時，則僅為麵包而生存」，其言說明了滿足生理動機的重要性。至於心理及社會需要，則發出內心，彈性較大，其內容亦比生理需要更為複雜，內在知足與不知足之間有極大的距離。這類需要如人之自尊心、安全感、好勝好強，以至於喜歡受人尊敬重視、渴求有所作為而有權勢等等，多數學者依其需求強度的層次，將之區分為求安全感、歸屬感、自尊榮譽的心理及成就慾等。

　　員工有其工作動機，而後又自然地產生了工作願望，如員工有賺錢維持生活的動機，則自然地渴望優厚的工作待遇；有追求安全感與歸屬感的動機，故需求工作的保障與安定；有自尊榮譽及成就慾的動機，故在工作崗位上希冀

升遷、扶搖直上，能受主管的重視及受人尊敬愛護。此等願望（wants）大致可以歸納爲以下幾項：

一、良好的工作環境。

二、有參與權。

三、優良的紀律。

四、工作表現受重視與賞識。

五、主管能信賴屬下。

六、待遇優厚。

七、升遷快速。

八、關注私人的問題。

九、工作安定與保障。

十、工作興趣。

員工皆係「慾望（包括動機與願望）的動物」，但慾望又常是「我執」（karma）的產物。然而「滿足」員工的慾望是否即爲激勵之道？需知員工若不能知足而一味地追求其無止境的慾望，則如何才能「滿足」其需求而收誘導與鼓舞的效果？故激勵的上策必須是適度地照顧到員工的基本要求，如改善員工的物質生活，保障員工的工作機會，重視其工作表現等。而更重要的則是激發員工的高層次需要與願望，使員工能節制其低層次的慾望而積極地向上發展，如激發員工的潛能以實現其成就慾便是。「志其大、舍其細」即此道理。

現今管理者，對於激勵管理，其主要問題還不是疏忽上述有關行爲與激勵相互關係的重要性，而在其所面臨之「激勵困境」（motivational dilemmas）不易克服。

今日組織成員之工作行爲與活動表現中，「挫折（感）行爲」與「偏差個性」行爲之傾向極爲普遍，且組織的外在環境又多「世態炎涼、人情冷暖」之現實壓力，多數組織成員（管理者與員工均包含在內）之行爲特性，充斥

「現實性」的短視、勢力、僥倖、投機、造作、虛偽、巧詐、固執、淺薄，而又自以為是，以迎合或因應組織管理與外在環境形勢。此等背景之下，管理者未必有作為、有擔當，而員工如犯錯或過失，也多推卸責任（自我防衛之行為），總以為錯在別人，不在自己，首長主管稍加責斥，便無法忍受，可能遭來懷恨在心或離職異動之結果，員工每以「自尊、榮譽」為行為錯失的擋箭牌；「罵不得，受不了」；工作稍重，撐不住；試問：面對溫室中的「花朵」，如何能有激勵的效果？

員工行為如已經習慣於「安逸」或「享受」，則所謂傳統以來的工作美德「勤儉耐操」，似已離棄，既不勤、也不儉，耐勞更已置諸腦後，世風如此，員工行為能不受影響嗎？所謂「富而不仁、貴而不仁」也不在乎。如此多的偏差個性行為，無異減損若干機關組織的工作優勢與部分兢兢業業員工的成果。預期激勵改變員工行為，頗為不易。

在此環境與心理危機之形勢下，若干高績效（獲利豐）之組織，其所要求之優越員工，仍是十分嚴格的，而不少優秀人才也由於個性或人格特質的「煎熬」，反而因工作壓力、衝突及情緒的緊繃而付出「心理病態」的代價，激盪、衝擊、失眠、失婚、憂鬱等等問題出現，此等員工行為的困境，更增激勵管理的困擾。

激勵，必「直指人心」，而人心中的良知（潛能智慧）與執著（偏差個性）是相對立的。當人心表面意識的個性領域，所謂人格氣質越受我執或執著影響，人越會傾向於嫉妒、講面子、懶惰、好強、委曲、不滿……。越多的挫折行為與偏差個性行為，則越使激勵管理難預期績效。人如不能自覺（self-awareness, self-observation），不靠自勵（self-motivation），則他勵式的激勵（other direction motivation），不過事倍功半。

欲使激勵得其效果，除重視激勵管理的技巧與方式外，應消除激勵的困境，鼓舞人性尊嚴與人心良知之受用，則行為之改變與激勵，當有其正面的效

應。

再者，人的行爲表現亦與人性問題有關，馬克利高（D. Mcgregor）所著《管理的人性面》一書，即在說明人性的善惡與行爲管理的關係。管理者故不宜忽略動機、慾望、習慣、態度、挫折、變態行爲範疇，但更需重視性善的一面，即良知良能的啓發，性善即人心的原點，所謂「乃若其情，則可以爲善」（孟子），員工行爲的誘導若能本乎人心之本善，袪除我執的個性，自可避免慾望不足及挫折變態之行爲，也就是激勵的至上之道。

以上說明激勵與行爲管理的相互關係及其問題，但激勵並不僅能發生行爲管理的效果，即對人力運用、人力發展與人力留用等管理途徑，也能激發相輔相成的效應。

換言之，管理者若能發揮帶人帶心的管理技巧，則對於人力資源管理的取才用人措施，皆有所助益。

激勵法則確立：帶人帶心、激勵人力素質、鼓舞知能潛能發展與維護工作意願等途徑，而有助於行爲管理、人力運用、人力發展與人才留用等管理措施，可見激勵與人力資源、管理的關係極其密切。

## 第三節　激勵管理的基本原理

首長主管或管理者之激勵屬員，主要在講求員工的工作動機是什麼？此即激勵的誘因。其次，即激勵的過程應採行何種管理法則，如著重公平性與因果性的觀點。再者，即如何強化激勵的方式（如獎懲）以增強效果。以上各項便形成激勵管理的內容原理、過程原理與增強原理。

激勵得包含：讚賞、稱許、獎懲、誘導、鼓舞、勸導、說服等等，都屬於「行爲管理」的技巧，故激勵的原理仍出自行爲的了解與駕馭。在學理方面，強調發揮激勵作用的元素以及人之需要（或動機）之內容，稱爲內

容管理（content theory; H. A. Maslow, F. Herzberg, P. S. Goodman, etc.）。著重激勵行為的過程，則稱為過程原理（process theory; J. F. Rothlishberger, R. M. Hodqetts, etc.）。至於行為的強化以增效果，則成為增強原理（reinforcement）。

「內容原理」的「需要理論」（theory of needs）如馬斯婁（H. A. Maslow）的「需要層次論」等，強調個人行為的動機，乃源於「需要」（needs）的不滿足，此類需要包含生理、心理及社會的需要，為激勵管理之理論主流；其次，偏於「認知」學派的動機論者，並不同意行為的產生全受環境影響，而是源自個人的信念、期望、價值觀等心理認知作用的結果，行為是意識的理性選擇過程，據此而有公平、期望及目標設定的認知動機理論。另有學者（E. L. Thorndiki, B. F. Skinner）則從行為增強作用的觀點，認為行為是其本身的結果所控制，並非被直覺、慾望或需求的內在狀況所影響，此為增強原理之由來。另有學者認為工作本身是影響員工動機的主要因素，又有主張行為來自感受與情緒的反應，以上的說法，各有千秋。

激勵的動機原理與過程原理，又被稱為認知途徑，而增強原理，也被稱為非認知途徑。

激勵的認知途徑（cognitive approach）係指激勵的內容原理與過程原理之相同環境，皆認為人的需要（動機）引導其行為，即「需要」為行為的原因（behavior is caused）。而此一內容與過程均可由行為者認知，係出自內在認知心理的行為反應，故稱之為認知途徑。

激勵的非認知途徑則指「增強原理」，即外在環境促使行為的表現，（如積極增強、誘導、消極迴避、懲罰、消滅之外在干預）以維持或強化激勵的效果，甚至改變組織行為，而與行為方式及認知心理無關。

認知途徑偏重行為者自身的認知，偏向「內部報酬」（intrinsic reward）的激勵原理，至於非認知途徑則偏重行為後果的函數（加強或改變行為）是偏

重「外部報酬」，最爲明顯者即「薪資酬勞」（物資報酬）。但就激勵而言，最具有效果的是兼顧「內部」與「外部」的激勵方式，具有心理與社會層面的意義。重要的激勵管理理論，分述如後。

## 壹、需要層次原理（A. Maslow: Theory of Need Hierarchy）

心理學者馬斯婁（A. Maslow）於1954年著有〈激勵與人格〉一文，係有關人的需要（動機）與願望（various needs and wants）之立論。馬斯婁強調行爲必有其原因與過程或表現方式，其原因即人的動機（需要）與願望，遂提出「需要層次原理」（Theory of Need Hierarchy）（A. Maslow, Motivation and Personality, N. Y. Harper & Row, 1954）。

人的動機或需要依序（由心理的，而生理的、社會的……）：

### 一、生理需求

亦即「飲食男女，人之大欲存焉」，此爲生理需求。

### 二、安全感（safety）

免於被解僱、受威脅，期待工作保障等慾望。

### 三、歸屬慾（love）

人不能離群，必過群居生活，必依附團體，而企求地位。

### 四、尊榮感（esteem）

自尊心與榮譽感。期望別人尊重自己，也肯定自己的重要，更企求榮譽顯要。

### 五、成就慾（self-actualization）

人皆有潛能，極待發掘與運用，故企求「自我實現」。

馬斯婁更認爲低層次需要滿足後，對較高層次需要才有激勵作用，故需要獲得滿足後，對其行爲不再起激勵作用，而在同一時間，各層次需要會陸續影響行爲的激勵。以上論點雖不免有假設，缺乏證實（empirical）之處，但

有關生理、心理、社會的需要層次，探討極為深入。此一原理有助於激勵管理的運用，即人的「生理需要」以至名利權勢慾望，存自人之自身（行為），因勢利導以至因材施教，皆需針對動機的層次有所了解，使之易於駕馭。由以上所說，亦可知人在機關組織或社會上追求名利權勢的企圖野心，其來有自。至於「成就慾」可包含潛能、創意及智慧；有待培養昇華，以鼓勵員工的潛能發展，此學說對於人才的培養，極具啟發性。

馬斯婁晚年又提出人之更高層次慾望即「美學」或「審美」之「後層激勵」（meta-motivation）理論，一般學者論述不多。

1956年，馬斯婁又出版《健全心理管理》（Eupsychian Management），其後於女兒改為新的書名《馬斯婁論人性管理》（Maslow on Management）重點在闡述「開明管理」，促使體認自我實現，人盡其才，使人之潛能得以發掘而互相信賴、溶入團體生活，在創造中發現自己，似已成為馬斯婁理論的重點。

## 貳、「激勵與保健」二因素原理（Motivation-Hygiene Theory）

在激勵功能因素方面，荷滋伯格（F. Herzberg）亦強調「激勵與組織環境（保健）因素」理論（Motivation-Hygiene Theory or Two-Factor Theory）。即在機關組織中，員工能獲致成就、工作受賞識、具有工作興趣，能擔負工作重任及增進工作能力、工作情況，皆能發揮激勵員工的功能，此即「激勵」因素。而有關組織本身的決策、監督方式、主管與屬員的關係、工作條件與薪給酬勞等組織環境「保健」因素，常引起員工的「不滿足感」（dissatisfaction）。激勵功能的發揮必須使組織管理的環境（保健）因素如決策、監督方式與員工條件等不致惡化，以降低「不滿足感」的氣氛，而對於激勵的因素如工作成就、工作興致、工作能力方面，則維護高度的滿意（足）

感。任何組織管理對於工作績效與客觀的環境因素均應兼顧，此有助於人才之激勵。

## 參、「需要」理論比較

心理學上「人的行為機動，需要（needs）理論」，自1950年代以來已成為激勵管理的主要論述依據，而需要層次理論又以馬斯婁（H. A. Maslow）、荷滋伯格（F. Herxberg：Two Factor's Theory）、亞德弗（C. Alderfer：E-R-C Model）與麥克里蘭（D. McClelland：Learned Needs Theory）為最主要重鎮。

### 一、馬斯婁

「需要（動機）層次理論」：生理需要、安全感、愛及歸屬慾、自尊心榮譽感與成就慾。

### 二、荷滋伯格「二元素」論

激勵（易滿足）因素為工作本身，成就、責任、升遷、受賞識。保健（不易滿足）因素：薪資、工作條件、工作安全、管理策略、領導監督與僚屬關係。

### 三、亞德弗

「生存、關係與成長」（E-R-G）論。

### 四、麥克里蘭

「學習的需要」（Learned Needs）論，人之需要（動機）受文化現象所影響，此等「學習的需要」包含歸屬慾（need for affiliation）、權力慾（power）與成就慾（achievement）。

## 肆、公平原理與期望原理（Equity、Expectancy Theory）

管理學者亞當斯（J. S. Adams）提出「公平原理」，而弗洛姆（V. H. Vroom）則倡導「期望管理」（波特（L. W. Porter）與洛特（E. E. Lawler）再

行推演），均屬激勵的過程原理。

## 一、公平原理

多數員工均認為自己的一分努力（job inputs）應得一分酬勞（job rewards）才算公平；不僅如此，自己與他人的努力及酬勞亦要求公平，此等自己求公平與求人比人的公平是基於心理、社會及經濟上的慾望。員工之努力與酬勞如有差距，必須減低努力，此即不平則鳴的現象。因此激勵之過程要體認員工求公平的心理，與員工互相比較其學歷、績效、賞罰的心理。其次，減少員工工作投入與工作報酬間之差距，使員工在公平合理的情境下，獲致被激勵的成效。再者，工作的酬勞必須與工作投入互相均衡，過分的賞罰皆非激勵之途。至於公平原理應用在激勵管理過程，即所謂組織公平（organizational justice and equity）。

## 二、期望原理

此學說認為激勵過程是否發生作用，在員工完成任務的可能性與其是否能得到所期望的酬勞（preference for receiving a reward, valence for a reward）等，如皆屬正面，則產生較大的激勵作用。弗洛姆提出一公式說明激勵的過程：

激勵＝期望值×期望×工具（motivation＝valence×expectancy×instrumentality）

期望值是對努力結果的價值觀（可能是加薪或升遷，也可能是更繁重與壓力）。期望即努力達成的酬勞結果（或高或低），工具是指努力結果與期望價值觀之間的函數關係。因此，激勵的過程應著重對於能達成工作任務的員工，使其獲致所期望的酬勞結果，前者是賞有功，後者是投其所好。而這既顧及個別差異，亦兼顧組織利益。管理者也可經由協助員工，達成工作目標，以提高「努力→表現」的期待，而產生高績效行為。

除以上公平原理與期望原理外，過程原理尚包含「目的（目標）設定原理」。學者羅克（E. Locke）及其同僚提出目標管理（management by objectives）的過程中，目標的設定，有助於引導動機朝向目標之行為反應。工作目標的達成及附帶的獎勵，能誘導動機及所表現之行為，目標管理吸引行為者的關注而激發其動機，故管理者必設定工作表現上的目標，以提升個人、團隊或組織的績效；有時，難度高的目標會導致較佳的工作表現，而工作目標的設立則宜依循SMART原理（即特定性（specific）、可衡量性（measurable）、可行性（attainable）、成果導向（result-oriented）、時效性（time-bound））。一般情況下，員工如認為目標合理可行，則達成任務的動機自會較高。此一激勵原理與目標管理具密切關係。

## 伍、增強原理（Reinforcement Theory）

上述的目標設定理論，屬認知取向（cognitive approach），認為個人或組織的目標將引導個體及群體行為；但增強理論則屬「非認知途徑」（non-cognitive approach），採行為取向，認為管理上的增強作用（如賞罰……）會決定個體或群體行為。換言之，增強理論主張行為的產生是受環境所影響，而非內心的認知結果；又行為者的行動若獲得積極回應，更會增加該類行為出現的機率。

增強理論來自學者史金諾（B. F. Skinner）即心理學「效應原理」（law of effect）。此學說涉及的增強作用則有積極增強（如酬賞）、改變（shaping）、積極迴避（防禦）、懲罰、消滅（如遏阻罷工鬧事）。此一理論主要在強調行為的外在因素（環境）之影響作用，故有學者（如羅賓斯（S. P. Robbins））認為其立論與人之認知心理無關，只是強調外在環境的影響力作用，不算是激勵理論。

上述的激勵理論，其實都已分別應用在若干組織工作崗位上，多數管理者或採用其中之一，或結合兼用之。至於成效方面，尚需顧及激勵方式（途徑）與技巧。

以上皆在探討學者所闡述之激勵基本理論，唯理論必須付諸實際，此即強化「激勵者」的功能，即講求激勵管理的方式與技巧，以增益激勵效果。

# 第四節　激勵管理的方式與技巧

學者（R. Kreitner, A. Kinicki）指出：談激勵，最重要的，即是將激勵理論應用於管理領域（putting motivational theories to work），而將激勵應用於管理領域，即本節所謂激勵方式。基本上不論使用何種方式，管理者都需講求技巧，否則「激勵法」反而成爲「氣將法」，得不償失。

## 壹、激勵管理的方式

激勵方式，即管理者鼓舞、誘導或改變員工行爲之途徑；即令其有正確而有預期的目標（desired results），如果管理無方或途徑錯誤，也無法獲致實際的成果。激勵管理雖需兼顧彈性權變方式，但總不能「歪打」正著。只是探討激勵方式，應先強化「激勵者」（motivator）的功能。

### 一、強化「激勵者」功能

所謂「激勵者」（motivator），就是激勵員工的主體，而激勵的個體即一般員工。通常以爲首長主管（管理者）才是激勵者，其實未必盡然，管理者是主要的，卻不是唯一的激勵者，能激勵員工的，除首長主管以外，工作崗位上的僚屬以及員工自己，也能產生若干砥礪與自勵，都是廣義的激勵方式。

最主要的「激勵者」，即「用人者」、管理者、或是首長主管，其激勵行爲與領導行爲有關聯，此爲人力運用（manpower utilization）與人才激勵相輔相成的關係，管理者居於領導與監督的角色，其經驗、風格、技巧，無不直接間接影響屬下，「寓激勵於領導」（put motivation into leadership），才足以有效地運用人力發展。重要的，即管理者的待人（帶人）能力，也就是「人

性了解（管理）能力」（human skill），即管理者對於僚屬的行為，能了解、相處與駕馭，相當古語所說帶人帶心；尤其對於人性尊嚴與良知潛能的體認，更屬必要。激理管理與人力運用都是管理者的權責，無可推卸；令人惋惜者，不少管理者，只是資深，缺乏能力，多重用人權術，而忽略民主、參與、鼓舞方式的激勵法則。

多數管理者的激勵方式大致區分為「智馭型」與「力取型」，前者以理以德服人，後者則以力以威折人，一般以為前者較具實用性，但後者也有若干用處，那是因為因時因地因勢制宜之故。

## 二、物質獎賞（material or money motivation）

物質獎賞是常見的激賞方式。凡以物質、金錢或獎金等方式作為激賞員工的手段，皆稱為物質獎賞，亦稱為「金錢激勵」（money motivation），具體的例子如考績獎金、工作獎金、優厚高薪等是。如前所述，員工的主要工作動機之一是「維持生計」，故金錢激勵的方式能滿足員工的基本要求。其次，金錢對於滿足員工的其他工作動機而言，也是一種「符號象徵、替代以及工具」，故金錢能滿足員工經濟的及心理的慾望，可知金錢與激勵的關係非常密切，有學者謂：「金錢雖非萬能，卻總居於次要地位之前」，即是此義。若干機關均有法令明訂員工在工作上有卓越成就特殊表現者，可得核發之獎金，這便是金錢激勵法制化的實例。又如考績獎金、績效獎金、年終獎金等等皆此一獎賞方式的應用。

金錢與激勵雖有其密切關係，但金錢絕非激勵的唯一要素，員工並非僅有賺錢的工作動機及物質願望。若認為員工為經濟的動物，甚至以威脅利誘等方式對待僚屬，根本無視於員工的尊嚴及其更高度的需要願望，並非激勵的要素。物質獎賞通常以獎金或貨物的方式發給，有屬於個人的，稱為個人獎賞，亦有屬於團體的，則稱為團體獎賞，均需公正處理，以免不平之鳴。就員工而言，獲致物質獎賞的最主要意義不僅在物質本身，且在獎賞所表示的美意與嘉

許（not the money but the act of recognition），正因如此，故物質獎賞不宜帶有施捨的色彩。

## 三、精神鼓舞（psychological motivation）

與物質獎賞相對稱的激勵方式，即是精神鼓舞。精神鼓舞亦稱為精神獎勵，或心理激勵，係以物質以外的方式給予員工心理上的激勵。員工的需要與願望屬於心理的居多，故員工所需要得自於管理者的精神獎勵絕不在物質獎賞之下。再者，物質獎賞只是偶爾有之，精神獎勵則應普遍形成風尚，主管即為激勵者，則在與員工接觸任何時刻都應盡其激勵人才的責任，這實係指精神鼓舞而言的。由此可見，一般主管縱然未必具備物質獎賞的權能，但需時時具有鼓舞員工工作精神的技巧。管理者之鼓舞員工，亦即「情移心理（同理心）」（empathy）的發揮，學者所謂的「情移」，係指主管能待人如己，設身處地體認員工的想法及感受，了解屬員的工作情緒，化解僚屬心胸的鬱結，同時亦使員工融洽於群體意識中，真正使個人的需要與組織的目標匯合，建立群己一致的氣氛。

除主管同意新的投注與運用外，其次重要的是在改善管理制度及工作環境，如荷滋伯格（F. Herzberg）激勵理論，指出激勵員工工作情緒的要素皆與工作本身及環境有關，凡能使員工在工作場合中獲致成就、賞識、興趣、發展、升遷、責任感，即有良好的工作環境，則工作精神必能高昂；反之，工作情緒亦多低沈。當強調激發工作精神，當以健全的管理政策、工作指導及合理環境為主，實值得重視。任何機關組織缺乏良好的工作氣氛，而欲要求員工發揮高度的工作熱忱，實是捨本逐末，不切實際的。

## 四、賞罰獎懲

激勵方式不能疏忽獎懲。獎即獎勵，懲即懲戒懲處。獎勵旨在激賞才能優異的員工，是積極性的激勵方式；懲戒懲處則係對於才能低劣或違法失職者的處分行為，為消極性的激勵方式。拔優汰劣原為管理之所必需，故皆不可偏

廢，而需相輔相成。人力管理中的獎懲規定如嘉獎、記功、記大功及申誡、記過、記大過方式。

各種賞罰的方式中，除上述的物質獎賞外，最常見的則為表揚稱許及人事升遷。

「稱許」是最平凡的激勵技巧，因為多數員工皆渴求讚美、受尊重與認許，故管理者之稱許員工，常能滿足其自尊心與榮譽感，更何況工作上優異的表現如未能得到適度的讚許，亦將令員工不知如何盡力。但一般主管稱許員工卻多犯過與不及的毛病，稱許過多即巧言口惠而實不至，毫無意義。而吝於稱許員工之主管，則又誤以為讚許為多餘，凡此皆不得要領。稱讚員工是主管應具備的口才與管理技巧。「修辭立於誠」、「不得於心，勿求於言」，才有意義。至於人事升遷，不僅最能吸引才俊，亦能鼓舞工作意志，但傳統的升遷體制多以年資為基礎，如以激勵人才而言，則應以才能重於年資為原則，不能不辨。至於懲戒懲處，其主要意義在改善績效不彰的現象，及減少違法失職的行為。懲處的方式甚多，自申斥、責備以及撤職、降級等方式均屬之。工作場合中最忌有功不賞、有過不罰，至於賞罰或獎懲是否公開為之，亦宜審慎處理。賞善宜公開以勵來者；懲罰則除犯法之懲處方式外，無必要公開，且任何懲罰行為，目的在「止惡」，而不在「羞辱」員工，否則，必引起不滿與反彈。

## 五、工作條件的改進

改進工作條件是機關組織平時應加重視的「激勵管理方式」。對每一位在工作日子中盡心盡力的員工，不論其為勞心、勞力、或「危險工作群」、「知識工作者」（knowledge worker）而言，組織提供工作條件的改善，使員工都能在較為理想的工作環境與良好待遇的條件下盡職負責，就是有效而具體的激勵方式。員工工作環境中，與其個人或群體身心及物質精神方面的設施待遇，均稱為工作條件，可包含職場環境、設備、待遇、福利、監督、工作流程、管理措施、衛生安全、工作休閒日數時數等等條件狀況。此等工作條

件，已日益趨向於要求權益化、保障化、合理化，由此又形成「工作生活品質」（quality of work life）的管理體制，也就是藉由理想的工作環境、管理方式，以其增進工作滿足感、維護工作意願之品質化管理方式。諸如藉由工作設計，達成工作豐富化、工作擴大化、工作簡化制度；其次，實施工作彈性化管理，如彈性工時、週休二日、工作分擔制等。復次，建立合宜的勞資關係制度（labor relations），以保障員工工作權益。此等工作條件的改善及工作生活品質的確立，就是激勵員工行為不可缺少的方式。以上所說的激勵方式，大致可歸納為組織因素與管理（者）因素。

## 貳、激勵管理的技巧

不論採行何種激勵方式，都應重視技巧。激勵員工的技巧，始自善於與員工相處（get along with people），即管理者必常與員工相處而不脫節，接觸而無隔閡，能體念員工心中的感受與苦樂悲喜。管理者是員工工作夥伴中的一員，而非遙相對立的遠客，這種長相左右的相處激勵，不是察察為明，而是激勵的至高技巧；此即倡導「Z原理」（theory Z）的學者威廉·大內（W. Ouchi）所說的「走動式管理」（management by walk around, MBWA）：直接接觸而非遙遙發號施令。研究報告也指出：多數員工憎惡首長主管獨處「冷氣房」紙上談兵，而喜歡主管常與員工相處而相互交流（personal contact），常相接觸而力行走動式管理，無形中已發展其激勵員工（平易近人）之技巧行為。

激勵技巧係與首長主管的領導行為互相結合運用，故必「越激勵於領導」，且領導方式必具激勵員工之特性，始能發揮待人的效果。領導即待人治事的藝術，帶人的技巧亦即領導與激勵的技巧，而此等技巧之首要則在「帶人帶心」。「人之相知，貴相知心」，知心即知其行為特性，而能激勵誘導其行為表現，一般管理者，總因「知人知面不知心」，而不能相知相助、相互砥礪，如何能激勵人才？怕是在壓抑、埋沒人才，所謂「世有伯樂，然後有千里

馬；千里馬常有，而伯樂不常有，故雖有名馬，祇辱於奴隸人之手，駢死於槽櫪之間……。策之不以其道，食之不能盡其材，鳴之而不能通其意……眞不知馬也。」《唐‧韓愈‧雜說四》。管理者只知道威權、權勢、名利、恩惠，則其領導行爲無異於「奴隸人」，徒令人才駢死於槽櫪之間，這是威權權勢的領導行爲，而非激勵人才、鼓舞人才的技巧。激勵技巧必重知人善任、授權、受能（empowerment）——賦予職能，且能運用民主與參與的方式，推己及人，所謂「善歌者，使人繼其聲，善教者，使人繼其志」，便是激勵的藝術。現今領導者能運用激勵技巧嗎？若干管理者，「小智謀大」，已是欠缺能力的症候，偏又長袖善舞、剛愎自用、媚上欺下、爭功諉過；待人處事，徒見「以其昏昏、使人昭昭」，如此拙劣行徑，如何能激勵下屬？

　　管理者之帶人管事，互相之間即人際關係問題，而人際關係則靠溝通交流，此即溝通技巧之由來。群體行爲之中，群相聚而相守護，似乎親如家人，實則未必皆如此，現在員工常是孤獨零落的相聚一起罷了，社會多「寂寞的群眾」（D. Riseman: the lonely crowd），組織則多「寂寞的員工」，故組織心理多見孤零、落寞、無主（無自主性）、失落感（feels lost）。這不更顯示組織中的人際關係，尤其管理者與員工相互關係，極需溝通技巧使組織和諧化。如不強化溝通，更是相處不相識；何況工作壓力與衝突、或情緒化之背景下，員工每因欠缺溝通了解而產生誤會與對立，而這已經出現激勵的困境，何來激勵技巧？

　　所謂溝通即意見與互通聲息。不論上行溝通或下行溝通，總能增加了解與交流，易於化解壓力與衝突，並紓解情緒的不平。尤其現在組織日漸趨向於「無疆界組織」，更可以藉此背景掌握溝通信息的效果，以溝通的技巧達成激勵的效果。又管理者欲強化溝通效果，必設法消除員工心理的差距感（psychological distance）、空間、地位及語言所引起隔閡，從而開啓對話、諮商、討論與相互交流關係，使上令下行與下情上達均得兼顧，管理者能與員

工維繫通暢管道，員工樂於與管理者親近，這其中已見激勵技巧之運用！

　　具備上述有關激勵技巧之認識外，則可顧及激勵管理的技巧如後：

## 一、維護員工尊嚴（尊重員工）

　　凡管理者能尊重員工、爲員工著想、體認所屬員工的需要與願望，滿足其基本而合理的要求，容忍其特殊的習慣與態度，則員工感受被照顧，必發揮所長，「投之以木桃，報之以瓊瑤」，這是激勵的基本技巧。反之，管理者自視過高，視所屬員工如草芥，「激勵」反成爲主管對員工的苛求手段，其所得到的是工作時間與體力，而不是工作熱忱與創思，自非激勵之道，重視員工的尊嚴並非認定每位員工皆爲善人君子或皆具奇才異能，而是說員工雖有缺點短處，但其人格尊嚴與權益地位仍是絲毫不可被侮辱或輕視的，因爲人性皆有向善的潛能。再者，傳統的說法認爲尊重員工，要滿足其物質慾望，給予足夠的麵包，即維護了員工的尊嚴，以致威脅利誘（The carrot and stick theory of motivation）的手段自然成爲激勵的技巧，究其實，麵包只是維護尊嚴的條件之一，而非唯一條件。員工亦有高度的「社會需要」，是「心理需要」，絕不能被忽略。

## 二、智馭而不力取

　　管理者激勵人才必須以智服人，而不可脅迫人就範。激勵之道有如激將法，需能知人善任、投其所好，也就是智馭術。主管若不能了解員工的行爲特質，只知貫徹命令，則激勵必成爲命令與服從的關係，這是以力服人，是專斷式的領導，而非激勵的技巧。主管運用智馭術，必須有高度的工作知能與管理能力；豐富的工作知能在使員工獲致正確的工作領導，管理能力則在具備人性了解及推理創思的能力，以了解員工的情緒、態度、士氣等問題的癥結，而在管理措施上，以身作則，一乎百應，獲致眾志成城的效果。但智馭術雖以智服人，卻不是與員工鬥智，有些管理者自許能力優越、才智超群，其在員工心目中一如鶴立雞群，下屬敬畏有加，慣於受命、畏於創新，良才美質將裹足不

前，有何激勵可言？故主管賣弄聰明才智，實乃智馭人才之一大忌諱。此外，爭功諉過之表現，也是管理者智馭術之敗筆，不宜不察。

### 三、鼓舞而不驅策

鼓舞是「由內而形之外」的激動，驅策則是「自其外而強迫就範」的逼迫。前者為主要技巧。每位員工各有其獨特的需求、材質、性向與潛能，如能依其不同的需要給予適度的滿足，或依其發展的傾向而予以誘導，則其成效必巨，這就是因材施教與量才錄用的用人原理，依循這一原理的激勵方式稱之為鼓舞。反之，不考慮個別差異的情形，而一律施之以外在的鞭策，均稱之為驅策。驅策未必能滿足員工的要求與發展的傾向，故其效果自不如鼓舞的方式。馬克利高（D. M. McGregor）在《管理的人性面》一書指出：「工作願意的激發，內在潛能的發展，盡職負責的能力即朝向組織目標的努力行為，均存在員工自身，管理需促使員工體認而自行發揮。」這是很好的說明。研究管理心理學的利維特（H. J. Leavitt）更說：「為解除員工心中的緊張與困擾，激勵的重點是起自內心的鼓舞，而不是來自外在的驅策。」其實，鼓舞的方式不僅能消除員工心中的緊張而已，是能針對員工性向潛能的本質而積極地誘導其向上。現在一般機關組織中，因循苟且不求上進員工甚多，何以如此？大半係因員工未曾受鼓舞之故。今日的員工所接受的壓抑以致約束一類的驅策太多，以致拘謹或狂傲有餘、氣勢胸襟則不足，此謂之「策之不以其道」，也就不是激勵的技巧，激勵者如能本乎「不憤不啓、不悱不發」，而循循善誘之，則必能鼓舞人才。

### 四、自勵重於他力

自勵即是以自力的方式自勉向上，他力則來自外在訓導或惡導。此即促使自勵重於他力的技巧。行為學者多認為激勵行為原來自個人內在奮力的要求，不假外力。持這種論調者又強調，能激勵員工者是他自己，因為員工自身是一生理機構，無時不追求需要與願望之滿足，而激勵自己朝向嚮往的目標努

力，究其實，在此所言激勵的重要性是不可忽略的。誠然，激勵故賴管理者的誘導，更重要的則是自我的醒悟鞭策，因為工作熱忱、意願以致工作情緒、士氣皆藏於員工內在自身，管理者無法越俎帶庖。由此觀之，激勵的技巧實係「以他利誘發其自力」、「以他覺促其自覺」。那麼，管理者又如何促使員工自勵？最重要的是促使員工激發其內心的「向上」與「向善」的潛才潛能。每位員工都有上進心與成就慾，但如缺乏適當的啓發，則隱而不顯。員工最忌工作辛勞而無創見，終日如機器的齒輪，無意志地自轉，終致意志消沈而埋沒成就上進的志向。促使員工自勵，旨在啓發其良知良能與工作潛能，增進其器識與擔當，如果任由員工滋長其因循苟且甚或威權勢力的慾念，皆係促其拘囿而非自勵，其技巧微不足道。

以上的技巧，「運用之妙，存乎一心」，端賴機關組織的用人策略與管理者之妥當運用。激勵的方式與技巧，雖非絕對的萬靈丹，但有效的激勵，必有助於「帶人帶心」的管理效果，毫無疑義。

# 第十章

# 餐旅人員勞力條件

餐旅業於民國87年3月1日正式納入勞動基準法的適用行業,至此所有的餐旅業者從業人員的勞動條件開始受到法律的規範,對於員工及雇主也都多了一層的保障。本章所有介紹的勞動條件,涵蓋在勞動基準法上的有:勞動契約、工作時間與休假、工作規則等,以下分節解釋及說明。

## 第一節　餐旅業勞動契約介紹

在談到有關勞資關係的問題時,常會提到個別勞資關係與集體勞資關係的概念。我們可以把「集體勞資關係」簡稱為「勞資關係」,而「個別勞資關係」則可簡稱為「勞動關係」。換言之,「勞動關係」可說是個別勞動者與雇主間之勞動契約關係。而規範勞動契約關係之成立、內容及終止等之法制,則可稱為勞動契約法制。依據我國勞動基準法第七十條有關工作規則之訂定事項規定,工作規則之內容包含工資、工時、休息、休假、資遣、退休、安全衛生、福利等範圍,是實質勞動條件之規範,其目的在於維持職場的規律與秩序。

勞動基準法第一條「總則」明顯的傳達了該法的立法精神:「為規定勞動條件最低標準,保障勞工權益,加強勞雇關係,促進社會與經濟發展,特制定本法;本法未規定者,適用其他法律之規定」。

### 壹、勞動契約之定義

「勞動契約」為勞工受雇主雇用從事工作,並約定有工資之有償契約。

## 貳、立法定義

一、依據勞動基準法第二條第六款，對於勞動契約的定義是：「約定勞雇關係之契約。」

二、「勞」、「雇」之定義分別於勞動基準法第二條第一、二款，勞工：謂受雇主雇用從事工作獲致工資者。雇主：謂雇用勞工之事業主、事業經營之負責人或代表事業主處理有關勞工事務之人。

基本上，使用「勞工」一詞來規範當事人一方之主體時，在「勞工」的定義內即含有從屬性之意，故以勞工作為當事人的規範主體時，即不必過度強調勞雇間之從屬性；反之，如果未以勞工工作為當事人的規範主體時，則應將從屬性之涵義，於定義中表明。否則，僅以「當事人約定一方提供勞務、一方給付報酬」作為勞動契約之定義，將和僱傭契約、有償委任契約有定義上重疊不清之處。

## 參、學說看法

一、「勞動契約乃是約定當事人一方（即勞工）受他方（即雇主）雇用，從事工作，獲致工資之契約，其性質係僱傭契約之一種。故民法中關於（僱傭）契約成立之規定，亦適用於勞動契約。」

二、另有學者認為：「狹義之勞動契約則指勞動法上之勞動契約，係謂當事人之一方對於他方在從屬關係下提供其職業上之勞動力，而他方給付報酬之契約。」

三、亦有學者主張：「勞動契約者必須符合『基於從屬關係』、『提供職業上之勞務』、『給付報酬』等三要件。換言之，勞工必須基於從屬關係下，也就是在雇主指揮監督下，提供其職業上之勞動力，同時也必須從雇主處獲有從事上述勞動對價之工資，才符合勞動契

約當事人之資格。」

前兩位學者認為勞動契約之要件必須是：1.雇主與勞工因意思表示一致成立契約；2.從事工作；3.因提供工作而獲得工資（報酬）。不過，此學者在最近著作之中，已經改變見解而認為：雇主與勞工間所發生的契約關係，均稱為勞動契約關係，似乎將重心置於契約當事人的主體判斷。

## 肆、勞動關係及法制之演進

「勞動契約」實際上為近代勞工立法之產物，隨著勞動關係的演進，有民法立法時代的「從身分到契約」的關係，其次為勞工立法時代之「從僱傭契約到勞動契約」的關係，至「勞動契約型態多樣化」等各種階段性的發展。我國民法上有僱傭契約（民法第四百八十二條至第四百八十九條）及其他有關之規定：民國25年12月25日公布勞動契約法計有四十三條規定，但迄今尚未施行：在勞動基準法立法之初，曾經為了配合精簡法令政策而打算檢討廢止。民國73年7月30日公布施行的勞動基準法第二章第九條至第二十條就是有關勞動契約的規定。

## 伍、勞動契約的類型

依據勞動基準法第二章勞動契約的第九條，對勞動契約的類型很清楚的界定，分為定期契約及不定期契約。

## 陸、定期契約

### 一、臨時性工作

係指無法預期得知非繼續性工作，其工作期間在六個月以內者。餐旅業最多的是工時人員的聘用，尤以餐廳的運用最多。

## 二、短期性工作

係指可預期於六個月內完成之非繼續性工作。目前餐旅業有部分外包的工作如資訊系統更換期間，所聘用的短期性資料輸入人員、公關業務部在專案推動時所聘用的專案工讀人員等。

## 三、季節性工作

係指受季節性原料、材料來源或市場銷售影響之非繼續性工作，其工作期間在九個月以內者。（餐旅業不常用）

## 四、特定性工作

係指可在特定期間完成之非繼續性工作。其工作期間超過一年者，應報請主管機關核備。（餐旅業不常用）

## 柒、不定期契約

### 一、勞動基準法第九條第一項規定

有繼續性工作應為不定期契約。餐旅業一般的正職員工多屬於不定期契約人員。

### 二、勞動基準法第九條第二項規定

定期契約屆滿後，有下列情形之一者，視為不定期契約：

㈠勞工繼續工作而雇主不即表示反對意思者。（前項規定於特定性或季節性之定期工作不適用之。）

㈡雖經另訂新約，唯其前後勞動契約之工作期間超過九十日，前後契約間斷期間為超過三十日者。

㈢勞動基準法第十條規定：定期契約屆滿後或不定期契約因故停止履行後，未滿三個月而訂定新約或繼續履行原約時，勞工前後工作年資，應合併計算。

## 捌、勞動契約的內容

　　部分餐旅業者因爲已訂定工作規則，所以認爲勞動契約並無實際上需要，但基本上有許多的項目或需加強提醒員工注意遵守的部分並未列入，所以實在有另訂契約與每一位員工分別簽署的必要。勞動契約應依勞動基準法施行細則第七條有關規定約定下列事項：

　　一、工作場所及應從事之工作有關事項。

　　二、工作開始及終止之時間、休息時間、休假、例假、請假及輪班制之換班有關事項。

　　三、工資之議定、調整、計算、結算及給付之日期與方法有關事項。

　　四、有關勞動契約之訂定、終止及退休等有關事項。

　　五、資遣費、退休金及其他津貼、獎金等有關事項。

　　六、勞工應負擔之膳宿費、工作用具費等有關事項。

　　七、安全衛生有關事項。

　　八、勞工教育、訓練有關事項。

　　九、福利有關事項。

　　十、災害補償及一般傷病補助有關事項。

　　十一、應遵守之紀律有關事項。

　　十二、獎懲有關事項。

　　十三、其他勞資權利義務等有關事項。

## 玖、勞動契約的終止

　　勞動契約的終止有下列因素，因以下因素終止勞動契約時，勞工不得向雇主請求加發預告期間工資及資遣費。

　　一、定期勞動契約期滿離職者。

二、雇主不需經預告後終止勞動契約——勞動基準法第十二條，勞工有
　　下列情形之一者，雇主得不經預告終止契約：

㈠於訂立勞動契約時為虛偽意思表示，使雇主誤信而有受損害之虞者。

㈡對於雇主、雇主家屬、雇主代理人或其他共同工作之勞工，實施暴行
　或有重大侮辱之行為者。

㈢受有期徒刑以上刑法之宣告確定，而未諭知緩刑或未准易科罰金者。

㈣違反勞動契約或工作規則，情節重大者。

㈤故意損耗機器、工具、原料、產品或其他雇主所有物品，或故意洩漏
　雇主技術上、營業上之祕密，致雇主受有損害者。

㈥無正當理由繼續曠工三日，或一個月內曠工達六日者。
　雇主依前項第一款、第二款、第四款至第六款規定終止契約者，應自
　知悉其情形之日起，三十日內為之。

三、特定性定期契約期限逾三年者，於屆滿三年後，勞工得終止契約，
　　但應於三十日前預告雇主。

## 拾、因以下因素終止勞動契約時，雇主應依規定發給勞工預告期工資及資遣費

一、雇主可經預告後終止勞動契約——勞動基準法第十一條：

㈠歇業或轉讓者。

㈡虧損或業務緊縮時。

㈢不可抗力暫停工作在一個月以上者。

㈣業務性質變更，有減少勞工之必要，又無適當工作可供安置時。

㈤勞工對於所擔任之工作不能勝任者。

二、雇主因天災、事變或其他不可抗力致事業不能繼續，經報主管機關
　　核定者。（第十三條但書）

## 拾壹、因以下因素終止勞動契約時，雇主應依規定發給勞工資遣費

勞工不需經預告後終止勞動契約——勞動基準法第十四條：有下列情形之一者，勞工得不經預告終止契約。

一、雇主於訂立勞動契約為虛偽之意思表示，使勞工誤信而有受損害之虞者。

二、雇主、雇主家屬、雇主代理人對於勞工，實施暴行或有重大侮辱之行為者。

三、契約所訂之工作，對於勞工健康有危害之虞，經通知雇主改善而無效果者。

四、雇主、雇主代理人或其他勞工患有惡性傳染病，有傳染之虞者。

五、雇主不依勞動契約給付工作酬勞，或對於按件計酬之勞工不供給充分之工作者。

六、雇主違反勞動契約或勞工法令，致有損害勞工權益之虞者。

勞工依前項第一款、第六款規定終止契約者，應自知悉其情形之日起，三十日內為之。

有第一項第二款或第四款情形，雇主已將該代理人解僱或已將患有惡性傳染病者送醫或解僱，勞工不得終止契約。

## 拾貳、「預告期間」依下列規定

一、繼續工作三個月以上一年未滿者，於十日前預告之。

二、繼續工作一年以上三年未滿者，於二十日前預告之。

三、繼續工作三年以上者，於三十日前預告之。

勞工於接到前項預告後，為另謀工作得於工作時間請假外出。其請假時

數，每星期不得超過二日之工作期間，請假期間之工資照給。雇主未依第一項規定期間預告而終止契約者，應給付預告期間之工資。

## 拾參、「資遣費」計算標準依下列規定

一、在同一雇主之事業單位繼續工作，每滿一年發給相當於一個月平均工資之資遣費。

二、依前款計算之剩餘月數，或工作未滿一年者，以比例計給之。未滿一個月者以一個月計。

## 拾肆、雇用契約之定義

依民法第四百八十二條對於僱傭之定義：「稱僱傭者，謂當事人約定一方於一定或不定之期限內為他方服勞務，他方給付報酬之契約。」僱傭契約的當事人，一般稱為他方服勞務者為「受僱者」，給付報酬者為「雇用人」。僱傭契約的主義務就是，受僱人為雇用人服勞務，雇用人給付受僱人報酬。

## 拾伍、雇用契約的特性

當開始一份新的工作時，很多員工都會和雇用他們的組織簽下一份正式合約。這些合法的雇用合約通常會列出每一方的責任與權利，並且載明合約條件的期限。這些合約是合法文件，且在法庭上有強制作用。因此，若有一方未實踐責任，另一方即可以違約對其提起訴訟。

## 拾陸、心理契約的特性

所謂心理契約（psychological contract）是一連串雇主與員工的期許，員工關心自己能貢獻或帶什麼給組織（contributions），而組織將提供什麼報酬

給員工（inducements）。因此心理契約的定義是員工期望和組織最基本的關係。

　　這些契約通常不以書面方式呈現，所以，在任何法律立場，心理契約不是一份正式契約，在法院裡不能強制實施。話雖如此，組織相信若員工違反了他（她）應負的責任或降低在可接受水準下的貢獻，就可處分或解僱員工。另一方面，當員工感覺組織已經違反他們該提供的報酬時，他們可選擇降低貢獻或離職。員工的貢獻包括忠誠度，所以降低貢獻可能不僅是降低努力或結果，而要對組織改變基本態度。

## 拾柒、社會契約的特性

　　社會契約（social contract）的概念是擴大僱傭雙方關係再加入第三者——政府。此概念認為公共政策，如最低工資水準、稅收、工會管理關係和健保規定，對僱傭雙方關係是很重要。因此員工期望他們的努力和忠心，組織至少提供這些最低強制性福利給他們。但是社會契約也正在改變中，有些非傳統工作導致更多員工沒有基本強制性福利。因此，許多員工認為政府需要做更多努力去確保勞工的最低安全保險。

## 拾捌、比較分析

　　若基於「勞動契約」乃是僱傭社會化產物，則僱傭契約與勞動契約的第一個不同之處，在於僱傭契約原則上仍受司法自治原則之拘束，僱傭契約之內容經由當事人間自行商定。反之，勞動契約是法律社會化的結果，為避免勞動條件由雇主一方片面決定，國家對於工資、工作條件、解僱、資遣等多制定強行的法律規定，作為契約內容的最低標準，不容雇主與勞工做更為不利的契約約定，對於契約自由原則有較多的限制。此為僱傭契約與勞動契約的第一個不同之處所在。

僱傭契約與勞動契約的第二個不同之處，在於勞動契約中，勞工對於雇主，有著較強的從屬地位；反之，僱傭契約中受僱者之於雇用人的從屬關係，則較不強烈。從契約主體的角度來看，勞動契約的一方當事人為「具有從屬性的勞工」；如果契約的一方當事人，為「不具有從屬性」之人時，即不可能成為「勞動契約」的契約主體，最多只能成為「僱傭契約」的契約主體。

最後，勞動契約規定於勞動基準法第二條第六款，並於該法第二章（第九條至第十九條）中有專章規定，原則上應優先適用各該規定，尤其是對於勞工較為有利的終止保障部分；但因勞動基準法的標準，也就是只有在適用勞動基準法行業內，且具有從屬關係的勞動契約，才是勞動基準法所規範的勞動契約。其他非適用勞動基準法行業，而具有從屬關係的勞動契約，則無法適用勞動基準法中對於勞工較為有利的規定，只能回歸適用民法債編各論中僱傭契約之規定。

## 一般員工勞動契約

立勞工契約○○旅館（餐廳）股份有限公司（以下簡稱甲方）與○○○（以下簡稱乙方）茲就雙方的僱傭關係，協議共同遵守約定條款如下：

第一條：【契約期間】

甲方自中華民國____年____月____日起雇用乙方，試用期____個月。

第二條：【薪資】

乙方每月薪資為新台幣_____元。甲方得視乙方的工作表現、年終考績及甲方當年度的營運狀況，於經過董事會決議核可後，於每年____月調整乙方的薪資。乙方明確了解並同意，其薪資係屬甲方的業務機密，除與業務部門主管或人事主管討論外，不得與其他第三者討論。

第三條：【保險】

甲方應爲乙方辦理全民健康保險、勞工保險及依甲方規定之意外保險等。

第四條：【工作項目】

乙方受甲方雇用，職稱爲_____，工作項目如本公司各職位標準作業程序所定。

第五條：【工作地點】

乙方提供勞務地點爲_____。乙方並同意甲方基於業務經營之需要，在不影響薪資數額的前提下，調整乙方的工作地點。

第六條：【工作時間】

1. 乙方每雙週工作時間總時數是八十四小時（不含用餐、休息時間），其詳細的工作時間應依甲方部門主管所排定的工作時間表而定；乙方連續工作四小時，甲方至少應給予三十分鐘之休息。

2. 甲方因業務需要延長工作時間時或是在原應放假的例假日、紀念日、勞動節日及其他由中央主管機關規定放假之日工作，依勞動基準法之規定辦理。

第七條：【服務守則】

本公司員工於服務期間應遵守本公司一切規章及工作規則，倘有侵占、虧欠公款、毀損公司財務，及其他違法行爲或洩漏公司機密，致使公司蒙受損失，願接受公司處分並履行賠償責任。

未經章則明定之事項，應請示直屬主管，遵照指示辦理。

第八條：【電腦處理個人資料】

乙方同意甲方得基於業務需要及其他合法目的，蒐集、利用電腦處理及國際傳遞乙方之個人資料。

第九條：【智慧財產權】

乙方同意於受僱期間，在職務範圍內所完成的發明、創作、著作或其他形式之智慧財產權、專利權、著作權、營業祕密及其他相關權利，均應屬甲方所有。

乙方茲承諾並保證將無條件配合甲方之指示，提供必要的文件、資料及其他協助，使甲方取得、維護及實施該等智慧財產。

第十條：【比照辦理】

乙方之獎懲、福利、休假、例假等事項依甲方工作規則規定辦理。

第十一條：【競業及兼職的禁止】

乙方了解並同意於受僱甲方期間，應專心致力於甲方所指定的工作與職務，不得為其他公司、團體或組織提供服務，亦不得為自己利益而經營業務。

但經甲方事先書面同意者，不在此限。

第十二條：【權利義務】

甲乙雙方雇用受僱期間之權利義務，悉依本契約規定辦理，本契約未規定事項，依本公司工作規則及相關法令規定辦理。

第十三條：【終止契約】

本契約終止時，乙方應依規定辦妥離職手續後，方得離職。

（試用期內雙方可隨時提出請求終止，試用期滿之員工則依照職等不同，事先提出申請。）

資遣費或退休金給予標準，依本公司工作規則規定辦理。

第十四條：【修訂】

本契約經雙方同意，得隨時修訂。

第十五條：【存照】

　　　　　　請於簽署前詳細閱讀前述契約條款，並充分了解其內容後，再行簽署。如有任何疑問必須於簽署前提出異議。

　　　　　　本契約一式兩份由雙方各執一份存證。

第十六條：【管轄法院】

　　　　　　凡因甲乙雙方間的聘僱關係所衍生的爭議，雙方同意以台灣地方法院為第一審管轄法院。

立契約人：　甲　方：○○旅館（餐廳）股份有限公司

　　　　　　代表人：

　　　　　　乙　方：○○○

　　　　　　中華民國　　　年　　　月　　　日

# 第二節　工作時間與休假

　　無論就組織或個人而言，工作時間之設定是相當重要的。就組織觀點而言，工作時間之設定可以決定人工成本之多寡，亦會影響組織提供貨品勞務，滿足消費者需求之能力。就個人而言，除工作經驗之外，工時之長短被認為是影響報酬水準之主要因素；尤其就年輕一輩而言，工作時間甚至比薪資待遇更值得關心。除非法令另有規定，多數全時間工作者較兼差工作者會得到公司較多之照顧及福利。

　　目前政府有關公司及企業員工之各項放假、休假、例假之規定，大體而言都根據勞動基準法第四章「工作時間、休息、休假」之規定，以及民國74年3月20日由內政部以臺內勞字第二九六五零一號令發布之「勞工請假規則」處理。至於非勞動基準法適用之行業，大都比照上述規定擬定其員工例假、休

假、放假之個別辦法。

　　餐旅業在工時與休假上一直有一套自成的管理系統，我國勞動基準法在納入餐旅業時，曾針對其特殊性增設法條，以期能更適合整體的工時管理。在本節中，作者將比較餐旅業和一般性行業的工作時間及休假的不同之處，讓讀者更了解餐旅業的管理系統。

## 壹、現行勞動法令對工作時間設定規定

　　現行工作時間：現行有關工作時間包括正常工作時間、加班、輪班時間等設定之有關法令規定，大體是根據我國勞動基準法第四章第三十條至第三十五條，及第五章第四十七條來處理。

　　基本上，一般正常之工作時間規定為：

一、勞工每日正常工作時間不得超過八小時，每週工作總時數不得超過四十八小時。

二、勞工繼續工作四小時，至少應有三十分鐘之休息。但實行輪班制或其工作有連續性或緊急性者，雇主得在工作時間內，另行調配其休息時間。

三、雇主應自備勞工簽到簿或出勤卡，逐日記載勞工出勤情形，並保存此項簿卡至少一年，以備有關機關查核。

## 貳、餐旅業目前所適用的標準工時

　　目前依據勞動基準法第三十條之一對法定工時的規範為：「中央主管機關指定之行業（餐旅業在內），雇主經工會同意，如事業單位無工會者，經勞資會議同意後，其工作時間得依下列原則變更：

一、四週內正常工作時數分配於其他工作日之時數，每日不得超過二小時，不受第三十條第二項至第四項規定之限制。

二、當日正常工時達十小時者，其延長之工作時間不得超過二小時。

三、二週內至少應有二日之休息作為例假，不受第三十六條之限制。

四、女性勞工，除妊娠或哺乳期間者外。於夜間工作不受第四十九條第一項之限制。但雇主應提供必要之安全衛生措施。

五、對於與公益有關之行業（餐旅服務業、郵政電信、旅客或貨物運送等行業），我國勞動基準法第三十五條對於實行輪班制或工作有連續性或緊急性者，規定雇主得在工作時間內，自行調配其休息時間。

## 參、現行延長或調整工作時間規定

因下列因素，雇主得予以延長或調整工作時間：

一、因季節關係或因換班、準備或補充性工作，有在正常工作時間以外工作之必要者。

二、經中央主管機關核定之特殊行業、或因公眾之生活便利及其他特殊原因，有調整或延長正常工作時間者。

三、因天災、事變、或突發事件，必須於正常工作時間以外工作者。

## 肆、現行延長或調整工時之要求

雇主對於工作時間延長或調整，必須符合下列三項要求：

一、雇主需經工會或勞工同意，並報當地主管機關核備。

二、其延長之工作時間，男工一日不得超過三小時，一個月工作總時數不得超過四十六小時；女工一日不得超過二小時，一個月工作總時數不得超過二十四小時。經中央主管機關核定之特殊行業，雇主經工會或勞工同意，每日得延長四小時，但一個月工作總時數，男工不得超過四十六小時，女工不得超過三十二小時。

三、女性輪班工作者，雇主需備有完善之安全衛生措施，及備有女工宿舍或有交通工具接送。

## 伍、餐旅業目前所使用的延長工時

餐旅業因與旅客及公眾之生活便利有相關，所以在法規上可於正常工作時間延長工作時間之必要性，但實際上業者仍以排班的技巧，讓每一個階段的人員皆可適用，避免非必要性的加班。而如有加班的情況，多數的業者也盡量以排休為主，很少核發加班費。

## 陸、規律工時

規律工時多具有下列特點：

一、員工為全時間工作者。

二、員工每日工作時數固定。

三、工作是每日持續性進行。

四、有明確規律用餐及休息時間。

五、明訂每日工作之起始時間及終結時間。

## 柒、規律工時之優缺點

表10-1 規律工時之優缺點

| 優點 | 缺點 |
| --- | --- |
| 1.主管對待員工可標準化、一致化 | 1.缺乏經濟效益 |
| 2.工作進度易掌握、預估 | 2.不能滿足顧客消費型態 |
| 3.可明確計算工時 | 3.就員工而言，無法滿足不同狀況的員工。 |

## 捌、計時工作

計時工作之特點如下：

一、員工的工作時間少於規律工時之設定標準。

二、計時工作可以規律（例如：每週工作三十小時）或非規律（例如：每週的工時不盡相同）之基礎來運作。

## 玖、計時工作之優缺點

表10-2　計時工作之優缺點

| 優點 | 缺點 |
| --- | --- |
| 1.使整體工作時間有彈性（如在工作的尖峰及離峰時段，可藉由計時工作者來調配人力。） | 1.計時工作者僅能擔任例行性、單調性高而無業務機密之工作，且通常不太會與全時工作者有頻繁密切之業務接觸。 |
| 2.節省人力成本上具彈性（支付計時工作者之薪資多低於全時工作者之加班費。） | 2.計時工作者不適宜擔任有升遷機會之工作（如一位計時工作主管因其辦公時間不確定，如何督導其部屬。） |
| 3.補足全時工作者勞動力之不足 | 3.計時工作對產品品質之確保有負面影響 |

## 拾、輪班工作

輪班工作之類型：正常工作和輪班工作最大的區別，在於輪班工作者還包含夜間工作。其類型大致有四種：

### 一、持續性輪班制

二十四小時運作，一週七天，輪班之特點在於某些特定時間，減少人員出勤之需求，例如：工廠在晚上或週末時段減少人員之出勤。

## 二、間歇性輪班制

和持續性輪班制雷同，但一週只有五天或六天。

## 三、二班輪班制

白天一班，晚上一班。

## 四、混合輪班制

採全時工作者及兼時工作者輪流交替。

## 拾壹、勞動基準法規範女工之特別勞動時間保護

### 一、母性保護

我國勞動基準法第五十條規定，女工分娩前後，雇主應使其停止工作八星期；妊娠三個月以上流產者，應停止工作，給予產假四星期。前項女工受僱工作在六個月以上者，停止工作期間薪資照給，未滿六個月者，減半發給。而且，女工在妊娠期間，如有較輕易之工作，得申請改調，雇主不得拒絕，並不得減少其工資。（勞動基準法第五十一條）

### 二、哺乳期間

我國勞動基準法第五十二條規定，子女未滿一歲，需女工親自哺乳者，雇主應每日另給哺乳時間二次，每次以三十分鐘為度。哺乳時間，視為工作時間。

## 拾貳、工作時間之計算

依據國際勞工組織之公約，對於工作時間之定義為「勞工應受雇主支配之時間」，這麼說來，工時之計算標準，應以實際工作時間較為恰當。休息時間及通勤時間並不需服從雇主之指揮監督，因此原則上不予包含。我國雖無明文規定，但在司法及勞工行政主管機關之解釋令中，均明示休息時間不計入實際工作時間。

## 拾參、假期與休假

世界各國廣泛採用以每週為一單位，訂定其中之一日為休息日，係源於基督教徒自古以來之傳統，每七日應休息一日之原則。早在1921年即為國際勞工公約所採納，久已成為各國普遍之規定。我國勞動基準法第三十六條已規定，勞工每七日至少應有一日之休息，作為例假。星期例假日每週至少應有一次，但並不限於星期日，雇主在一週中任意指定一日作為休息日，並不違法。

## 拾肆、紀念日或節日

政府規定應放假之紀念日或節日，絕大多數公司及企業均遵照辦理。放假日工資均照給，如員工工作，工資應加倍發給。

## 拾伍、一般性行業之特別休假

特別休假的規定：受僱於同一雇主，繼續工作達一定期間之勞工，得依其工作時間之長短予以特別休假，此種休假，其每年天數，各企業不盡相同，但如為勞動基準法適用行業，通常均遵照該法第三十八條之規定，其目的原以給勞工較長之休閒表示慰勞，但現今則更進一步以此鼓勵勞工出外旅行以增廣見聞，或從事進修，增強工作能力，更具有充實生活及提高工作能力之積極意義。每年均依下述規定，給予特別休假：

一、一年以上三年未滿者，每年七日。

二、三年以上五年未滿者，每年十日。

三、五年以上十年未滿者，每年十四日。

四、十年以上者，每一年加給一日，但總數不超過三十日。

特別休假之期日，應由員工與公司雙方依彼此需要而共同協商排定，不可由任何一方單獨行之；排定當月勞工必須休假，未休假者視同放棄；但若因

公司之要求上班未休假者，則可延後休假，當天上班視同假日加班，唯勞工不得以特休假，抵事病假。

## 拾陸、餐旅業目前所運用的例假、休假與特別休假

餐旅業因其營業時間與性質較爲特殊，所以成爲中央主管機關指定之行業，例假與休假之變更及調整如下：

一、二週內至少應有二日之休息作爲例假，不受第三十六條之限制。

二、餐旅業最忙碌的時段，大多爲休假日，因此餐旅業針對勞動基準法第三十七條的法令做了些變更。餐旅業者的做法是將該月份的國定休假日與例假日加在一起，員工排定輪休日，員工在當月分公司較不忙的時候休假。

## 拾柒、請假規定

有關勞工請假，歷年來均由各機關以命令行之，無法律依據，甚多糾紛。勞動基準法第四十三條，特以明文規定，並於本條授權中央主管機關另訂「勞工請假規則」，規定勞工請假應給之假期及事假以外期間內薪資給付之最低標準，以資遵循。請假可分爲公假、公傷假、事假、病假、婚假、喪假及產假七種。

一、公假

凡合於下列規定者，憑證件給予公假，工資照給：

㈠應徵入營服役，期間在一個月以上，保留底薪年資。期間在一個月以內者（教育召集），一律照通知規定給予公假，其時間不滿一天者，仍給一日之公假。入營服役者，限服役通知規定報到日期前一週內辦離廠手續，不得提前。

㈡依照中央政府法令參加考試、集會及其他法令應給公假之日。

## 二、公傷假

員工因執行職務而致殘廢、傷害或疾病，經勞保醫院或公立醫院證明，確定不能上班，給予公傷病假。

## 三、事假

員工因事必須親自辦理確定無法上班者，得事先申請事假，事假期間不發工資。事假一次連續不得超過五天，全年累計不得超過十四天。超過規定天數之事假得以特別休假抵充，再超過之天數則以曠工論。事假必須事先請假，否則，均以曠工論。如因重大事故無法親自請假者，應於二十四小時內委託同事、親友或以電報、電話、限時郵件報告單位主管代為辦理。但特殊情形並有具體證明者，准補辦請假手續。

## 四、病假

員工因普通傷害、疾病或生理原因，經勞保或特約醫院證明必須治療或休養者，得依下列規定，請普通傷痛假：

（一）未住院者，全年合計不得超過三十日。

（二）住院者，不得超過一年。

（三）未住院傷病假及住院傷病假合計不得超過一年。

普通傷病假全年未超過三十日部分，凡繳交公立醫院或勞保醫院證明書者，工資折半發給，住院者由勞保補足其差額，勞保部分通常可先由公司墊付後，再向勞保申請歸墊。超過（一）、（二）、（三）項規定期限者，得以事假或特別休假抵充，仍未痊癒辦理留職停薪並以一年為限。逾一年者依法資遣，或依法辦理退休。

## 五、婚假

員工本人結婚者給予婚假八日，不得分開，工資照給。並至遲應於事實發生後一個月內申請為限（依據內政部民國65年4月22日臺內勞字第六八○○○一號解釋令）。

## 六、喪假

員工喪假應於事實發生之日申請，並依下列規定辦理：

㈠父母、養父母、繼父母、配偶喪亡時，給予喪假八日，工資照給。

㈡祖父母、外祖父母、子女、配偶之父母、配偶之祖父母、配偶之養父母或繼父母喪亡時，給予喪假六日，工資照給。

㈢兄弟姐妹喪亡者，給予喪假三日，工資照給。

㈣依據內政部民國74年6月28日（74）臺內勞字第三二一二八號函，勞工請喪假，如因禮俗原因，得分次請假。

## 七、產假

依勞動基準法第五十條規定，「女工分娩前後，應停止工作，給予產假八星期；妊娠三個月以上流產者，應停止工作，給予產假四星期。前項女工受僱工作在六個月以上者，停止工作期間工資照給；未滿六個月者減半發給。」

表10-3　某公司之請假規則

| 假別 | 全年給假日數 | 請假理由 | 證件 | 薪資規定 |
|---|---|---|---|---|
| 公假 | 實需日數 | 兵役檢查、教育召集、軍政機關之調訓服勤等 | 檢驗有關證件 | 薪資照給 |
| 公傷假 | 實需日數 | 因執行職務受傷 | 主管簽證及醫院診斷需給假治療 | 薪資照給但超過六個月以上得經總經理核准退職 |
| 事假 | 14日 | 因事需由本人處理 | — | 1.日薪者停發薪資<br>2.月薪者給本薪，不給出勤效率金 |
| 病假 | 30日 | 因病需治療或休養 | 公立醫院或勞保醫院診斷書 | 1.日薪者未住院停發薪資、重病住院三十日以內發工資，不發出勤效率金 |

表10-3　某公司之請假規則（續）

| 假別 | 全年給假日數 | 請假理由 | 證件 | 薪資規定 |
|---|---|---|---|---|
| 病假 | 30日 | 因病需治療或休養 | 公立醫院或勞保醫院診斷書 | 2.月薪者發本薪不發出勤效率金，請病假超過規定期限者，三個月內支付半薪 |
| 婚假 | 7日 | 本人結婚 | 補報戶口謄本 | 薪資照給 |
| 娩假 | 8週 | — | 補報戶口謄本 | 1.到職一年以上薪資照給<br>2.到職六個月以上未滿一年者，發本薪不發出勤效率金 |
| 流產假 | 3週 | 妊娠四個月以上 | 公立醫院或勞保醫院診斷書 | 同上 |
| 喪假 | 8日 | 承重祖父母、父母、配偶、年滿十六歲胞兄弟姐妹喪亡 | 補報戶口謄本 | 薪資照給 |
| | 6日 | 祖父母、翁姑、未滿十六歲子女、年滿十六歲胞兄弟姐妹喪亡 | 補報戶口謄本 | 薪資照給 |
| 特別假 | 按照特別假辦法處理 | | | |

## 拾捌、大陸工時制度

### 一、標準工時制度

指每天工作不超過八小時，每週不超過四十小時，勞動者每週至少休息

二日，它是一般職工在正常情況下普遍適用的工時制度。

## 二、綜合計算工作工時制度

是指因工作性質特殊需連續工作作業或受季節自然條件限制的行業，如交通旅遊業，根據實際情況分別採用以週、月、季或年爲週期，綜合計算工作時間的工時制度，但其平均日工作時間和平均週工作時間應與法定標準工作時間基本相同。

## 三、不定時工作制度

是指工作日的起點、終點及連續性不做固定的工時制度。如長途運輸人員、高級管理人員等職工因工作特殊，需要機動作業或職責範圍的關係，可實施不定時工作制度。

## 拾玖、大陸法定假期

法定休假節日，共十天（元旦一天、春節三天、國際勞動節三天、國慶節三天），另外部分人民之節日依其規定休假（三八國際婦女節、五四青年節、六一兒童節）、少數民族節日依當地政府規定休假。其中以春節、國際勞動節、國慶節日爲最重要的休假日。

國際勞動節、國慶節依規定各爲三天，但大部的國家機關、國有企業往往超過三天以上，甚至有達一星期的，因爲前後會遇到星期假日以及調整工作時間，假期就會延長，再加上企業自動給假，就可能有一星期的假期。從管理立場來看，企業自動給假應視爲職工福利。

以上十天是屬於全體人民共享的，但是也有部分人民的節日，如婦女節（三月八日）、青年節（五月四日）、兒童節（六月一日）、建軍節（八月一日）、教師節（九月十日），企業通常視情況，給予一天或半天假期。再者，位於少數民族集居地區，會有少數民族的專屬節日，地區的地方政府會斟酌民族習慣而規定放假方式，企業多視狀況配合之。

凡是屬於全體人民共享的休假節日，逢公休假日，應於次日補休假，但是屬於部分人民之節日，逢公休假日則不補假。

# 第十一章

# 勞工安全衛生管理

## 第一節　勞工安全衛生的意義與重要性

　　隨著工商業的發展，社會經濟水準大幅提高，但相對的也帶來了許多災害事件與生態污染，影響著國民的健康；其中引人關注的，莫過於暴露在危險環境中的從業人員。任何職業災害的發生，都會造成國力的損失，因此，世界各先進國家，對於職業災害之防止，皆甚重視。對企業體而言，人力不僅是最寶貴的資源，更可說是企業的生命力；唯有使員工生命的安全與健康獲得可靠的保障，企業體的生產力才能有效的提升。隨著國人對人身與就業安全的重視，勞工安全衛生的重要性與日俱增。

### 壹、勞工安全衛生法之成立

　　政府為促使企業從業人員的生命健康不會受到威脅，並且能在最佳的條件下工作，於民國63年4月16日頒訂勞工安全衛生法，其立法精神在於防止職業災害，保障勞工安全與健康，規定工廠應設置安全衛生管理人員以從事工業安全及衛生的工作。勞工安全衛生法於民國85年5月修正公布，將餐旅業納入勞工安全法適用範圍，為保護員工生命安全與健康，減少職業災害發生，應建立勞工安全衛生管理制度，推動安全衛生工作，提供舒適的工作環境。

### 貳、維護安全及健康的工作環境

　　一個成功的職業安全及健康計畫，目的是為了防止事故與疾病，以及所

造成的財力、物力損失；因此，維護良好安全的工作環境首先要對危害有所認識，然後才得以袪除。本節所述包含：職業災害定義及發生原因、需要控制的各種危害、基本控制技術、以及事故發生之前早已指出及防止。

## 一、職業災害之定義

災害的定義可分爲廣義與狹義兩種。廣義：依據美國安全專家W. Dean Keefer所說：「災害是阻礙或干擾有關活動正常進行的任何事件。」狹義方面，依據聯合國國際勞工局統計專家建議：「所謂災害乃是由於人與物體、物質或他人接觸，或置身於物體或環境中，或由於人的行動導致人體傷害的事件。」

美國的職業安全衛生法（OSH Act）對職業災害之定義爲：「職業災害是指由於工作事故或置身作業環境於偶發事件中，所導致之割傷、挫傷、切斷等任何的工作傷害。」

而我國的勞工安全衛生法對於職業災害則有如下之定義：「職業災害謂勞工就業場所之建築物、設備、原料、材料、化學物品、氣體、蒸氣、粉塵等或作業活動及其他職業上原因引起之勞工疾病、傷害、殘廢或死亡。」

## 二、職業災害發生之原因

職業災害發生的原因通常是複雜的，一次災害可能有三個、五個甚至十個以上可視爲原因的個別事件。對於災害的調查分析，通常必須探索三個層次的原因：即直接原因、間接原因及根本原因。

### 1. 直接原因

當人或物體受到能量或危害物的襲擊而不能安全的予以吸收而導致災害，即稱之，通常均爲一種或多種不安全行爲或不安全環境或兩者兼具的結果。

### 2. 間接原因

直接原因通常均爲一種或多種不安全行爲或不安全環境或兩者兼具的結

果。所以不安全行爲及不安全環境即爲引起災害之間接原因。

### 3. 根本原因

間接原因通常均能追溯至不當的施政方針及決策，或追溯至人或環境因素，這些即稱爲根本原因。

## 三、工作場所之一般危害

在任何工作場所當中，通常均可將危害分爲幾組，分別標示以確保危害已被清楚認識，且必須自行經常做定期檢查。在這些危害中又可細分爲六則細項，如下：

### ㈠工作地點的危害（workplace hazards）

工作地點常會發生許多基本安全及健康方面的危害，其中包括：地面或其他工作面內部，如：樓板及牆壁開裂、出入口、衛生間、照明、通風及著火等等。

### ㈡機械及設備的危害（machine & equipment hazards）

工作地點若裝置了機械與設備，則又會產生新的危害，不過有許多安全標準可以採用並防止此等危險。如機械防護、遵照操作方法、特殊安全措施、檢查及維護、安裝、接地等等以作爲保護。

### ㈢材料的危害（material hazards）

工作或過程中所使用的材料，則又造成新的危害。例如：有毒的揮發氣、煙霧、易燃液體等等的儲存及搬運的安全標準可資採用。

### ㈣員工的危害（worker-employee hazards）

工作地點若有新進員工，則需要特別小心注意，例如：醫療及急救服務、安全護具、工作執照、訓練及教育等等。

### ㈤動力的危害（power source hazards）

動力亦會造成另一種危害，故必須予以控制。不論是電力、氣力、液力、蒸汽及藥爆等等操作動力，均需有安全使用的標準。

## ㈥操作的危害（operation hazards）

　　某些安全標準，只是應用於某一特殊工業的過程，而許多危害綜合在一塊，就會造成問題。

　　以上所述之各種災害，可以採取通盤考慮之方法，而有些事業體在某些方面也許沒有太多的危害，則應集中全力於較大危害的操作控制上。最重要的是，定期檢查，以保持環境於良好狀態中。特殊的操作，需經常核對，決定是否需要外界的工業安全或衛生專家、設計工程師、或化學專家等參與諮詢。

## 四、職業災害之防止

　　災害要因之存在是災害發生之禍首，只要災害要因存在，災害隨時可能都會發生，此為職業災害的特性之一。因此，職業災害的防止原則，一為預防災害要因產生，二為發現災害要因，三為消除或改善災害要因。為了防止意外事件的發生，以及加強員工的安全與衛生，可從「4E」著手，亦即所謂工程（engineering）、教育（education）、執行（enforcement）、熱忱（enthusiasm），分別說明如下：

### ㈠工程

　　工程的任務在於技術上指導如何工作，以及加強機具的安全防護措施。此方式乃是將安全工程與技術的應用，結合安全與工程的知識，以消除不安全的環境。例如：通風系統、電氣設備、消防設備……等，自運作至生產的所有設計與作業中，可能存在的不安全狀況，事先即予設法改善。

### ㈡教育

　　教育則在啟迪有關安全的各項知識，並且運用教導或訓練的手段或方法，如集會或討論會的演講，主管或專家的各別洽談，海報、刊物、公告、幻燈片或電影等方式，讓員工徹底了解工廠的特殊狀況，注意自己的不安全行為或動作，並使他們具備安全的人生觀，全力防止工作傷害。

## (三)執行

在執行方面，就工廠範圍而言，即在訂定安全政策及計畫，方法如工作場所的安全觀察，工作場所的安全檢查，考核各階層所負的安全責任，並實施獎懲，以預防職場意外的發生，並且將災害降至最低。

## (四)熱忱

熱忱亦即利用心理學及管理策略，藉此了解人類行為的動機，並且激發全體員工對安全衛生工作維持高度的興趣，故熱忱對於推動事故率的降低而言，甚為重要。

以上「4E」當中，以工程的設計與改善為首要。工作場所若存在不安全的環境與設備，必須立即設法改善，使其符合安全化標準，其次才能談到教育或執行，否則皆為空談。雇主必須先消除任何不安全的環境，才能要求員工消除不安全的行為。

以往企業對於工業安全衛生的觀念與推行，大多以行政權威，由上而下，實施強制性的管理、教育、獎懲等方式，這種安全管理的制度，可能有相當的績效，但是卻有一定限度。推行一段時間後，也會遭遇難以突破的瓶頸。為了配合人性管理的新主流，也基於對人命與人性絕對尊重之理念，日本中央勞動災害防止協會自1973年起，開始推展零災害運動，並有卓著的成效。零災害運動是配合安全管理同時推行自主活動，即由下而上的自動自發自願的方法來發掘危險、控制危機，達到零災害的目標。因此，若能在加強安全衛生管理的同時，徹底實施零災害運動，兩者相輔相成，必然可以積極而有效的防止職業災害。

## 五、零災害運動

### (一)零災害之定義

無災害指的是災害範圍是一次事故損失工作能力，在二十四小時以上之失能傷害，並且需要請假一天以上的事故。而零災害則更加嚴格，除了要達成

無災害目標外，也不可導致不請假災害或驚險事故的發生；零災害所指的災害是不至於發生死亡、請假、不請假災害及無傷害事故。因此，零災害著眼於輕微傷害、無傷害事故的發生，不論任何危險因素，都要預先做好防範，事先掌握並加以解決，務必使災害的發生機率降至零。

## □建立零災害管理原則

要達到零災害的目標，需要雇主、管理人員及員工共同參與及改善。只要勞資雙方都開始培養「零災害──工作預知危險」的觀念，將在工作場所可能造成災害的因素袪除，必然可預防職業災害的發生。在建立零災害時，應注意下列安全衛生管理原則：

### 1. 避免危害原則

對於工作環境及作業流程中的危害加以注意，危害是可預先預防的。

### 2. 安全技術原則

在設計機器、工作環境時，應注意到個人生理、心理上的特質與作業功能，以設計出適合人們使用的最佳化工作場所。

### 3. 工作環境最佳化原則

在設計工作環境時，應注意到個人生理、心理上的特質與作業功能，以設計出適合人們使用的最佳化工作場所。

### 4. 雇主責任原則

雇主為其自身的生產目的來雇用員工與提供作業場所，因此雇主應對工作環境的品質與條件負責。

### 5. 生產與員工保護並重原則

生產方式的改變常造成作業環境的調整，因此開發與設計新的生產方式時，都以員工安全為第一考量。

### 6. 員工自我保護意識原則

員工應為自身的安全著想，並且配合雇主為彼此的共同利益來保護自身

的安全。員工需建立自我保護意識，並且具有預知危險的警覺，且加以防範，以期達到零災害的目標。

### 7. 勞資雙方合作原則

在勞資關係的協調與溝通上，能在勞工安全衛生的議題上達成正確的共識，有助於改善工作場所，以杜絕危害的發生。

### 8. 工作環境的持續監控

工作環境會因科技與社會的發展而改變，所以需要隨時告知員工有關工作環境的危害，以及防治的方法，並且需持續的監視工作環境及其條件，以防止未來可能發生的危害。

## 某國營公司○○年度工業安全衛生實施方案

一、繼續實施損失控制管理制度

　　㈠各單位應依本公司損失控制管理制度實施要點，擬定預防事故八大管理措施之計畫進度納入自動檢查計畫，每半年將實施成果報公安處。

　　㈡總管理處年終時將事故、財產、生產損失金額統計分析供上級參考。

二、加強推動工業衛生身心健康化

　　促請全體員工均應接受一般健康檢查或特殊健康檢查，對特殊健康檢查之結果，應建立健康管理資料並依規定分級實施健康管理及應依醫師之意見於定期期間內實施健康追蹤複查。

三、加強推行零災害運動

　　㈠辦理各級人員零災害運動講習班。

　　㈡製作零災害運動各類視聽及書面教材。

四、繼續推行責任區制度

　　㈠確立各班或人之責任區及本公司與承攬商或各單位間之責任區，消滅工安死角，確保作業人員及設備之安全。

㈡編印有關宣導資料廣爲宣傳。

㈢在各重要處所裝設或增設電視監視器，裨益檢閱工作人員及設備情況。

㈣總管理處隨時派員赴單位檢查、督導。

五、繼續改善不良工作環境

　㈠配電路工作環境

1. 不安全接線。

2. 複雜裝桿。

3. 登、下桿及作業安全間隔之確保。

　㈡輸電線路工作環境

1. 登、下桿塔設備。

2. 活線礙掃作業之操作位置。

　㈢二次變電所工作環境

1. 活線礙掃完全間隔。

2. 平面危險標誌再發展立體標誌。

3. 逆送電標誌。

4. 易錯誤餽線名稱。

六、辦理各項安全衛生教育

　㈠假訓練所辦理部分（班次另訂）。

　㈡委託外界訓練部分（項目另訂）。

　㈢各單位自行辦理部分（項目另訂）

　㈣充實並研編各類公安教材。

七、辦理安全衛生激勵競賽及宣導活動

　㈠辦理工業安全衛生績效競賽及無事故團體獎。

　㈡配合政府規定及本公司安全衛生計畫，辦理各項安全衛生宣導活動。

㈢研製安全衛生及交通安全海報，視聽教材、曆卡及其他有關安全衛生宣導小冊。

㈣按期出刊《工業安全衛生園地》，加強報導及溝通各單位公安訊息。

㈤加強督促各單位確實辦理安全衛生週各項活動。

八、加強安全衛生自動檢查及考核

㈠依據勞工安全衛生組織及自動檢查辦法，配合各自單位機具設備物料環境與作業特性等訂定計畫，年終時將執行成果報告送工安處。

㈡檢查重點：以安全衛生設施為主，安全衛生管理為輔。。

㈢檢查優先順序

1. 上年度曾發生重大災害事故之事項。

2. 上級有關機關及本公司主管處或工安處通知改善事項。

九、徹底追蹤個案事故之原因及改善辦理情形

㈠適時派員會同主管處到現場深入調查事故之根源性原因。

㈡以五M分析事故原因並研訂改善對策限期改善。

㈢撰寫事故報導分送各單位列為公安教導教材並研討防範措施。

十、充實安全防護（工）具

依各部門安全防護（工）具管理要點，補充各類安全衛生防護（工）具及工安衛生環境測定儀器。

十一、加強承攬人員安全衛生輔導

㈠開工前召開協調會議或實施安全接談，告知有關工作場所環境、危險因素及依法應採措施，指定共同作業安全衛生負責人，檢查設備並留會議紀錄。

㈡促請承攬人對所屬員工應施以從事工作必要之安全衛生教育及預防災變訓練。

㈢承攬人工安管理人員應每日赴現場並實施自動檢查，經常與本公司工

安人員聯繫溝通。

㈣本公司辦理有關工安講座、會議或講習時，得邀請承攬人參加。

㈤促請承攬人應於開工時辦妥所屬勞工之勞工保險。

㈥輔導承攬人之員工應確實配戴安全防護（工）具。

十二、加強辦理危險性機械或設備代行檢查

㈠依據危險性機械設備代行檢查機構管理規則，辦理定期代行檢查各項業務。

㈡每月由代行檢查小組以電腦追蹤各單位定期代行檢查辦理情形，以免逾期受罰。

㈢各單位應切實依勞委會規定，將危險性機械或設備建立一機一檔之管理要求，俾利查考。

㈣各單位危險性機械或設備之定期檢查資料，納入大電腦連線作業之追蹤辦理。

㈤代行檢查小組不定期派員考察現場檢查實務以求改進。

十三、加強消防安全措施

㈠辦理各發電廠及變電所防火系統與設備改善。

㈡配合年度演訓計畫、加強消防訓練，增進員工救災應變能力。

㈢充實各類消防設備，確實做好消防器材自動檢查及維護，以加強消防救災能力、減少災害損失。

## 第二節　勞工安全衛生工作守則

以下將針對勞工安全衛生工作守則及災害緊急應變處理措施、衛生工作之守則及餐飲管理控制、自動安檢制度及勞工安全教育訓練做詳細的說明。

## 壹、勞工安全衛生工作守則

### 一、主管人員安全衛生職責

(一)訂定職業災害防止計畫。

(二)訂定安全衛生管理執行事項。

(三)訂定定期檢查、重點檢查及其他有關檢查督導事項。

(四)定期或不定期實施巡視。

(五)提供改善工作方法。

(六)擬定安全作業標準。

(七)教導及督導所屬員工依安全作業標準方法實施，以防止意外發生。

1. 防止工作方法錯誤引起之危害。

2. 防止物料、儲運、儲存方法錯誤之危害。

3. 防止機械、電器、器具等設備使用不當所引起之危害。

4. 防止液化石油氣等危險物品引起之危害。

5. 防止火災、颱風、地震引起之災害。

6. 其他維護顧客、員工健康、生命安全等必要措施。

### 二、勞工安全衛生管理人員職責

(一)釐定職業災害防止計畫，並指導有關部門實施。

(二)規劃、督導各部門之勞工安全衛生管理。

(三)規劃、督導檢點與檢查，並記錄於安全衛生日誌。

(四)指導、監督有關人員實施巡視，定期檢查、重點檢查及作業環境測定。

(五)規劃及實施勞工安全衛生教育訓練。

(六)規劃勞工健康檢查、實施健康管理。

(七)督導職業災害調查及處理、辦理職業災害統計。

㈧向最高主管提供有關勞工安全衛生管理資料及建議。

㈨其他有關勞工安全衛生管理事項。

## 貳、安全規定

一、一般性規定

㈠由各門進入之賓客、服務員、警衛及大廳之員工應注意察言觀色,如發現可疑之人、事、物時,應即報告其主管及大廳經理並通知安全室。

㈡如發現攜帶凶器、危險物、違禁品進入旅館者,除嚴密監視外,應即報告主管並通知安全室。

㈢隨時注意進出旅館人員,如有可疑人物在客房各樓徘徊走動時,應予盤問。

㈣應注意是否有不法份子利用客房及公共場所祕密集會、滋事或從事不法活動。如發現偷竊財物、故意損壞設施、物品者,應立即制止,且報告主管並通知安全室處理。

㈤如發現可疑包裹進出旅館,應即通知安全室會同檢驗。

㈥旅館內各種消防設施不得擅自移動,非因需要不得動用,非負責管理人員不得隨意觸動任何開關。

㈦發生火警或意外變故時,各單位主管均需臨場處理,即時提出報告。

㈧員工攜出物品一律接受檢查,如無放行條者,不得攜出旅館。經查確有違禁品或旅館之公物者,即予解聘,其涉嫌刑責部分得移送法辦。

㈨不得隨意洩漏住客之房號。

㈩不得操作任何未受過操作訓練之設備。

㈡工作場所不得攜陌生人進入或安排會客。

㈢洩漏旅館營運機密、破壞安全措施或偽造、變造、損壞旅館文書者,

即予解雇，並移送法辦。

㈤員工有下列影響安全之行為者，得不經預告，逕與解僱：

1. 凡有前列懲罰部分各條所舉之事實者。

2. 企圖唆使他人阻止、延遲或分化旅館之正常工作（營業）者。

3. 上班中擅自組織或參加未經許可之集會，或企圖發動停止破壞員工關係者。

㈥員工發現有爭吵鬥毆事件時，應予婉言勸阻排解，以防事態擴大，不可袖手旁觀影響旅館營業。

㈦對於顧客同仁疾病或重傷時，立即採取適當救護或迅速送醫治療。

㈧發現反動文字或行跡可疑人物，應予監視，報告主管並通知安全室。

㈨如發現凶殺、自裁、強盜、扒竊等刑事案件時，應保持現場，立即報告主管，並通知安全室會同治安單位處理。

㈩旅館員工人人均負有加強保防工作，維護公共安全之責，如有發現謠言，不聽信亦不傳播，應即通知安全室處理。

## 參、餐飲部門安全守則細目

### 一、廚房安全守則

㈠衣著方面：穿著膠底平底之安全鞋、戴帽，圍裙和衣袖要綁好，胸前口袋中不要放火柴、香菸等物品，以免掉入食物中。

㈡故障的推車，應馬上報修。

㈢經過轉角時不要站在推車後面推，應該在旁拉，以便可看到轉角另一方的來人或來車。

㈣推車進出電梯時要找人幫忙，特別是升降梯與地面不完全在同一平面的話更要小心。

㈤潑灑出來的油水和食物應立即清除。

㈥清理盤碟時，隨時留意，發現破損的要挑選出來。

㈦不得用手撿杯子或盤子碎片，應使用掃帚清理。

㈧擦拭鍋爐前先肯定它們是否還是熱的。

㈨其他清洗用的藥劑及程序應參照工作指導書。

㈩作業結束打烊後之檢點工作必須確實嚴格執行。

(十一)禁止吸菸。

(十二)以下爲使用刀子時應注意之安全守則：

1. 拾起刀時只能拿刀柄，絕不可握刀身。
2. 持刀走動時，刀尖向地板。
3. 將刀遞給他人時，以刀柄向著對方。
4. 使用適當的刀子配合工作。
5. 保持乾淨和銳利。
6. 不小心脫手時，千萬不能去補接，應站在一旁讓它掉落到地上。
7. 不得使用刀子開罐頭或當螺絲起子用。
8. 絕對不可拿刀子與同事開玩笑。

## 二、餐飲服務安全守則

㈠應隨時留意不穩固的桌椅，玻璃器皿、盤、碟和銀器等使用前和使用後都要加以檢查，發現破損馬上廢棄（辦理報廢）。

㈡搬運盤碟時一定要使用推車。

㈢取用冰塊時一定要使用冰鏟，不得直接以杯子挖取或用手抓取冰塊。

㈣從客人背後上菜時應預先通知。

㈤倒熱的液體時應將杯子拿離桌面。

㈥托盤中不得擺過多東西。

㈦托盤不得超越坐在桌前客人的頭上。

㈧不得談論或展示帳單上客人所簽下的名字或房號。

㈨發現地毯上的電線沒有固定好，或有其他易於絆倒行人的狀況，應立即報告主管或工程部。

㈩防火門、滅火設備等應保持狀況良好，隨時可用。

(十一)處理垃圾時要注意是否有公司的財物無意中被丟棄在內。

(十二)如果發現旅館內的財物被偷帶出去要馬上通報主管。

## 肆、房務部門安全守則

### 一、房務部門安全守則

㈠穿著平底鞋，不得佩戴鬆的飾物。

㈡使用任何腐蝕性的化學物品前，必須詳讀相關資料。

㈢絕對不可把漂白劑與其他化學物混合使用。

㈣刮鬍刀最好先用紙包起來，或放在指定容器中後才丟棄。

㈤菸灰應倒入專設之不鏽鋼菸灰桶，以防菸火未熄重燃。

㈥房間保養登高時，應注意踏實與攀牢。

㈦在浴室工作時，滑倒摔傷時常發生，應特別小心。

㈧住客於客房內使用自行攜帶的電器時（如電鍋、熨斗），應立即報告領班處理。

㈨由你保管的房匙絕對不可交給他人。

㈩不得爲沒有房匙的客人打開任何房門，需要等櫃檯通知之後才可以。

(十一)如你在房中工作，有客人進入時，請他出示他的房匙，若他拒絕或沒有房匙，立即報告主管或安全室。

(十二)發現某個房間房門半開或房門上插著鑰匙時，應立即上前敲房門，如果有客人在，請他關上房門或收妥房匙；如果沒人，檢視房間內情形，然後鎖上房門記下時間和房號（如果該房有人住的話），將房匙帶走，向主管報告，主管應與值勤經理及安全室聯絡洽商處理。

(圭)髒的布巾更換時，應立即放入帆布車，避免放在地上絆倒行人。

(崮)布巾車如太重，容易發生危險，寧可拿少一些，多走一次；推的時候，手抓住車柄，而不是推兩旁，且速度放慢。

(玄)工作車推動行進時，如遇客人迎面而來，應停止讓客人先行。

## 二、洗衣房安全守則

(一)穿著膠底的安全鞋。

(二)有任何不安全狀況發生，如地板破裂或濕滑、閥管破裂、電器設備出毛病等，都應馬上報修。

(三)洗衣房地板上的積水要經常清理。

(四)絕不站在潮濕的地板上操作電器設備。

(五)脫水機的蓋子蓋妥後才能啓動，機器運轉中不可加入或拿出衣物。

(六)使用漂白水和其他酸鹼藥劑時，要特別小心，應了解使用方法，以避免被腐蝕及弄傷眼睛。

(七)裝腐蝕性藥物之容器，絕不可放置在高於人頭的架子上。

(八)萬一濺到腐蝕性藥物，應立即以大量冷水沖洗。

## 伍、客務部門安全守則

## 一、行李服務安全守則

(一)幫助客人擺好行李，以防止絆倒的危險。

(二)利用手推車可省時省力，但不可在車上堆積過多之行李，而且要小心操作，特別是在轉角時。

(三)在到客人房間的途中，如發現任何不安全狀況，應立即報告上級處理。

(四)發現有可疑物品時，應立即報告上級處理，會同安全部門處理。

(五)發現某個房間房門半開或房門上插著鑰匙時，應立即上前敲房門，如

果有客人在，請他關上房門或收妥房匙；如果沒人，檢視房間內情形，然後鎖上房門記下時間和房號（如果該房有人住的話），將房匙帶走，向主管報告，主管應與值勤經理及安全室聯絡洽商處理。

㈥發現大廳大理石地板有積水時，用銅欄杆將該區圍起，以防客人滑倒。並立即報告上級會同安全室處理。

㈦絕不可洩漏客人的房號。

㈧如果客人沒有行李或行李可能是空的，應報告值勤經理及主任。

㈨任何包裹都要經由行李服務人員轉達給客人，不得讓它直接送到客人的手中。

## 陸、工程部門安全守則

### 一、工程維護安全守則

㈠穿著平底膠鞋，不得佩戴鬆的飾物。

㈡不得操作任何未受過操作訓練的設備。

㈢操作機器時不得與同事交談。

㈣雙手是濕的狀態時，站在潮濕的地板上或站在鋁梯上時，不可操作電氣設備，修護電氣設備時只能使用木梯。

㈤一切工具在使用前要加以檢查，以確保狀況良好。

㈥有他人在附近時不可換螢光燈管。

㈦如果從事的工作對他人有危險性，應在四周放置「警告標示」。

㈧油漬或其他易產生滑倒危險的東西應馬上清理。

㈨絕不可拿壓縮空氣或電來開玩笑。

㈩儲存東西不得高於離天花板一尺半處或妨礙到滅火之灑水頭。

## 柒、安全室安全守則

### 一、門衛安全守則

(一)要確保大門的狀況良好，通道暢通。

(二)除了指導客人安全的上下車外，自身的安全也要注意。

(三)確保大客車和計程車司機遵守旅館所訂定的安全規則和程序，如他們不合作，應報告上級。

(四)了解發生火災或當救護車、警車來時的應變程序。

(五)遇包商清洗飯店外牆時，應予管制停車位，以防止物品墜下發生意外。

(六)凡服裝不整齊、精神狀態明顯異常者，應拒絕其進入，並隨時與安全室人員聯絡。

(七)發現有人叫計程車顯得有意要迅速離去者，應記下計程車號。

### 二、安全人員守則

(一)維持旅館良好之公共次序，並在指定位置與範圍內執行勤務，不得擅離職守。

(二)安全人員值勤時，整肅儀容，態度端莊、禮貌，隨時保持警覺。

(三)熟記各地區消防設備之位置，以及熟悉操作方法，並隨時檢查其是否完整有效。

(四)人人需具應變能力以處理非常事件及了解處理程序。

(五)徹底執行勤務，需公平、公正，切忌主觀感情用事，心存偏私。

(六)進入停車場之車輛，先停車查看後，方准進入，駛出車輛如有載運物品，一律有放行條。

(七)防止竊盜、火警、意外事故之發生及緊急處理。

(八)菸蒂、火種及可疑不明物品隨時注意清除。

## 捌、辦公室的安全守則

(一)檔案櫃的抽屜最好一次只打開一個，同時打開兩、三個抽屜容易使櫃子失去平衡而翻倒。

(二)抽屜用完後應立即關上，以免造成他人的傷害。

(三)不得一邊走路，一邊閱讀。

(四)延長線和電話線等應固定以免被它所絆倒。

(五)換修電腦、打字機或其他的電氣設備時，應先將電源切斷。

(六)在辦公室範圍內發現可疑事物時，應立即報告主管。

(七)不得在辦公室內使用電壺燒水。

(八)下班時最後離開者要注意關妥門窗及電源。

## 玖、災害緊急應變處理措施

火警發生時之處理如下：

### 一、火警發生時，在場人員應採取之步驟

(一)立即大聲告知「某處著火」，以引起周圍人員之注意與發現。

(二)迅速跑至最近之消防箱，按下「火警信號發信器」，立即通知火災受信總機及副機之值班人員，並通知失火地點房號或任何區域、樓層及何種物品燃燒。

(三)輕微失火：立刻打開消防栓箱門，取出滅火器或拉出消防水帶、水瞄，進行滅火之措施。

(四)重大失火：查看起火地點附近有無客人，並關上起火房間房門，盡快疏散該樓層之其他客人。

(五)疏散：利用緊急出口防火梯，勿使用電梯，因為電梯屆時會被鎖在底樓；應保持冷靜、勿慌張，等待救援到來。

## 二、總機室應採取之步驟

由火警受信副機盤上得知表示燈亮及警鈴響後，應採取下列步驟（應以所有之值班人員分別進行下列通知）：

### ㈠電話通知

火警指揮官及有關主管及負責人。

### ㈡日間通知

火警指揮官、工程部經理、工程部、消防工程師、安全室、總經理、值班經理、火警區部門經理、財務部及其他經理。

### ㈢夜間通知

工程部、安全室、值班經理、消防工程師、工程部經理、總經理、各部門經理、財務部、醫務人員或特約醫院。

## 三、安全室於接獲火警消息後之處理

㈠安全室主管需立即趕往火災現場協助指揮救火，及一切必要之緊急措施與疏散。

㈡安全人員需出動負責整個飯店之治安工作，除必須協助指導旅客往安全方向疏散外，並應控制現場四周警戒。

㈢疏散時需立刻打開不會受到煙火侵襲之安全方向的安全門及太平梯，指導客人疏散至安全地區。

## 四、各單位之經理、副理應指揮所屬之人員採取下列步驟

㈠所有各單位之消防班人員聞消防之訊號或廣播聲，應速戴防煙面罩、消防器材，趕赴現場滅火及使用現場之消防栓，盡其所能全力滅火搶救，控制火勢，使其不至蔓延擴大。

㈡每層樓客房服務人員，由走廊及各個客房火警表示燈，查出發生事故之房間，即由消防栓箱上之火警報知器報警，並電告總機房號或地區後，並持滅火器或拉出消防栓水帶展開滅火之行動。

㈢派人員管制旅客用電梯口，禁止乘坐電梯逃生，並禁止緊急救火電梯逃生。

㈣派人員協助身體殘障者、老人、小孩，盡速疏散至安全地帶。

㈤派人員清除任何阻礙救火之通道。

㈥廚房之人員應關閉瓦斯栓、抽煙機、鼓風機及廚房用之動力電源（非必要不要關閉電燈，以免妨礙救火之工作）。

## 五、會計經理及財務出納之注意事項

㈠保護所有現金、帳冊及客人委託保管之貴重物品，以防被竊或燒損。

㈡如需現金使用時，應隨時支援。

## 六、總務部之救護支援行動

㈠設置臨時之救護站，通知醫生及醫護人員作緊急醫療之工作。

㈡盡量備妥飯店汽車不作他用（不再派車接送旅客），留作救護及其他支援之工作。

㈢輕傷包紮後送至安全地點，重傷者急救後送醫。

## 七、總機室之採取步驟

㈠消防之通知應由總經理、副總經理、消防工程師、值班經理，下達命令後才可通知，並應通知服務中心人員，以便引導消防車。

㈡於接獲指示後速發出廣播，說明火災之狀況，請客人不必慌張，並廣播指導旅客如何逃生及疏散之方向地點。

## 拾、天然災害發生之處理

在地震發生強震時，各部門從業員工應採取下列所述之各項相關措施：

## 一、工程部

㈠立即停止鍋爐之運轉，並關閉桶裝瓦斯。

㈡如有正在使用火種之工作（如電桿、氣焊、瓦斯噴燈等），應立即加

以熄滅。

㈢立即派人在中央控制室內待命，接聽到各區域緊急狀況時，應採取必要措施，及監視電梯之運轉狀況。

㈣如地震後供電不穩，而發電機之供電線路又有問題時，應立即停止電梯之運轉。

㈤各相關之設備立刻派人員查看，有無因地震而引起之異常狀態。

㈥派人員檢查主油管是否有損壞及破裂漏油。

㈦派人員檢查通信電話之線路是否正常。

二、餐飲部

㈠廚房作業人員，應立刻關掉各器具之瓦斯閥，對地震餘震過後，檢查所有瓦斯管及器具無異狀及無破裂後，再打開瓦斯。

㈡如有配電設備線路斷裂損壞，應立即關閉電器開關。

㈢有翻落之破碎玻璃，應立刻清除或以足夠之厚物遮蓋，以防人員割傷。

㈣餐廳內在緊急狀況時，應依平時就選定之適當位置，引導客人在該位置避難。

㈤從業人員應避免緊張，以免造成用餐客人之恐慌。

三、客房部

㈠如有客房發生災害，應立刻處理。

㈡指引並疏導旅客避難。

㈢如有電氣線路問題發生，應立刻關掉電器開關。

㈣如總水管破裂，應盡可能即時處理，關掉該客房之總水閥栓。

㈤應立刻掌握該層樓之從業員工、房客，以及協助行動不便之旅客逃生。

㈥立刻清除安全梯之通路，供旅客逃生。

## 四、其他部門

㈠安全警衛人員，應立刻保持充分之警備狀態。

㈡工作周圍環境內，如有引起之火災，應立刻撲滅。

㈢有線路斷裂、水管斷裂、消防灑水頭爆裂、瓦斯管斷裂之緊急事故發生，應立即通知工程部搶修。

㈣大廳之職班經理，應隨時了解狀況，採取必要之措施，並控制可能突發之狀況。

㈤總機室注意廣播之待命，並採取應變措施並檢查通信之線路，及可能發生地震、火災之緊急應變措施。

# 第三節　餐飲衛生管理

## 壹、餐飲衛生守則

在餐飲業當中，餐飲衛生是餐飲經營首要遵守的準則，亦是保護客人安全的根本保證。在經營當中，食品的安全衛生，不僅對提高產品質量、樹立餐飲信譽有直接關係，更重要的是保障客人的健康和幸福；餐飲衛生要比獲取利潤更為重要，它亦是餐飲經營的成敗關鍵。

### 一、員工之衛生守則

個人健康、個人衛生是公共餐飲場所引發食物中毒之主要來源。

#### ㈠個人健康

1. 每位餐飲調理者必須擁有合格之醫師證明非傳染病帶菌者。

2. 員工每年應接受定期體檢。

3. 輕微疾病，如傷風、感冒、割傷、燙傷等時有發生，不得參與食物處理過程任務。

4. 手部受傷時應以防水布包紮傷口。

5. 廚房工作人員應定期接受健康檢查及預防接種，並參加衛生講習。

## ㈡個人衛生

1. 隨時保持儀容之整潔，頭髮、鬍鬚、指甲必須常常修剪。

2. 到達工作崗位時，個人制服、名牌、識別證、圍裙、公司鞋需穿戴整齊。

    (1)男性服務員：除公司所發之工作制服外，需穿著黑鞋、黑襪，不可蓄長髮、鬍鬚，並時常修剪指甲。

    (2)女性服務員：工作時需淡妝，除手表、戒指外不可佩戴其他飾品。如留長髮者必須將頭髮往後紮好，指甲必須時常修剪，不可留長指甲及擦指甲油。

3. 不可在工作場所抽菸、嚼檳榔，食用客用食物或睡覺。

4. 鋪設餐具或服務時，不可觸摸到餐具內壁、杯口，以確保衛生。

5. 拿取任何食品時，必須使用夾子，切忌用手直接抓取，必要時應戴清潔消毒手套。

6. 在工作場所不可用手摸臉、口、鼻及將手放於口袋中。

7. 隨時注意咳嗽或打噴嚏時，以手帕遮住鼻口，以免唾液污染食品。

8. 切忌將制服當抹布，務必確實保持制服整潔。

## 二、廚房衛生守則

㈠砧板應分類使用，並標示用途，以避免熱食受到生鮮原料污染。

㈡砧板使用後，應立即清洗並消毒，經過約85°C左右的熱水沖洗之後，應側立，以免底部受到調理檯面的污染。

㈢抹布使用後要洗潔消毒，浸泡於180ppm氯水中，或煮沸五分鐘，或蒸氣十分鐘以上消毒。

㈣廚刀使用後必須確實歸類放置刀架上。

㈤應注意生鮮食品與調理過之食品要放在不同的器具及容器中，且所有的容器都必須加蓋。

㈥調理食物之區域或廚房內不可放置有毒化學物質，如殺蟲劑、殺鼠劑等。

㈦管制鼠類及害蟲，如老鼠、蟑螂、蒼蠅等會傳播細菌或毒物，均應注意以避免食物被污染。

㈧所有清潔工具必須置於特定地點歸類放好，如拖把等。

㈨倉庫之整理

1. 新進貨品及存貨之使用應有先後秩序，以確保物品新鮮。

2. 所有物品歸類放置，並製作標示。

3. 定期徹底清理倉庫，以防鼠患。

4. 倉庫內不可存放任何私人物品。

㈩定期徹底清理廚房角落、工作檯接縫處及冰箱底下等。

㈡隨時保持廚房之抽油煙罩、濾油槽的清潔。

㈢隨時保持廚房不鏽鋼架上之碗盤餐具之收存整潔。

## 三、一般食品之儲存

㈠乾物應置於通風處以避免腐蝕。

㈡已煮過的或易於腐壞之食物，不可置於室溫之下，應立即冷藏。

㈢肉類應保持0˚C～1˚C之間。

㈣妥善處理新鮮蔬菜、水果、醃肉及乳酪等。如保存太久即失去其品質及風味。

㈤煮過之食物應放在淺盤內，使易於冷卻及使用。

㈥新鮮的蔬果應加以漂洗再使用。

㈦奶油製品或調味料，肉或魚類的配料都不能保留一天以上。

㈧保存乳製品及蛋類於5˚C～－1˚C之間。

㈨蔬果應保存於5°C～－1°C之間，並應裝入塑膠袋內，以防止水分散失。

㈩冷凍食物之解凍應置於5°C或以下冷藏。防水紙包好置於冷水中解凍。

## 貳、餐飲衛生控制

餐飲衛生控制是從採購開始，經過生產過程到銷售為止的全面控制。廚房生產中的餐飲衛生由下列因素決定：

一、生產環境、設備和工具的衛生。

二、原料的衛生。

三、生產過程的衛生。

四、生產人員的衛生。

因此管理者應對這四個方面的衛生工作加以控制。

### 一、廚房環境的衛生控制

㈠建築設計必須符合餐飲衛生要求。

㈡購買設備時考慮易清洗、不易積垢外，還應始終保持清潔乾淨。

㈢根據廚房的規模和設備情況，實行衛生責任制，不論何處、何物都有人負責清潔工作，並按規定確實清掃。

㈣針對員工，應加強衛生教育，養成衛生的工作習慣，使員工不管何時、何處，無論涉及廚房中何物，都隨時保持清潔。

㈤廚房需要有計畫的實施檢查，確保衛生控制的完善。

㈥餐具的清洗管理

1.餐具洗滌程序

(1)先清除餐具上的殘留菜餚。

(2)用水加以沖洗殘留在餐具上的油脂性污物。

(3)再以機器清洗：

①將餐具分類，相似之餐具堆聚在一起，不鏽鋼之餐具應浸入藥水
〈soil master〉0.25% 之比例加水稀釋約二十分鐘；瓷器應浸入藥水
〈dipit〉0.25% 之比例加水稀釋約十分鐘。

②洗碗機的第一道清洗應用藥粉〈score〉，並以水溫60℃〜80℃清
洗，第二道用乾精加以洗滌，水溫在70℃〜80℃之間。

2.洗滌組

(1)必須配合各單位定期保養餐具（含銀器類），隨時檢驗其清潔度。

(2)洗碗機在每次使用後需妥為保養，應用lime-a-way徹底清洗。

(3)關掉電源後，去除且清洗簾子，檢查機器是否狀況良好。

(4)清理廢棄物排放管，檢查並清洗溢流處。

(5)清理、清洗漂洗管及漂洗噴管。

(6)用高壓水噴洗內部洗滌槽。

## 二、原料的衛生控制

原料的衛生程度決定了產品的衛生質量，因此，廚房在正式取用原料時
要嚴格鑑定，並遵守下列注意事項。

### ㈠冷藏（凍）庫管理

1. 設置溫度指示器，所有食品儲存方式：冷儲3℃〜8℃以下，冷凍
   −18℃〜−20℃以下。

2. 庫內物品需歸類排列整齊，裝置容量應在50%〜60%之間，不可過滿，
   以利冷氣充分循環，如有必要時需加裝抽風機。

3. 裝置冰箱需遠離熱源。

### ㈡所有殺蟲劑、漂白水、洗碗精、化學藥劑必須遠離食物、冰塊，以免受污
染。

### ㈢注意食物及生鮮食品之保存狀態

如發現食物有異，馬上丟棄；對盛放變質食品的一切器皿應立即清洗消

毒。應立即丟棄之食品，例如：

1. 分離的貝殼類。

2. 變酸的奶油，過期的奶類。

3. 發青的家禽。

4. 罐頭食品若已膨起、有異味或汁液混濁不清時。

5. 腐爛的蔬菜、水果。

6. 有昆蟲的麵粉、生米粉、葡萄乾、硬殼果及穀類。

7. 因過期而分泌出黏液的肉或海鮮。

## 三、生產過程的衛生控制

### ㈠一般注意事項

1. 盛器要清潔並且是專用的，切忌用餐具作為生料配菜盤。

2. 加工中食品之清洗要確保乾淨、安全、無異物，並放置於衛生清潔處，避免任何污染和意想不到之雜物掉入。

3. 罐頭之取用：開啓時首先應清潔表面，再用專用開啓刀打開，切忌使用其他工具，避免金屬或玻璃碎屑掉入，破碎的玻璃罐頭不能取用。

4. 對蛋、貝類的加工去殼，不能使表面的污物沾染內容物。

5. 容易腐壞之食品加工，加工時間要盡量縮短，大批數量加工應逐步分批從冷藏庫中取出，以免最後加工的食品在自然環境中放久而降低質量。

6. 加工的環境溫度不能過高，以免食品在加工中變質，加工後之產品應及時冷藏。

7. 配製食品時，應注意：

(1)配製食品後，不能即時烹飪的要立即冷藏，需要時再取出，切忌不可將配置後的半成品放置在廚房高溫環境中。

(2)配製要盡量接近烹飪時間。

8. 烹調加熱食品，要充分殺菌。殺菌的重點是要考慮原料內部達到安全溫

度；盛裝時餐具要潔淨，切忌使用工作抹布擦抹。

9. 保持熱食在60℃以上。

10.湯類經冷卻後欲再食用時，必須重新加熱煮沸十五分鐘。

11.清掉所有客人用過的剩菜。

12.切開的蛋糕、甜點，用後必須包裹妥當。

13.熟食應存放在保溫狀態。

## ㈡加工中對凍結食品之解凍，應注意

1. 使用正確解凍方法，迅速解凍且盡量縮短解凍時間。

2. 各類食品應分別解凍，不可混合在一起進行解凍，以免受到感染。

3. 自然解凍之溫度應控制在8℃左右。

4. 已解凍之食品應及時加工，不能再凍結。

## ㈢冷菜生產的衛生控制

1. 在布局、設備、用具方面應同生菜製作分開。

2. 切配食品應使用專用的刀、砧板和抹布，切忌生熟食交叉使用，用具要定期進行消毒。

3. 操作時應盡量簡化製作手法。

4. 裝盤不可過早，裝盤後不能立即上桌時，應使用保鮮膜封閉，並要進行冷藏。

5. 生產中之剩餘食品應及時儲藏，並且盡早用掉。

## 四、生產人員的衛生控制

廚房生產人員接觸食品是日常工作的需要，因此生產人員的健康和衛生十分重要。

㈠廚房生產人員在就業前必須通過身體健康檢查，不得帶傳染性疾病進行工作。

㈡業者應提供備份之工作服，工作人員穿戴的工作衣帽髒後可及時更換。

㊂明確規定員工應遵守之規定，並且定期檢查，使其成為一種工作慣例。

## 參、HACCP管理制度

1960年美國太空總署開發了食品生產管理的系統，即危害分析及重要管制點制度（hazard analysis and critical control point, HACCP），是讓企業建構良好的作業規範，讓員工依循標準作業程序於工作上。HACCP制度之內容包括採購、驗收、儲存、前處理、烹調、供膳、清洗消毒、用水管理、交叉污染防治、人員健康管理、洗手及消毒管理、垃圾及廢棄物處理、鼠害管制。HACCP管理制度是一種於食物製作之所有過程中先找出可能發生之災害，再以重要管制點有效防止或抑制危害之發生，以確保顧客用餐之安全制度。

以下舉例說明，某旅館實施HACCP制度，改善廚房之作業流程。

一、目的

　　㊀防止交叉感染。

　　㊁建立適當食物處理程序。

　　㊂正確供膳服務。

　　㊃正確熱存、冷藏（卻）和加熱。

二、地點：廚房

㊀場所

　　前處理、烹調場所、硬體設備及其衛生管理。

㊁物

　　生鮮原材料、食品添加物、半成品、食品容器以及加工調理過程之衛生管理。

㊂人

　　從業人員之健康狀況、作業衛生、個人衛生習慣、衛生專業與教育訓

練。

## 三、餐飲部廚房之標準作業程序

### ㈠前處理

1. 解凍

   (1)冷藏解凍

   ①於4°C以下冷藏庫內解凍。

   ②解凍物品需以不鏽鋼器皿存放，生食應置於置物架最下層。

   ③適量解凍。

   (2)流水解凍

   ①原物料需密封。

   ②用自來水流水解凍。

   ③原物料需置放於器皿內。

   ④解凍後立即食用。

   (3)微波爐解凍

   ①原物料以小型材料為主。

   ②解凍後需立即食用。

   ※食物不可暴露在危險溫度帶（7°C～60°C）過長時間。

2. 清洗

   (1)蔬菜先摘除不可使用部分及沙土等異物後，清洗濾乾。

   (2)海鮮先清除不可使用部分後，再清洗。

   (3)肉類先清洗，再清除不可使用之部分。

   (4)清洗順序：蔬菜→水果→各種肉類（羊肉、牛肉、豬肉、雞肉）→蛋
      →海鮮。

3. 切割

   (1)刀具、砧板分色管理使用

①蔬菜水果——綠色。

②生肉——紅色。

③生家禽——黃色。

④海鮮——藍色。

⑤熟肉——咖啡色。

⑥生魚片——白色。

(2)不同原材料，不同位置分開處理。

※刀具、砧板或盛裝容器用完均需清洗消毒。

4. 醃漬

(1)醃漬後之肉類需於保存期限內使用完畢（製造後四十八小時）。

(2)醃漬後之蔬菜需標示製造日期。

※於低溫下醃漬置備及食用時，不可直接接觸食物。

5. 控制

(1)熱食供應維持在60°C以上，冷食供應維持在7°C以下。

(2)加熱的食品：雞肉為74°C（十五秒）；魚肉為60°C（十五秒）；豬肉為60°C（十五秒）。

(3)使用食物護罩。

6. 監測

檢查是否符合標準，確保員工充分參與，明白哪些步驟是重要管制點及其標準。

7. 矯正措施

如發現某項食物沒有烹煮到適當溫度，應繼續加熱，或丟棄該項食物，使重要管制點回復控制之下。例如：烤雞的保溫標準應維持在60°C或更高溫直到上菜，如發現未能達到，則需矯正。矯正措施如下：

(1)如果保溫超過二小時，應丟棄食物。

(2)如果保溫少於二小時，但溫度在60°C以下，則加熱到74°C或更高溫，且在此溫度下達十五秒（只可加熱一次）。

8. 記錄

(1)記錄已採取的矯正措施。

(2)記錄置備過程。

(3)記錄溫度。

(4)記錄人員簽名。

㈡交叉感染防治

1. 勿將新舊食物混合在一起。

2. 使用乾淨且足夠的盛具以及適當的取食器。

3. 遵守個人衛生作業。

4. 禁止顧客使用自己用過之餐具，至自助餐檯取食。

㈢人員的交叉感染

1. 手部有傷口應消毒包紮、戴上手套（視狀況更換）。

2. 轉換工作時應再次洗手。

3. 工作時，必須穿戴整潔之工作帽。

4. 工作前應用清潔劑洗淨雙手，入廁、吐痰或轉換工作時應洗淨後再工作。

㈣器皿交叉污染

1. 生、熟時砧板應分開使用。

2. 用具使用後兩小時清洗消毒。

3. 防止儲存食物交叉感染。

4. 生、熟時分開儲存，熟食在上、生食在下。

5. 化學藥劑專櫃存放。

### ㈤洗手及手消毒管理

#### 1. 洗手區設立

專用洗手槽，備有洗手液及乾手設備。

#### 2. 正確洗手程序

穿好圍裙，戴上帽子，沖濕雙手、壓取適量洗手液、雙手搓洗至手肘、手背、指縫至少二十秒再沖洗乾淨，用手關水龍頭將手擦乾。

手部洗淨後，才戴上拋棄式手套，若有破損弄髒或更換處理食物時需更換。

#### 3. 洗手原則（時機）

(1)上工作崗位前。

(2)使用洗手間之後。

(3)飲食後、打噴嚏、摸臉、抓頭髮或摸不潔物時。

(4)清潔工作後、休息後。

#### 4. 確認手部狀況

(1)上工作崗位前做記錄。

(2)皮膚病、手部傷口、指甲長短、飾物取下與否。

### ㈥人員健康管理

#### 1. 健康檢查

(1)新進員工：於報到時繳交體格檢查（內含X光檢查、A型肝炎檢查、梅毒血清反應檢查）。

(2)在職員工：人資部每年安排一次健康檢查，體格檢查發現雇用員工不適於從事某種工作時，不得雇用從事該工作，健康檢查發現員工身體狀況不適合從事原有工作時，可給予變更其工作場所。

#### 2. 工作場所要求（依從業人員標準儀容管理辦法規定）

(1)外場員工依公司規定制服穿著，並依規定於左胸前佩掛名牌，所穿著

制服需每日換洗保持清潔。

(2)廚師作菜中必須配戴廚師帽，圍上圍裙，以保持整潔衛生，西廚廚師需繫上領巾。

(3)廚師工作前應徹底洗淨手和指甲，並且不得配戴戒指及任何首飾，亦不得留長指甲及擦指甲油。

(4)從業人員手上有傷口時，應適當的包紮和處理後，才能工作。

(5)頭髮應經常梳洗保持整潔，女性員工長髮應盤起成束，男性員工以短髮為宜，長度前額不及眉，兩邊不及耳、後不及衣領為原則。男性員工應每日刮鬍子，不可任意留鬍鬚或鬢髮。

# 第四節　建立安全衛生之防範制度

員工在職場的意外與災害很可能會因預防措施不足而發生；輕微者影響生產進度，嚴重者將產生重大傷害，對勞資雙方帶來極大的損失。因此，人力資源管理者應該注意勞工的職場安全與衛生，並且採取必要的措施來防範此類事件的發生。以下分別列舉了七大管理指標作為安全衛生管理之制度參考。

## 壹、建立勞工安全衛生管理制度

一、設置勞工安全衛生組織。

二、訂定人員及安全衛生工作守則，並規劃、督導勞工安全衛生管理。

## 貳、建立事故處理制度

依據勞工安全衛生法（第十條、細則第十八條、第五條、第二十八條、第二十九條）異常狀態及發生災害應有一套管理制度，使發生的災害損失達到最小。

## 參、建立承攬管理制度

依據勞工安全衛生法第十六條、第十七條、第十八條及細則第三十一條至第三十二條之規定，事業單位常常因招人承攬時，因承攬人或再承攬人不了解工作場所的危害，或因協調不良等導致災害，因此事業單位在招人承攬時，應建立一套承攬管理制度。事業單位於交付承攬或再承攬時，應指定勞工安全衛生負責人，就下列安全衛生措施予以指揮、協調。

一、承攬人與再承攬人應採取之安全衛生措施。

二、與承攬人或再承攬人指定之勞工安全衛生管理人員密切保持聯繫。

三、協調事業單位與承攬人或再承攬人間之安全衛生事項。

四、作業場所之檢視。

五、其他預防職業災害及有關安全衛生事項。

## 肆、人事管理及激勵制度

為使員工遵守安全衛生規定，應有完善的人事管理及激勵制度加以配合。

### 某公司無事故團體獎發給要點

一、本公司為激勵同人注意工作安全，以求減少傷害事故，並共同爭取團體榮譽，特制定本要點。

二、參加單位以本公司○○○廠等為範圍。

三、團體獎分為：銀獎、金獎、榮譽獎三種，各參加單位之連續無事故（包含交通事故）人日數達附表（表11-1）標準者，分別發給團體獎狀或銀盾。

四、對獲榮譽獎單位，除頒發銀盾外，並對該單位員工依下列標準發給獎品：

㈠初獲榮譽獎時，每人發給價值新台幣四百元之獎品。獲獎後如繼續保持無事故，再獲榮譽獎時，每人得發給獎品，其價值依次遞加二百元。（即第二次六百元、第三次八百元……）。

㈡上述獎品均不得改發現金。

五、各單位參加人數之計算，以開始競賽月分之實際全體員工人數（根據各單位每月報送之傷害事故追蹤月報表之員工人數）為準，嗣後每遇獲獎期間，即重新調整一次（又獲得榮譽獎後至下次再獲榮譽獎期間，為避免因人數變化而影響得獎日期，每遇相當於獲得銀獎、金獎時調整參加人數，唯有在此期間不另外發銀獎或金獎）。

六、本團體獎於每月終了結算一次，次月頒獎。獲得銀獎、金獎者，由工安處轉頒團體獎狀，獲得第一次或連續兩次以上榮譽獎者，由董事長或總經理於總處國父紀念月會中頒授，並刊登業務公報予以表揚。

七、凡曾榮獲銀、金、榮譽獎之單位，如因發生事故中斷，當再次獲獎時，除予刊登業務公報外，繼續頒給獎狀以資鼓勵。若連續第二次以上再獲榮譽獎時，為鼓勵其得來不易，再頒給銀盾予以表揚。

八、附表（表11-1）。

## 伍、建立設備環境安全化及自動檢查制度

　　餐旅業欲防止職業災害、保障員工安全與健康，必須事先了解造成不安全及不衛生之因素，並立即設法處理與控制；因此，首先必須實施安全衛生檢查，對於各項機械設備、工作環境及操作人員的行為動作要經常詳細檢查，督導改進，才能減少損失的發生。

　　其二，業者每年應訂定年度自動檢查計畫，指定有關人員負責實施，年度結束後應對實施成果予以檢討，作為下年度訂定自動檢查計畫之參考。而安

表11-1 ○○公司無事故團體獎發給標準表

| 獎別<br>發給標準（人日數）人員數 | 無事故團體獎 | | | | | |
|---|---|---|---|---|---|---|
| | 銀獎（獎狀） | | 金獎（獎狀） | | 榮譽獎（銀盾） | |
| | 基數 | 加權 | 基數 | 加權 | 基數 | 加權 |
| 20 | 8,500 | 400 | 17,000 | 800 | 34,000 | 1,600 |
| 60 | 24,500 | 300 | 49,000 | 600 | 98,000 | 1,200 |
| 80 | 30,500 | 200 | 61,000 | 400 | 122,000 | 800 |
| 100 | 34,500 | 125 | 69,000 | 250 | 138,000 | 500 |
| 150 | 40,750 | 75 | 81,500 | 150 | 163,000 | 300 |
| 200 | 44,500 | 55 | 89,000 | 110 | 178,000 | 220 |
| 300 | 50,000 | 45 | 100,000 | 90 | 200,000 | 180 |
| 400 | 54,500 | 32 | 109,000 | 64 | 218,000 | 128 |
| 600 | 60,900 | 20 | 121,800 | 40 | 243,600 | 80 |
| 800 | 64,900 | 17 | 129,800 | 34 | 259,600 | 68 |
| 1,000 | 68,300 | 13 | 136,600 | 26 | 273,200 | 52 |
| 1,200以上 | 70,900 | 12 | 141,800 | 24 | 283,600 | 48 |

註：一、計算日數包括星期例假日在內。

二、表中「加權」為每增加一人應增加之日數，則：

單位獲獎標準人日數＝基數＋（加權×同段增加人數）

全衛生檢查計畫需靠業者自己擬定，沒有一套計畫能完全適用於所有之工作場所。

## 一、設備環境安全化──內務危害的控制

內務之安全影響各項危害，企業要講求安全，首先要注意內務；一項良

好的內務，對於每一事物都有制度、秩序，並且將思想及行動組織起來，構成安全計畫之要點。亦可這麼說，好的內務，就是好的企業。因此企業若能夠發展一套良好設計及管理的內務整潔計畫，則保持整潔所用的時間、人力及生產的障礙可減少，對環境安全之控制亦會獲得改善。

### (一)內務檢查

檢查是確定每件事物是否都令人滿意，及發現有無缺點與不安全的環境存在。領班人員一旦發現員工們的不安全動作，應馬上糾正，直到動作正確安全為止。

### (二)技術

領班在交班之際，應巡視整個部門一週。如果事故及一般檢查紀錄均顯示內務不佳，則領班應立即警覺此一問題，而對某些地區特別注意。

### (三)進度表

無論採用何種檢查方法，內務整潔進度表必須張貼於人人可見到之處。除了讓員工們了解內務之狀況外，也能提供他們對內務整潔的興趣。

## 二、自動檢查制度

自動檢查可分為：

### (一)定期檢查

針對工作場所之各種設備，按照其性質分為關鍵性部分的檢查、使用前檢查、預防保養檢查、房務檢查及一般安全衛生檢查。

1. 一般安全衛生檢查

　(1)計畫準備階段

　　①健全計畫組織。

　　②賦予各階層權責。

　　③蒐集資本資料，包括：

　　　A.去年計畫實施情形。

B.安全紀錄，如職業災害統計月報表。

C.自動檢查及意外事故調查報告。

D.安全日誌及安全觀察、安全接談紀錄表。

E.安全衛生委員會會議紀錄。

F.各部門之建議事項。

④了解一般狀況，如政府新的法令規定。

⑤製作查核表（check list）

(2)對檢查人員給予所需之教育：檢查人員對於檢查對象，必須要擁有足夠的知識和經驗。因此，事先應針對檢查人員，於檢查方法及檢查結果有關的判斷基準，給予足夠之教育。

(3)實施檢查

①使用查核表。

②檢查四周環境及位置偏遠之項目。

③清楚的描述每一項目及其位置。檢查項目如下：

A.一般機械設備及環境的檢查及管理。

B.危險性機械設備的檢查及管理：如鍋爐（鍋爐的安全裝置可使鍋爐免於爆炸的危險）、壓力容器、升降機等危險機械、設備，必須事前檢查機構或政府指定代行檢查機構檢查合格才能使用，旅館業需自行定期實施自動檢查制度。

C.作業環境測定管理：為確保環境的品質，避免員工發生職業疾病。在中央空調室內場所、噪音場所、有機溶劑場所應訂定計畫。

D.危險物及有害物通識管理：工作場所內如有使用危險物及有害物應有標示，並於作業現場置備物質安全資料後，使員工提高警覺。

(4)發展補救措施

①考慮損失的潛在嚴重度。

②評估發生的機率。

③發展替代性的解決方案。

④評估對於潛在危害的控制程度。

(5)編列每年度實施計畫所需之安全衛生預算。

(6)執行追蹤行動

①確認改善建議。

②列出工作順序。

③確認補救行動是否按時執行。

④稽核是否依計畫內容執行。

⑤最後檢討。

(7)準備檢查報告

①以書面方式清楚列出。

②寫下建議事項。

③記錄前次檢查尚未結案之項目。

④使用編碼。

⑤簡化追蹤報告。

2. 關鍵性部分檢查

檢查某些部分,這些部分的失誤或失常會造成業者的損失。在實施檢查
追蹤計畫時可設計:

(1)重點檢查紀錄表。

(2)抽樣追蹤檢查。

(3)針對關鍵性部分檢討虛驚事故。

3. 預防保養檢查

檢查某些部分,其可能損壞需要檢修,或需要調整。

### 4.使用前檢查

服務人員或技術員、司機對於操作正確性有重要關係及使用時可能造成損壞，或不標準狀況的系統做檢查，另外需製作檢查之表格，例如：客房檢查表及內務環境檢查表。事前檢查如下：

(1)開工前設備檢查。

(2)危險性機械之製造、變更及竣工檢查。

## ㈡非正式檢查

領班人員的現場巡查及員工對不標準狀況的報告。

## 陸、勞工安全衛生教育訓練

許多災害的發生，來自管理者和員工不安全的行為、不當的觀念及態度所致，而這些災害多與勞工安全衛生教育訓練有著密切關係，透過教育訓練可以讓員工了解安全的重要。而要讓教育的工作能夠落實，必須依員工的工作性質分別實施勞工安全衛生教育；除了新進人員、調職員工及主管人員都必須針對所從事、調換的工作及主管的職責事項實施安全衛生教育訓練之外，對於在職員工也要定期實施教育訓練。

依照勞工安全衛生法第十五條、第二十三條、細則第三十條及有關附屬規章（勞工安全衛生教育訓練規則）規定：

一、鍋爐、起重機等危險性機械或設備操作人員，應經訓練合格或雇用取得技術士檢定合格人員擔任。

二、依勞工安全衛生教育規則規定，凡受僱勞工，尤其危險有害作業主管和作業人員，以及一般勞工、調職勞工，均應依其工作實施必要的安全衛生教育訓練。

三、宣導告知員工有關勞工安全衛生法之規定事項（第二十四條）。

為了防止災害和確保安全，最重要的工作之一就是提高勞工對安全的關

心，並且教導正確且安全的作業方法，以及教育、訓練安全作業所需的知識、技能和態度。在施行教育訓練之時，應該配合教育對象決定教育內容，並準備所需教材，亦可印製、分發相關印刷品。此外，必須在年度初期訂定綜合安全教育推展計畫，依此在每月或每次決定細部施行程序並付諸實行。

安全衛生教育重點如下：

一、聘僱或作業內容有變動時之教育。

二、針對要擔任危險業務者施予特別教育。

三、對於安全管理人員、衛生管理人員、推動安全衛生人員等從事安全衛生業務者，實施提升能力教育。

四、針對目前負責危險有害業務者實施安全衛生教育。

五、對於法定教育以外之安全教育和訓練，也應將其計畫納入安全衛生管理活動的核心實施事項，並積極付諸實行。

## 某公司安全衛生週活動辦理要點

壹、目的

　一、加強全體工作人員對安全衛生之認識與意識，防止意外事故發生，提升工安績效。

　二、灌輸安全知識，培養員工在作業前「預知危險」、「發覺危險」、「控制危機」、「確認安全」之習慣，以保障員工生命之安全與健康，達到零災害之目標。

貳、實施單位：本公司各外屬單位。

參、辦理月分及項目

一、八月分

　㈠夏季工安特別宣導活動。

　㈡安全衛生演講比賽或有關安全衛生各項比賽。

二、十二月分

　　㈠安全衛生專題演講。（限單位正副主管）

　　㈡配合政府舉辦勞工安全衛生宣導活動。

三、四月分

　　㈠零災害運動預知危險發表會。

　　㈡安全衛生有獎問答。（得配合各種集會分次辦理）

　　上列活動每次至少一週，十二月分必須按期舉辦外，其餘兩次各單位如逢大部整修等特殊情況時，得酌情提前或延後辦理，唯需於當年度內辦妥報銷手續，逾期不予保留。

肆、實施要點

　　一、安全衛生週活動期間在大門口及工地升掛安全旗及零災害旗，並懸掛「安全第一，安全衛生活動週」之紅布條或牌、板。

　　二、在工作場所之明顯處所，張貼標語、海報或製作壁報。

　　三、舉辦專題演講：由正、副主管擔任，題目以有關工業安全衛生或零災害運動為限，時間約一小時，演講費比照訓練所標準支付。

　　四、舉辦零災害運動預知危險發表會：

　　㈠經費撥配標準

| 項目 \ 單位人數 | 50人以下 | 51-100人 | 101-200人 | 201-400人 | 401-600人 | 601人 |
|---|---|---|---|---|---|---|
| 獎品金額 | 4,000元 | 9,000元 | 9,000元 | 9,000元 | 9,000元 | 9,000元 |
| 評審費 | 1,500元 | 2,500元 | 3,000元 | 3,500元 | 3,500元 | 3,500元 |
| 其他費用 | 1,500元 | 2,000元 | 3,000元 | 4,000元 | 4,500元 | 5,000元 |

㈡組隊

　1. 有工作班者，以實際工作班爲發表小組。

　2. 有固定工作班者，以經常共同工作者，組成發表小組。

　3. 單獨作業者，列爲個人發表小組。

㈢參加發表會之成員，按評定名次各發給如下價值之獎品：

　第一名：500元以內。

　第二名：400元以內。

　第三名：300元以內。

　第四名至第六名：100元以內。

㈣評審人員三至七人，由單位正、副主管即曾參加零災害訓練者擔任爲
　原則，每人酌給500元以內之酬勞。

㈤人員較少單位亦可洽請加入鄰近單位一併辦理。

㈥鄰近單位可相互派員觀摩，其所需旅費由各單位自行負擔。

㈦各單位舉辦前一週請以電話通知工安處，必要時由工安處派員列席當
　場提供素描圖以磨練運用技巧。

五、夏季工安特別宣導活動：得購備鮮花、果點或祭祀用品等對歷年來
　　因公殉職同仁，舉行追思會，俾員工加強體認安全之意識與理念，
　　早日達成「零災害」目標；所需費用視年度核定預算，另行撥配。

六、安全衛生演講比賽或有關安全衛生各項比賽之經費撥配標準如下：

| 人數 | 獎品金額 | 備註 |
|---|---|---|
| 50人 | 2,000元 | 1.左列金額為發給參加人員之獎品總金額，不包含評審人員酬勞。 |
| 51-250人 | 3,000元 | 2.評審人員之酬勞比照預知危險發表會標準發給。 |
| 250人 | 5,000元 | |

㈠本項比賽除給予優勝者獎品外，對其餘參加者得酌給獎品以資鼓勵。

㈡演講比賽第一名之演講稿請用稿紙繕寫附於「成果報告表」送工安
處，以便擇優刊載工安衛生園地，並從優致酬。

七、安全衛生有獎問答：配合各種集會得分次舉辦，每次獎品金額不
得超過本項總金額二分之一，其總經費撥配標準如下：

| 人數 | 50人以下 | 51-250人 | 251人以上 |
|---|---|---|---|
| 獎品金額 | 1,800元 | 2,700元 | 3,600元 |
| 每題獎額 | 30元以內之獎品 | | |

八、經費運用及撥配

㈠活動所需各項費用：經常單位每年由工安處統籌撥配，工程單位由工
程預算列支；代管單位則按其預算程序辦理。所發給之獎品不得改發
獎金。

㈡本要點所列各項金額，係為最高標準，至於實際核發金額，則視核定
之年度預算情形核配之。

九、成果報告

安全衛生週活動結束後二十日以內，應填製活動成果報告表送公安處
及主管處各一份。

## 柒、建立員工體格檢查及健康檢查管理制度

辦理員工體格檢查、健康檢查不僅可作為員工適性的管理，同時對於員
工保健及職業病預防均有相當大助益。依勞工安全衛生法第十二條及第十三條
規定，雇主於雇用勞工時應施行體格檢查，對應雇用之勞工於體格檢查發現不

適從事工作時應不得雇用。而對在職員工應施行定期健康檢查，對從事特別危害健康作業者，應定期施行特定項目健康檢查，並建立健康檢查手冊，發給勞工。雇主應依體格檢查或健康檢查之結果，適當分配勞工工作。

# 第十二章

# 餐飲人員規劃與發展

## 第一節　生涯發展的基本概念

### 壹、生涯及生涯規劃的意義

「事業生涯發展」（career development）這個名詞的產生是一種概念進化的歷程。1950年代以前，稱爲「職業發展」（vocational development/occupation development），重視的是職業選擇，強調如何將個人特質與工作條件加以配合（matching man and job）；1950年代以後，將其意義擴大，開始重視人一生的事業發展的追尋；直至1970年代之後，「生涯發展」一詞逐漸代替了「職業發展」，並且大量的被引用和提倡。（魏美蓉，民78，頁6-7）

生涯（career）是經歷及活動的統合──包含了所有投注於與工作和生計相關的活動。這個定義也說明了生涯包含個人所從事的各項工作、構成這些工作的責任及活動、工作變動與移轉，以及這些要件所帶來的滿足感、個人的整體評價及感覺。美國學者舒柏（Donald E. Super）（1976）曾從人一生中的發展來界定「生涯」，他說：「生涯是一個人生活裡各種事件的演進方向與歷程，統合個人一生中各種職業和生活的角色，並由此表現出個人獨特的自我發展型態；生涯也是人生自青春期以至退休之後，一連串有酬或無酬職位的綜合，除了職位之外，尚包括任何和工作有關的角色，甚至包括了副業、家庭和公民的角色。」

從以上說明可知，生涯的定義可分爲廣義與狹義兩種：狹義的生涯係指

與個人終身所從事的工作或職業有關的過程，似與一般我們所謂的「事業」同義。廣義的生涯則是指整體人生的發展，亦即除了終身的事業外，尚包含個人整體生活型態的開展。綜合而言，生涯具有以下的特性：（魏美蓉，民78，頁6）

一、生涯純粹屬於個人，一個人成功與否，完全基於其自我的評價，個人有權選擇自己的生活方式。

二、在一個人的整個工作過程中，他的價值、態度、動機將逐漸改變，進而影響到一個人所選定的生涯。

三、生涯完全著重在與工作有關的經歷，因此生涯將包含個人所從事的所有工作。

四、生涯將延續到一個人的一生，包括退休階段。

所謂生涯規劃（career planning），係指依據員工的特質、興趣、技能、經歷、經驗與動機，組織為提供員工工作機會及其相關資訊，而確立相關工作目標，並計畫其行動步驟，以達成既定目標的整個過程而言。

隨著時間的推移，傳統人力資源管理已經逐漸不符合時代的潮流，近五十年來，配合著生涯規劃的勃興，傳統的人力資源管理逐漸溶入員工的生涯規劃，而相輔相成，相得益彰。茲將傳統的人力資源及溶入生涯規劃後的著眼點列於表12-1中。

## 貳、生涯發展的時期

依前述舒柏（Donald E. Super, 1980）的說法，可分為以下五個時期：

### 一、成長期（growth stage）

這段期間大致是從出生到十四歲。在這段期間裡，一個人開始接受社會化，同時發展他（她）的自我概念（self concept）；知道自己是誰、能做什麼、喜歡什麼。每個人所接觸的，不外乎是自己的親人（父母親、兄弟姐

表12-1　傳統人力資源管理與融入生涯規劃後的著眼點

| 活動項目 | 傳統人力資源管理的著眼點 | 溶入生涯規劃後的著眼點 |
|---|---|---|
| 人力資源規劃 | 現在及未來的工作、技能及任務分析。<br>利用統計資料、規劃人力需求。 | 增加個人特質、興趣、技能、經歷與動機。<br>提供生涯途徑有關資訊。 |
| 訓練及發展 | 提供工作知識、技能、工作態度的訓練資訊及機會。 | 增加個人成長的方向。 |
| 績效考核 | 進行員工工作績效考核。 | 增加員工發展計畫及設定發展目標。 |
| 人員招募及遴選 | 依組織之人力資源規劃來招募與遴選員工。 | 人員招募與遴選應考量員工之特質、興趣、動機及生涯規劃。 |
| 薪資與福利 | 依工時、生產績效及技能作為員工薪資給付之準則。 | 設立與工作無直接關係的獎賞，如領導才能。 |

妹）、親戚（如伯叔、嬸姨、堂表兄弟姐妹）以及學校的老師和同學。從和這些人的交往過程中，逐漸體認自己的存在以及對未來的期望。

二、探索期（exploration stage）

　　這段期間大致是從十五歲到二十四歲。在這段期間，人們嘗試著確認自己感到興趣的工作類型，一般人在這個時期的生涯發展，會在十五至二十歲啟蒙，並持續到二十五至三十歲。這段期間包含了整體評量個人興趣、價值觀、偏好及工作機會的期間，並藉以呈現出適合的工作機會。個人的學校主修及第一份工作，在生涯發展的探索期中，扮演著相當重要的角色。

三、建立期（establishment stage）

　　這個階段大致從二十五歲到四十四歲，在這段期間，個人開始為自己及組織創造一個有意義且關係重大的角色。其中又可略分為三個時期：

### ㈠試驗期（trial substage）

大約從二十五歲到三十歲。這是指一個人在這段時期選定一生事業的所在，一般人在三十歲前就做此決定。

### ㈡穩定期（stabilization substage）

大約從三十歲到四十歲。個人一旦確立了自己的事業所在，便對這個事業做進一步了解、有效規劃和準備，使事業得以順利進行。

### ㈢危機期（mid-career crisis substage）

這是中年危機期，因為一個人開始評估其個人在事業上的成就，並對原先所選擇的職業再做一綜合評價，往往發現並不如原來的理想，前途又不再像以往一樣的開闊，時間也覺急迫，自然對自己開始懷疑，而產生所謂的「中年危機」（mid-life crisis）。

面臨中年危機的人常會就過去、現在以及未來做深刻的思考。特別是對未來的下半生究竟應如何度過，會有認真而審慎的評估。評估結果大致有三種情況發生：

1. 「原地踏步」，即維持現狀，不做任何更動；換言之，也就是認定只能持續目前的狀態到退休。

2. 考慮改變現狀——改行或自行創業。這樣的決定對任何人來說都是重大的，其中要考慮的因素有：

    (1)過去所投下的「沈澱成本」（sunk cost）已相當高，突然要加以割捨或放棄的話，的確是不容易的事。

    (2)若是有家有眷，加上子女目前還是就學的階段，那麼經濟壓力會相當沈重。

    (3)如欲改變現狀，面臨一個不可知的未來，也許沒有十足把握，確實難以預料。

3. 提早退出「舞台」：這牽涉到個人生計的維持以及生活狀態的改變。

## ㈣維持期（maintenance stage）

這個階段大致從四十五歲到六十四歲，一個人在這個階段所做的努力，大都是維持其目前所有的工作和地位。所重視的不再是升遷和發展，而是安全和保障。個人通常必須投注額外的心力學習新的工作技能，並勉力維持著現有的專業技巧及能力。他們也時常被要求擔任指導顧問的角色，去幫助組織的新進員工站穩腳步，進而開啓他們自己的職場生涯。

## ㈤退隱期（decline stage）

一個人一旦過了六十五歲，便準備退休；在這段期間，各方面都有加速退化的現象，對於工作的能力和興趣都有力不從心之感，個人的優先次序會改變，工作對個人而言，將不再那麼重要，因此也比較願意學習並接受新的工作角色。

## 參、生涯發展與管理在組織中的角色

人力資源規劃乃是組織依據其內外環境及員工的生涯發展，對未來長期、短期人力資源的需求，做一種有系統且持續的分析與規劃的過程。因此，生涯發展與人力資源規劃之間具有密切的互動關係。組織的人力供需情形與發展的行動計畫是員工生涯管理及員工個人做生涯規劃的主要參考資訊；而員工生涯管理與生涯規劃的資料，則又是組織在評估內部人力供給時必須考慮的重要因素。

### 一、組織在生涯上的觀點

組織通常負責決定人們在組織中應肩負的工作、組織工作間的互動模式、聘僱員工之類型、進一步工作準備的發展，以及員工工作轉換之決定。接著，在組織上最大的興趣是爲其成員在生涯管理上採取的角色。

組織可以循序漸進去幫忙促進生涯規劃。假使組織可以確實的協助員工更有效的規劃及管理生涯，組織將可如預期的從中獲得利益。組織會因此發現

它擁有一個人才庫，並且員工將會更認同公司提供的工作機會，以及願意爲公司打拼。而當組織必須施行裁員的時候，它更了解該留下哪些人爲組織的效率及成功盡心盡力。

換個角度來看，若組織對員工的生涯規劃做的不甚理想，它將面對某些困境，人才庫的品質將因無效率及無紀律的做事方法、態度而變質，這將造成有的部門或階層充斥著過剩的高階人力，而有的則形成短缺。像這樣的公司，員工較無法獲得激勵和鼓舞，因爲員工得不到適當的晉升機會，也無法在適當的職位上發揮才能。當組織必須進行調職或裁員時，它將無法確定，到底誰才適任新的工作指派。

人力資源管理架構應以生涯發展爲基礎。唯有從發展的結構面觀之，組織才能留住優秀人才；唯有從發展的角度觀之，才能增進員工的工作滿足與幸福感，並達成組織的最大效能。因此，組織生涯發展的功能如下：

(一)對員工的好處

1. 提升個人工作滿足感。

2. 獲得個人潛能充分發展的機會。

3. 工作更具意義，提高個人工作生活品質。

4. 提早爲生涯進階做準備。

5. 對未來更具方向性。

(二)對組織的好處

1. 提升企業的生產力。

2. 改善員工工作態度。

3. 員工較具忠誠度。

4. 發展與提升組織內員工。

5. 降低員工離職率。

6. 增進組織績效表現。

（資料來源：《人力資源管理的十二堂課：組織生涯發展、規劃與管理》，連雅慧，2004，頁201。）

## 二、個人在生涯上的觀點

個人在對自己的生涯上有很重要的利害關係，他們享受成功帶來的利益及獎賞，並且承受失敗的挫折與後果。一個人若曾經體認及經歷過成功與失敗，對其本身的自尊及自我價值，將產生重大的影響。

一個了解生涯，並謹慎監督生涯規劃的人，較有可能知道自身成功或失敗的原因。這樣的人將會了解自身是否有晉升的機會，並進而對未來晉升的指望及機率，做通盤的考量。此外，一個盡心管理生涯的人，也更能把非預期內的職場挫折（如失業或降職）處理的很好。

但是也有許多人對自己的生涯規劃漫不經心，置身於外，他們一樣能接受工作，但往往對自己在工作範圍之外的角色扮演，投注少許的心力。因此，他們面臨職場環境的改變時，可能不知如何準備自己。

## 三、葛特瑞基與漢契森的看法

葛特瑞基與漢契森認為，事業生涯發展系統可分為兩大部分：

### ㈠個人的事業生涯規劃

個人的事業生涯規劃活動包括：自我評估、事業生涯機會評估、執行事業生涯策略的準備、職業的選擇、組織的選擇、工作指派以及自我發展等。

### ㈡組織的事業生涯管理

組織的事業生涯管理活動包括：招募、考選、人力配置、績效評估、潛力評估、工作輪調、事業生涯諮商、訓練與發展，以及將員工興趣和能力與組織的事業生涯機會相配合的設計等。此一事業生涯發展系統如下頁圖：

```
            ┌─────────────────────────────┐
            │      事業生涯發展系統        │
            │   ┌───────┐   ┌───────┐      │
            │   │ 個人  │   │ 組織  │      │
            │   └───────┘   └───────┘      │
            └──────────────┬──────────────┘
            ┌──────────────┴──────────────┐
  ┌─────────────────────┐      ┌─────────────────────┐
  │   事業生涯規劃       │      │   事業生涯管理       │
  │ ┌─────────────────┐ │      │ ┌─────────────────┐ │
  │ │ ·職業的選擇     │ │      │ │ ·招募與考選     │ │
  │ │ ·組織的選擇     │ │      │ │ ·人力配置       │ │
  │ │ ·工作指派的選擇 │ │      │ │ ·績效評估與潛力評估│
  │ │ ·自我的發展     │ │      │ │ ·人力資源發展   │ │
  │ └─────────────────┘ │      │ └─────────────────┘ │
  └─────────────────────┘      └─────────────────────┘
```

　　葛特瑞基與漢契森同時認為，要實施事業生涯發展系統，必須有一些工具與技術。這些工具和技術可歸納如下表所示：

---

一、自我評估工具

　1.事業生涯規劃研習營。

　2.自我指導的生涯工作手冊。

　3.退休前的工作手冊。

二、事業生涯諮商

　1.督導人員或部門主管。

　2.人力資源主管。

　3.諮商專家

　　(1)內部的。

　　(2)外來的。

4.轉業（outplacement）的顧問。

三、內部勞力市場資訊交換

　1.工作機會公告。

　2.事業生涯資訊中心。

　3.事業生涯階梯／事業生涯發展路徑計畫。

　4.人力資源中心。

　5.其他的事業生涯溝通形式。

四、組織的潛力評估過程

　1.評鑑中心。

　2.可晉升性（promotability）的預測。

　3.再安置／接續計畫。

　4.心理測驗。

五、人力資源系統

　1.事業生涯資訊系統。

　2.人力資源計畫。

六、發展性方案

　1.工作輪調。

　2.內部的人力資源發展。

　3.外部的研討會／講習會。

　4.提供學費／補助學費的再教育。

　5.督導人員的事業生涯諮商訓練。

　6.雙事業生涯方案。

　7.顧問制度。

資料來源：魏美蓉，《政府機關及公民營機構實施生涯發展系統之現況調查與個案分析》，1989，頁23。

## 四、霍爾的看法

　　美國學者霍爾（Douglas T. Hall）認為，事業生涯發展系統可分為以個人為焦點的事業生涯規劃（career planning），與以組織為焦點的事業生涯管理（career management），兩者相輔相成、相得益彰（Hall, 1986, p.3）。

　　而克萊茨（Crites, 1973）認為，為達成有效的事業生涯規劃應具備五項

必要的事業生涯技能：

　　㈠自我評估。

　　㈡事業生涯機會的評估。

　　㈢目標的設定。

　　㈣計畫。

　　㈤問題解決。

　　其中前兩項是為了將個人的需求、興趣、訓練、技能等組織的工作需求和機會相結合；而目標設定對目標的達成是重要的；接下來即需依據明確的目標，擬定達成目標的具體步驟；最後，由於並非所有事情都是完全依照計畫而運作，所以在變動不居的環境中，培養偶發事件的解決能力是十分重要的。

　　因此，就個人事業生涯規劃而言，如欲達成目標與工作，則需由組織來協助個人學習上述五項事業生涯技巧；假如組織目前無人可以直接幫助員工學習這五項技巧，則組織需訓練主管人員或人力資源專家學習協助員工培養事業規劃的能力。而以員工為主的事業生涯規劃活動，包括自我指導的「生涯工作手冊」與錄音帶（self-directed career workbook and tape），以及由公司主辦的事業生涯規劃研習營（company-sponsored career planning workshop）。這些活動均有助於事業生涯規劃的達成。

## 肆、生涯規劃的責任者

### 一、員工的職責

　　生涯規劃是針對員工而言，故生涯規劃不能完全依賴別人。員工的生涯規劃，最主要的還是在於員工本身。只有員工個人才知道真正的生涯需求，因此，自己進行生涯規劃才能符合自己的生涯需求。而員工需要自覺、自動自發、自我鼓動興趣去進行生涯規劃。員工自己進行生涯規劃的當中，若沒有主管及組職之間的指導或鼓勵，恐怕成效有限。根據邁納（J. F. Minor）

（1986）的分析，在事業生涯規劃方面，員工的職責包括：

　　㈠能力、興趣和價值取向的自我評估。

　　㈡分析各種事業生涯機會。

　　㈢決定事業生涯發展的目標與需求。

　　㈣和主管溝通個人的事業生涯意向。

　　㈤和主管共同描繪雙方可接受的行動計畫。

　　㈥設法讓行動計畫獲得正式的許可。

　　而在事業生涯管理方面，員工則要提供個人的志向、興趣、生涯期望及所需的技術、經驗等確實的訊息給管理階層。

## 二、主管的職責

　　管理者應該訓練部屬如何進行生涯規劃，並告知部屬生涯規劃過程中應考慮哪些事項，以及協助部屬自我評估其生涯規劃。因此，主管在生涯規劃中所扮演的角色有四項：諮詢角色、顧問角色、輔導角色、評估角色。

| 諮詢角色 | 1.協助部屬了解各種生涯之技能、特性及價值。<br>2.協助部屬了解各種不同生涯之選擇。<br>3.協助部屬了解生涯規劃與設計。 |
|---|---|
| 顧問角色 | 1.協助部屬增進各種生涯之技能及價值。<br>2.協助部屬增進各種不同生涯之選擇。<br>3.協助部屬增進生涯規劃及設計。<br>4.協助部屬擬定其生涯目標。 |
| 輔導角色 | 1.輔導部屬增進各種生涯之技能及價值。<br>2.輔導部屬進行各種生涯之選擇。<br>3.輔導部屬增進生涯規劃及設計。<br>4.輔導部屬擬定其生涯目標。 |
| 評估角色 | 1.與部屬洽商生涯規劃的目標。<br>2.評估部屬進行生涯規劃的績效。<br>3.與部屬溝通其生涯規劃之績效評估。 |

根據邁納（J. F. Minor, 1986）的分析，在事業生涯規劃方面，主管的職責包括：

(一)以觸媒的角色，激發員工做事業生涯規劃。

(二)從務實的角度評估員工所提出的事業生涯目標與發展需要。

(三)追蹤員工的事業生涯計畫，必要時並協助其做適度調整。

在事業生涯管理方面，主管的任務為：

(一)審慎評估每位員工所提的有關個人事業生涯發展的資料。

(二)提供組織事業生涯路徑、人力需求與職位出缺的各種有關組織事業生涯結構（career structure）的訊息。

(三)檢視各項出缺職位的可能接替人選，並加以選擇。

## 三、組織的職責

組織雖然不必擔負生涯規劃的主要職責，例如：擬定生涯規劃的目標、增進生涯之技能及價值、進行各種生涯之選擇、增進生涯規劃及設計，卻擔負著下列有關生涯規劃的職責：

(一)對員工發表、傳達及公告生涯的選擇機會。

(二)頻頻向員工諮詢其生涯路徑，使員工的生涯目標得以順利達成。

(三)與員工及其主管密切聯繫，使彼此間所傳遞的資訊得以暢通且準確性高。

下頁圖為某公司組織、主管、員工在生涯規劃中所扮演的角色。

根據邁納（J. F. Minor, 1986）的分析，在事業生涯規劃方面，組織的職責包括：

1. 提供員工做事業生涯規劃所需的模式、資源、諮商與資訊。

2. 為主管及一般員工舉辦規劃事業生涯發展所需的教育訓練活動，並為主管提供事業生涯諮商的訓練。

3. 提供技術訓練計畫和從工作崗位發展經驗的機會。

```
                    ┌─────────────────────────┐
                    │     組織扮演的角色        │
                    ├─────────────────────────┤
                    │  1.向員工諮詢生涯路徑     │
                    │  2.提供工作選擇的資訊     │
                    │  3.提供員工教育訓練的機會  │
                    └─────────────────────────┘
                       ↗                    ↖
┌──────────────────────┐          ┌──────────────────────┐
│     員工扮演的角色     │          │     主管扮演的角色     │
├──────────────────────┤          ├──────────────────────┤
│  1.自動自發進行了解各種生 │          │  1.生涯諮詢           │
│    涯途徑             │          │  2.生涯顧問           │
│  2.設定生涯目標        │          │  3.生涯輔導           │
│  3.增進生涯技能        │          │  4.生涯評估           │
│  4.自我生涯規劃        │          └──────────────────────┘
│  5.主動選擇生涯機會     │
└──────────────────────┘
```

在事業生涯管理方面，組織的職責為：

1. 提供管理階層做決策所需之資訊系統與調適過程。

2. 彙整並不斷更新各種資訊。

3. 透過下列途徑，促使資訊的有效運用：

 (1)設計方便的方法，以有效蒐集、分析、解釋和使用資訊。

 (2)監督及評鑑整個過程的執行成效。

## 伍、事業生涯發展系統

### 一、個人的事業生涯規劃

  所謂事業生涯規劃，係指個人根據對自我的評估以及對機會的評估，而設定目標並擬定具體達成步驟的過程。因此，個人的事業生涯計畫的內涵，可分為兩個主要構面（dimension）來說明：

（一）自我評估

　　首先要對自我有所了解，包含：個人的興趣、能力、價值觀、個性、工作表現的優缺點、在工作上所應扮演的角色與責任；以及個人所處的事業生涯發展階段、事業生涯目標與達成事業生涯目標的具體步驟等。

（二）機會評估

　　機會評估意指個人對於所處的組織有所了解，並據以分析評估個人未來事業生涯發展的機會。此包括對組織各種職位空缺及所需具備的資格條件、事業生涯發展路徑（career path）、組織目標與發展計畫及其對個人的影響、組織提供哪些機會供個人發展潛能，以及非正式系統的運作等。

二、組織的事業生涯管理

　　事業生涯管理係指組織為了結合個人事業生涯計畫與組織需求，而設計、執行達成這些共同目標的策略、方案與制度。事業生涯管理可分為九個構面：

（一）招募與考選

　　意指組織在招募與考選員工時，需考慮個人的興趣、性向、價值觀、優缺點、過去的工作經驗，同時需將工作特性、內容與所需具備的資格條件等，讓員工明瞭，以作為彼此選擇的依據。

（二）訓練、教育與發展

　　訓練係為改善員工目前的工作績效或針對即將就任的工作所設計的活動。教育係為了協助員工發展個人潛能所安排的學習活動，發展則指關係著組織與個人的未來，為了增加組織未來有一可用並具彈性的人力所設計的活動。因此，組織所提供的訓練、教育與發展，將有助於個人事業生涯規劃與組織事業生涯管理的達成。

（三）潛力評估與績效評估

　　潛力評估係指評估員工在未來發展的潛能，以作為培育人才的依據；績

效評估的意義有二：一是行政管理的功能，係指主管考評員工的工作績效，以作為決定訓練需求、人員升遷以及調整薪資甚至獎懲等的依據；二是個人成長發展的功能，亦即主管透過員工的績效評估過程，給予部屬回饋，使員工了解自己工作表現的優缺點，以及訓練和發展的需求；並經由共同討論，訂定未來的工作目標。所以，績效評估為員工成長和發展的關鍵，亦為事業生涯管理系統的一部分。

### ㈣獎酬制度

依據期望理論（expectancy theory）。員工在工作上的努力（effort）與工作績效（performance）與獎賞（reward），這三者是環環相扣且彼此影響的。績效評估的目的之一是為了調整薪資與獎懲，所以組織的獎懲制度應依據工作評價訂定合理的薪資，並與績效評估相結合，給予員工適當的認可與獎賞，因此，獎酬制度理應與事業生涯管理系統相一致，當然是事業生涯管理系統的一部分。

### ㈤事業生涯發展路徑方案（career path program）

此係指組織依據工作分析、工作說明書、工作評價、獎酬制度、員工的各種異動資料等，設計職位遞補圖，以供具有升遷能力的員工作為準備。其對組織的接續計畫和個人的事業生涯計畫均有所助益。

### ㈥事業生涯諮商

係指組織透過諮商的過程，將組織有關的資訊提供給員工，以協助員工自我評估，了解自己的興趣、能力、價值觀等，而據以擬定事業生涯發展計畫。事業生涯諮商是由受過諮商訓練的人力資源管理部門主管、直屬主管或聘請外面的諮商專家擔任此一協助者角色。事業生涯諮商最重要的步驟是分析與討論，是一種以員工為中心的事業生涯活動；並且為事業生涯管理系統十分重要的構成要素。

事業生涯諮商可透過下列幾種方式進行：

1. 由直屬主管在考評員工工作績效時，以面談方式與員工討論事業生涯計畫，並提供有關組織的資訊，如計畫方案和訓練機會等。

2. 由人力資源管理部門事業生涯諮商專員提供各種可能的訓練與發展機會，以協助員工規劃事業生涯發展。

3. 提供事業生涯研習營（career workshop），透過一連串有計畫的練習，以幫助員工規劃其事業生涯；亦可提供個別的諮商。

4. 設計員工自我指導的「事業生涯工作手冊」，協助員工進行事業生涯計畫，一方面可增進自我了解；另方面也可自我設定事業生涯目標，擬定事業生涯計畫。

### (七)事業生涯活動

係指舉辦事業生涯研習營或研討會（seminar），以協助員工自我了解、教導事業生涯評估與事業生涯規劃的技巧等；另外，為即將退休的員工舉辦退休前的研習營（pre-retirement workshop），以協助員工作退休後生活的安排，或提供退休諮商與輔導。

### (八)人力資源計畫

事業生涯管理的起點乃是組織的人力資源計畫，亦為組織人力資源管理制度的基礎。首先需預測未來的人力供需，將組織的人力供需與未來人力供需做差異分析，以決定未來人力需求的質與量，並據以決定外聘與內升的比率，確認內升的職位空缺及所需具備的資格條件，擬定接續計畫與人員遞補圖（replacement chart），以培育未來人才，提供各種有關的發展活動。

### (九)人力資源資訊系統（human resource information system, HRIS）

係指記載員工各項人事資料，並予以電腦化，以作為決定人事異動、考績、獎懲的依據，所以建立組織的人力資源系統是十分重要的。

以上事業生涯發展系統的兩大構成要素——個人的事業生涯規劃與組織的事業生涯管理彼此的關係，可用圖12-1表示。

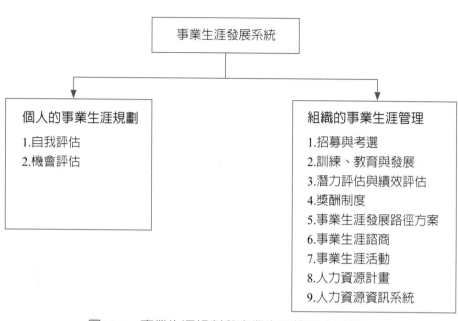

圖12-1　事業生涯規劃與事業生涯管理之關係

# 第二節　員工生涯規劃作業

## 壹、生涯規劃之發展

生涯規劃之發展可分成個人生涯規劃與組織生涯規劃兩部分。

### 一、個人生涯規劃之發展

個人必須審慎規劃自己本身的生涯途徑。此處所稱生涯途徑（career path），係指在生涯過程中個人所選擇的工作順序而言。

生涯途徑密切關係著整個生涯過程的成敗。所以，個人必須對自己本身的生涯途徑做妥善的規劃。個人應遵循下列各項原則進行生涯分析，並擬定生涯目標與方向：

㈠生涯規劃越早規劃越好。

㈡生涯規劃越獨立自主越佳。

㈢生涯規劃越以個人專業為基石越好。

㈣生涯規劃越依據新觀念的開創與新領域的運用,越有致勝的可能。

㈤越積極從事生涯規劃,越能保證生涯成功的可能性。

㈥越以充滿信心的態度進行之生涯規劃,越能確保生涯成功的可能性。

㈦生涯規劃越能持之以恆,其成功的機會越高。

表12-2　生涯途徑的基本步驟

| |
|---|
| 1.確認生涯目標及生涯途徑。隨著時間的遷移,員工生涯工作或志趣可能會有所變化,故對員工生涯目標及生涯途徑應加以確認。<br>2.獲取正確及完整的員工背景資料,除確認員工的背景資料,此外需更新員工的技能及工作經驗等紀錄。<br>3.進行生涯分析,比較個人與生涯目標,並考量個人與生涯目標工作是否配合。<br>4.使員工的生涯規劃、生涯發展與生涯工作能符合組織的生涯規劃。<br>5.舉辦教育訓練以配合生涯規劃與發展,朝向生涯目標邁進。<br>6.繪製生涯途徑圖,依生涯途徑邁進。 |

## 二、組織生涯規劃之發展

　　組織的生涯規劃即在安排員工生涯發展之途徑,因此,組織生涯規劃是否適當取決於組織中員工何時、如何變更生涯工作以及生涯工作變更之頻率而定。

　　組織必須將員工生涯規劃彙整於人力資源管理及其發展系統之中。組織發展員工之生涯規劃,無非是採取生涯訓練與研究,提升員工之工作滿足感,其方法有下列幾項:

### ㈠雙重生涯途徑

　　係指除了本業生涯途徑之外,另外為員工開闢一種專業生涯途徑。這種

生涯途徑，有益於員工對於生涯的選擇，尤其是對目前生涯工作不滿意或處高危機期之員工獲益至多。

## ㈡媽媽軌跡途徑

係指為使女性員工於生育和養育兒女期間得以實行部分工時制或留職停薪暫停其工作，以利其家庭與生涯工作兩者兼顧而設計的特殊生涯途徑而言。在媽媽軌跡途徑下，組織可將有能力的婦女確保下來，使這些婦女不因生兒育女而離職，喪失了其生涯發展之機會。假若組織中採行媽媽軌跡途徑之措施，則可保有優秀的婦女，使這些婦女不因生兒育女而喪失了其生涯發展的機會。

## ㈢生涯諮商

組織中人力資源管理部門可設立員工生涯諮商中心，一方面評估員工之興趣與能力，另一方面輔助員工之生涯規劃，使員工了解生涯規劃的重要性及如何做好生涯規劃。

## ㈣管理發展

組織之管理發展用意在培養組織未來的管理者。管理發展目標有下列兩項：

1. 將有潛力的員工培養成未來的管理者。
2. 協助員工的自我發展。

## ㈤傳達生涯工作選擇

為了協助員工之生涯發展，個人必須獲悉生涯工作選擇的機會。因此，組織之人力資源管理部門必須利用下列途徑將組織之職缺有效的傳達，使員工能獲得生涯工作選擇之機會：

1. 同仁手冊。
2. 公司手冊。
3. 人力資源管理部門。
4. 公司主管。

5. 公司公告欄。

6. 公司內部刊物。

7. 公司內部e-mail。

8. 教育訓練或研討會。

## ㈥生涯研習

組織中人力資源管理部門可舉辦生涯研習會，以增進員工生涯規劃的技能。此外，還可互相檢討生涯規劃的得失，並進行生涯規劃的自我評估。

## ㈦工作輪調

組織中人力資源管理部門可推動工作輪調，多方面增進員工的工作經驗，進而促進員工生涯規劃與發展。

## ㈧人力資源規劃

人力資源規劃除重視員工生涯規劃與發展，還能輔導協助員工生涯規劃與發展。人力資源規劃中的人力資源招募、安置、工作輪調、員工升遷、教育訓練等措施，對於輔導、協助員工之生涯發展與規劃皆有影響。

## 貳、生涯規劃的具體做法

事業生涯規劃發展系統主要包含員工個人的事業生涯規劃以及組織的事業生涯管理兩大部分。

### 一、員工的事業生涯規劃

員工在進行個人事業生涯規劃時，可採取以下的步驟：

### ㈠自我評估

事業生涯規劃的第一步就是：了解自己，也就是對自己的興趣、價值觀、能力、專長、愛好、優缺點等，做一番詳細的評估。以下三方面對於個人事業生涯的選擇與發展影響最大，應多加思考（何永福、楊國安，民82，頁179～180）。

### 1. 人格

包含價值、動機和需求。何倫（John L. Holland）（1985）提出六種人格類型及個人傾向，並就相對應的職業和工作加以說明。

(1)實際型（realistic）：行為積極，傾向體力的活動，適合從事農業或機械操作。

(2)調查型（investigative）：喜歡思考、組合、了解各種現象，適合從事數學或生物學方面的工作。

(3)社會型（social）：喜歡與人接觸，是互動的，適合社會工作、老師、外交或諮商的工作。

(4)傳統型（conventional）：傾向結構性、規矩的活動，對事物要按規則處理的人，適合做會計或財務方面的工作。

(5)企業型（enterprising）：喜歡透過說話說服別人，並喜歡權力的人，適合從事不動產、法律或管理的工作。

(6)藝術型（artistic）：喜歡自我表現，具有情感和意志的人，適合從事藝術、寫作或室內設計的工作。

### 2. 性向及特殊才能

性向和能力是個人從事某些特定工作的重要條件。人格多少表現個人興趣的一面；而性向則屬於能力的一面，它通常包含：智力、數理、機械、空間、理解、字彙等能力。要選擇一項職業，了解自己能力是重要的先決條件。美國勞工部的《職業名稱辭典》（*Dictionary of Occupational Title*）列出許多不同類型的工作，同時在每項工作下，也列出從事該工作應具備的性向及能力，供選擇行業的人參考。

### 3. 家庭背景

一個人的家庭背景（例如：父母親的教育程度、經濟條件、社會地位等），會影響子女的行業選擇，尤其是父母親的期望對於子女往往造成極大的

壓力和影響。但父母親的影響層面並不全在於子女選擇哪些行業，而是在某行業中子女的成就水準。

## ㈡分析未來的發展機會

個人的才能、興趣、價值應與將來的就業機會相配合。雖然有人認為任何行業都需要優秀的人才，但是選擇了某種職業後，未來發展機會必然狹隘的多，這就像逆水行舟，需要多花很多氣力。所以，研判未來發展機會可以由研究人口、人文科學、科技發展的趨勢著手。因為這些趨勢的走向，左右各行各業的發展，並進而影響到將來就業市場的供需情形。

了解大環境的趨勢之後，即可著手分析組織內部各種職務的發展機會。組織內人力資源部門應隨時提供組織內各種發展機會的資訊，不論是現在的或未來或是將來。這種資訊可以依據職稱、工作說明書，並配合薪資水準、部門、工作地點加以分類。同時也應說明從事各項工作所需的條件。

員工可以分析組織內的發展機會及組織外的發展機會來決定是否繼續在組織內發展，抑或尋找其他更適合的組織。因此組織內發展機會的多寡，將會影響到員工的事業生涯計畫。組織內發展機會除了受到行業特性的影響外，主要還受到景氣、員工發展、升遷政策，及組織內部政治等因素的影響。不論組織內的發展機會是多少，都應坦承的列出，讓員工了解。

## ㈢訂定目標

經過自我評價階段，了解個人的能力、興趣、價值；再研判未來發展機會，選擇行業及職務，員工對於自己將來發展已經有較清楚的輪廓後，即可著手訂定事業生涯的發展目標。依執行時程的長短，可分為長程、中程、短程目標。長程目標是終極追求的方向，中程目標是中途的目標，短程目標是現在努力的指導方針，也是達成中程、長程目標的一連貫手段。

目標將引導個人成長，因此目標訂定應具有挑戰性，使得個人能夠不斷努力去獲得新的技術、知識，增廣個人的見聞，擴展個人的視野。另外，訂定

目標也應與個人的能力配合，否則只有突然增加挫折感，造成更大的困擾。當然目標也必須配合自我形象的塑造，否則必然產生個人外在、內在的矛盾與衝突。

### ㈣研訂達成目標的各項計畫

目標訂定以後，接著就是擬定計畫來達成目標。所謂計畫，其實就是達成目標的各項策略與方法。

上述測量自我、分析未來發展機會的過程，雖然是個人的工作，但是如能與自己的主管或是人資部門的專業人員討論，聽取他們的意見作為參考，相信必能得到更客觀、更周詳的結論，對於計畫的研訂自有極大的助益。

一般而言，計畫可以研擬多個，並且就各個計畫進行分析，必要時可聽取主管或其他專家的意見，最後才選擇一個最佳的計畫。通常，在計畫上，應安排一些能夠磨練自己工作經驗的短期訓練及其他工作的訓練。這些早期準備工作完成後，即可開始進行較長遠的發展方案。而在做計畫時，每一項目標所需的不同技能、經驗都必須加以考慮。

### ㈤執行計畫

計畫擬定後，接著就是設法去達成。個人必須配合計畫不斷努力來達到設定的目標。當一個人在進行計畫時，組織是否能夠給予充分的支持是相當重要的。而高階主管必須鼓勵各階層主管幫助其部屬發展他們的事業生涯。

## 二、組織的事業生涯管理

根據霍爾等人（Hall, 1986; Gutteridge & Otte, 1983; Gutteridge, 1986; Ideus, 1985）的研究，通常企業在輔導及協助員工做生涯規劃時，大多採行以下幾種措施：

### ㈠協助員工做自我評估

1. 編印「事業生涯規劃工作手冊」

透過靜態資料的研讀或練習，幫助員工了解做事業生涯規劃的程序與方

法。近年來企業界在採行此一措施時，大多以利用個人電腦來配合實施。

### 2. 舉辦事業生涯規劃研習營或研討會

透過動態的團體研習或討論活動，幫助員工了解如何準備及實踐個人事業生涯策略，進而訂定務實的事業生涯計畫。

### 3. 退休前的研習營

針對接近退休年齡的員工，提供有關財務、保健及生活調適等研習活動。

## (二)實施員工個別諮商

企業單位推動的員工事業生涯諮商，可能是以非正式，或採相當正式的方式實施。以下幾種為目前較常見的做法：

1. 完全由人力資源管理人員負責。

2. 聘請專業的諮商人員（包括內聘及外聘）擔任。

3. 由督導人員或部門經理提供諮商的服務。

4. 轉業輔導（outplacement）的安排：專為即將遭到資遣或解僱的人員所提供的諮商服務，協助他們順利轉換新的工作。

## (三)提供企業內部的勞力市場資訊

充分提供組織內部的勞力市場資訊，協助員工做事業生涯規劃的重要工作。企業單位目前在這一方面較常採行的措施主要有：

1. 定期或不定期公告企業內部的職位出缺狀況。

2. 提供企業內各項職位的資格條件，或從事該項職位所需具備的能力清單。

3. 企業內各領域的事業生涯階梯（career ladder）或事業生涯發展途徑的設計，包括橫向的流動和縱向的職位進階。

4. 設置事業生涯資源中心（career resource center），提供各種資訊以供員工學習或參考。

5. 編印各種手冊、傳單、小冊子或其他印刷品等，提供員工傳閱參考。

## 參、管理人員的養成計畫

美國著名的管理學者羅賓斯（Stephen P. Robbins）與寇特（Mary Coulter）兩位教授，提出了一套不錯的竅門：

### 一、慎選第一個工作

在組織裡，一個夠力的部門，對個人將來的發展有重要的影響。所謂夠力的部門是指組織的重要政策都決定於此部門，躋身於這個部門，往高層爬的速度自然會比其他部門的人來得快。

### 二、盡心盡力的做事

好好的努力做事，是成功的必要但非充分條件，因為如此才會有一些讓人看得見的績效，而這些績效雖非成功的保證，但如果沒有它，要想躋身管理階層，則機會必然很低。

### 三、展現正確的形象

如果你的工作績效足以與其他組織的管理人員匹敵，則你的形象便容易受到肯定。管理者應充分了解組織文化以便知悉組織對管理者所期望的是什麼，重視的又是什麼。因此，管理者便能從衣著、人際關係、領導風格，甚至衝突管理等各方面去培養並展現正確的形象。

### 四、了解權力的結構

由組織圖所顯示以及正式結構所界定的權力關係，只能解釋一部分組織內的權力運作實況。明瞭真正的權力結構，對一個管理者而言才是更重要的事。

### 五、掌握組織的資源

掌握組織內稀少且重要的資源乃是一種權力的來源。知識與專業技能自然是必須掌握的有效資源。它們能使你獲得組織的重視，因此能夠獲得更多的

工作保障或晉升。

## 六、提高自己的能見度

管理效能的評估都相當主觀，因此，讓主管或組織內的當權者了解你的貢獻，是一件非常重要的事。如果你有機會能做一個隨時都引人注意的工作，那自然不必刻意突顯自己。但是，如果你的角色總是能見度很低，或者都只做一些團體性的工作而無法顯現功勞，那麼你便可提供進度報告給老闆或他人，來讓你受到注意。另外，提高能見度的戰略還包含：經常參加社交活動，活躍於專業學會或與經常能為你美言的有力人士為伍。

## 七、勿輕易跳槽

如果一個人經常換工作，那麼很容易給人一種「此人很不穩定」的印象，以致不敢委以重任，當然也就談不上職位的升遷了。如果剛到一個組織，覺得這是一個不錯的單位，各方面都頗具發展性，那至少應先待個三年，才能考慮跳槽的問題，因為在這三年裡，你與組織（包括自己的直屬上司以及更高階層的主管）彼此才有充分的機會互相觀察、了解，經過此一過程，再決定是否跳槽才是穩當的做法。

## 八、找一位職場的良師

所謂職場的良師，是指在自己的組織內，有一位無論是在學識、品德、地位，甚至年齡皆優於自己的主管，他（她）可以作為你學習的榜樣，也可以從彼處獲得鼓勵與幫助。良好的職場導師，自然是可遇而不可求的事，不過如果自己待人誠懇、做事認真、負責又肯虛心學習，相信應能獲得主管的賞識，而成為你事業上的貴人——職場上的導師。一個人如果想官運亨通，扶搖直上，覓得一位居於組織權力核心的人物為導師，是一件極為重要的事。

## 九、支持你的老闆

一個人眼前的前途，乃是掌握在上司手中，因為他（她）決定你的考績、你的升遷，因此，在任何情況下，你都應該支持自己的上司，幫助他

（她）成功。尤其是當上司遭受其他單位打壓時，你更應該支持他（她），堅定的站在他（她）這邊，千萬不要傷害他（她）或在別人面前說上司的壞話。將來有一天，如果上司成為你的老闆，自然會對你信任有加，全力呵護，那發展的機會就更大了。

## 十、保持機動與彈性

如果一個人能夠隨時保持適當的機動性與彈性，那他（她）在組織裡的流動（包括晉升與調職）機會便會比別人大。若你表達隨時可前往不同地區或從事跨領域之工作的高度意願，那你獲得晉升的機會便大很多。當然這種保持機動與彈性的策略，如果運用得當，也能為自己創造更多的機會。

## 十一、橫向的思考

橫向思考指的是把眼光放大，不要只想在「本地」垂直的發展，而要海闊天空的尋求其他的機會。二十一世紀是一個快速變遷的時代，由於組織重組與塑身等策略，在許多的組織裡，已不再像以往一樣充滿了升遷的機會，因此，要想存活，甚至求發展，便必須經常橫向的思考，找尋別處的機會。

以往想往外發展的人，常被認為是庸才；然而，時至今日，懂得到別處發展的人是聰明者，因為別處充滿了歷練的機會，是有趣而具挑戰性的工作，也可使個人因有變化而充滿幹勁與生氣，反而能增進個人長期的事業生涯規劃之選擇及可能性。

## 十二、不斷的學習以提升自我並精進知能

組織內需要不斷適應市場新需求的員工，因此，你必須不斷地將既有的知識與技能加以精進、更新與提升，如此才能保持你在組織中的價值。不知道為組織增加價值的員工，其工作必朝不保夕。

## 十三、努力拓展人際關係網絡

努力不斷拓展個人人際關係網絡，對於自己的事業生涯發展必百利無一害。俗語說：「在家靠父母，出外靠朋友」，又社會上的一句諺語：「有關係

就沒關係，沒關係就有關係，沒關係要找關係，找了關係就沒關係」，充分說明了在社會上人際關係網絡建立的重要性。

## 肆、尋覓事業導師的要領

在事業生涯發展過程當中，一個人如果沒有貴人適時協助、指導或提攜，單憑自己的力量要快速晉升或順利發展絕非易事。許多人工作勤奮、埋頭苦幹，卻因為沒有碰到願意拉他（她）一把的貴人，以致升到一定職位後就升不上去，而造成生涯發展上的瓶頸；所以，及早覓得一位事業導師，無疑是個人事業生涯發展上，極為重要的一件大事。

### 一、事業導師的角色

上述所說的貴人，在職場中統稱為事業導師（mentor）。他們通常扮演下列的角色：

#### ㈠教師

傳授組織的文化與工作的技巧，讓剛進入組織的新鮮人能迅速進入狀況，跨過摸索與嘗試錯誤的階段；或教導如何在組織內運用權力與策略，讓剛升任主管的人成為優秀的領導者。

#### ㈡萬事通

透露組織內的一些內幕消息、禁忌、不成文規定等情報，或提供有關企業動態或社交禮儀給你，讓你對組織內部的運作有深入了解，並藉此擴大社交圈，成為圈內人。

#### ㈢顧問和心理諮商師

當你工作遇到挫折或倦怠時，他（她）會指導你迅速有效的工作方法，並以充滿鼓勵的話語，建立你對工作與能力的信心。

#### ㈣調解人

如果你與工作同仁或上司發生衝突時，他（她）會扮演調節人的角色予

以緩衝，促進溝通，並爲你說好話，以保護你不受傷害。

### (五)支持者

　　肯定或支持你的見解與方案，讓你有晉升的機會或影響公司的決策者來提拔你。

## 二、尋覓事業導師的標準

### (一)導師的職位高低與工作表現

　　透過工作表現優異的導師之教導，才有機會學習最迅速有效的工作方法與技巧，而導師的職位最好比你高一級以上，才會對你的升遷具有足夠的影響力。

### (二)導師在組織內的關係

　　盡量選擇在組織內受到各方支持，與各方保持良好關係的人當導師。通常在組織內會有一些派系，千萬不要很快加入某一派系，以免該派系在鬥爭中出局，你也跟著出局；最好是能找到受各派系肯定歡迎而沒有爭議性的人物當你的導師，讓你的發展保持相當彈性。

### (三)導師在組織裡的評價與受尊重的程度

　　導師在組織內如果獲得的評價很高，做門生的你身價自然跟著水漲船高；導師在組織內越受尊重，越有影響力，你說話也會越具分量，意見也較易被接納。

### (四)導師是否擅於教導或願意教導

　　許多工作表現優異的人往往會做不會說，不擅於教導別人，或者就算願意教你也會留一二手絕招，不肯傾囊相授。這兩種人都不是好的拜師學藝對象。

### (五)導師是否懂得激勵

　　好的導師會在你陷入低潮或遭遇挫折時，給你安慰、信心與支持，所以沒事潑你冷水，或者跟你說「人生海海，不用那麼賣力」的人，也不是導師的

好人選。

三、建立師徒關係的竅門

㈠表現出工作能力與績效，塑造可造之材的印象

這是最基本的條件，如果你在目前的工作上表現平平，自然無法獲得青睞。

㈡引起注意

就是在他（她）面前抓住機會表現自己，在工作中多參與、主動發言、把握每個學習的機會，使他（她）有機會賞識你的才華。

㈢獲得重要的工作任務

主動參加重要的計畫和項目，來突顯自己的能力。

㈣表現出好學的態度

應以學生自居，多向他（她）請益，而且問問題要有深度，讓他（她）有孺子可教之感。

㈤展現協助導師的意願，發展互惠共利關係

即使是一些雜事，都能讓他（她）輕鬆愉快的完成工作，實際享受到你帶來的幫助，自然而然對你另眼相待。

㈥隨時待命

秉持犧牲奉獻的精神，在導師有需要時，隨傳隨到，刻苦耐勞，毫無怨言，做到「有事弟子服其勞，有酒食先生饌」的地步。

# 第十三章

# 人力資源個案

## 第一節　以星巴克及85度C爲例

### 壹、員工招募方式、來源與遴選

#### 一、星巴克

(一)招募方式與來源：由網路、104或1111人力銀行公佈職缺，以及在門市門口會張貼徵求夥伴的海報。合者約談，會有專責人員通知面試於統一星巴克公司或門市等公開場合進行。

(二)遴選：PT在門市由店經理面試；正職員工是由總部區經理面試。

(三)召募重點：在挑選員工時，星巴克重視員工的本質。面試時會問到是否喜歡喝咖啡，最重要的是要符合星巴克的價值觀。例如，熱情樂觀，很正直，他爲自己所能付出的成就和周圍夥伴的成就而驕傲，喜歡星巴克，不在乎薪水多少，只在乎工作的成就。

#### 二、85度C

(一)招募方式與來源：網站、104、1111人力銀行；全省各據點若有人才招募的需求，會將資訊張貼在店家網站的「夥伴招募」區，依北、中、南各門市分別做招募。

(二)遴選：因工作屬於技術性重，例如點心製作技術員、經理人及行政助理，以正職人員爲主。

## 貳、員工教育訓練

### 一、星巴克

### 教育訓練

　　星巴克將咖啡店的經營拆解，把每個環節訓練成員工的反射動作。學習煮咖啡的技巧、如何做好顧客服務等，並對星巴克文化有所認識，那就是三C（Coffee、Con-nection、Culture），把咖啡的知識、顧客的互動以及咖啡文化帶回來。星巴克的廣告，很多都是媒體自己找上來，他們靠的是品牌，一杯一杯咖啡傳遞給客人的，並不是靠廣告。透過上門後的顧客對於品質的滿意再告訴其他朋友與其分享，間接吸引更多顧客上門。當顧客上門，這時店員就成了很重要的角色，因此稱之為合作夥伴。在星巴克看來，完善的工作環境，不僅是有一份有競爭力的薪水，甚至他可以學到很多有關咖啡的知識及有關做人的知識，離開星巴克也會終生受用。星巴克對每一個職別的合作夥伴都有一個相對應的培訓，星巴克要求每一個店員在三個月內，學習完成核心訓練。

　　核心訓練包括基本的和更精細的關於咖啡的知識、如何熱情地與他人分享有關咖啡的知識、準備膳食和飲料的一般知識，包括基本知識和顧客服務高級知識、為什麼星巴克是最好的、關於咖啡豆、咖啡種類、添加物、生長地區、烘焙、配送、包裝等方面的詳細知識、如何以正確的方式聞咖啡和品咖啡，以及確定它什麼時候味道最好、描述咖啡的味道；喚醒對咖啡的感覺，以及熟悉咖啡的芳香、酸度、咖啡豆的大小和風味。經過核心訓練，員工具備了在店內各個工作崗位初步為顧客服務的理論和技巧。還要完成核心二的訓練，在核心的基礎上，在深度和廣度上有一個更大的提升，而且加入了更多的技巧，如商品銷售技巧和店內設備維護保養技巧等。經過兩個月的訓練，如果員工表現還不錯，星巴克會為他訂做領導技巧階段一訓練。如果員工進入到管理崗位，他已經要進入一個領導技巧的訓練，需要進行各種實際的現金管理、樓

層管理、人力排班、人力預測方面的管理訓練。此外，每位經理都要上管理、領導課。透過規劃良好的教育訓練，一方面可以使員工有充足的能力為顧客提供高品質的服務，讓所有員工都有資格擔任公司的品牌大使；一方面也可以讓員工覺得公司重視他們的成長與發展，更會對公司竭誠奉獻心力。

## 二、85度C

### 教育訓練

　　新來的員工會有教育訓練，除了店鋪師傅直接現場工作指導、訓練外，公司會安排相關課程。85度C加盟總部提供店鋪約7天之專業訓練課程（含操作實習），課程內容如下：開店及打烊作業、吧檯作業、原物料控管及品質控制、蛋糕裝飾技巧、經營成本控制、顧客關係及促銷管理、表單及數字管理、機器設備維護。

## 參、員工薪資與福利

## 一、星巴克

### ㈠全職人員

1. 薪資：本俸＋各項津貼及獎金。全職夥伴起薪為兩萬四，若考核過值班，加薪一千元。店經理約三萬三。考績制度：若業績達目標需求以及值班表現佳，半年的加薪制度會由當區的區經理面談加給。

2. 休假說明：依勞基法規定進行排休。

3. 上班時數：每天上班8小時，需輪早、晚班。
依學習及門市人力狀況配合門市輪調。

4. 福利：
⑴勞、健保、團保、退休金提撥。
⑵福委會福利、公司福利（員工折扣、工作時間內兩杯飲料、試用合格每月福利品）。

⑶依各門市營業目標達成狀況分享單店營運獎金。

## ㈡兼職PT人員

1. 薪資：時薪98元，每年定時調薪、年終獎金。

2. 上班時數：每週至少排班20小時，需輪早、晚班。

依各門市需求進行工時規劃。

3. 福利：

⑴享勞、健保、團保、退休金提撥。

⑵每日工作時間內享有兩杯飲料、員工折扣、每月夥伴福利品（需工作滿3個月且週工時達20小時）。

## 二、85度C

## ㈠全職人員

1. 薪資：本俸＋各項津貼及獎金。以下：

| 學徒 | 19,000-23,000 |
|---|---|
| 二廚 | 24,000-28,000 |
| 一廚 | 29,000-33,000 |
| 領班 | 34,000-38,000 |
| 副主廚 | 39,000-43,000 |
| 主廚 | 44,000-45,000 |
| 區域主廚 | 50,000 |

以上是職等分別，升遷加薪要考核學科（以公司實際操作相關資料，公司會先提供考題）及術科（以店舖實際操作為主以及平時工作表現考核）。

2. 休假說明：月休6天（有國定假日的當月會調整多一天休假日）。

3. 上班時數：每天上班8小時，需輪早、晚班。沒有加班費，所以店主廚要工作安排，將人員及工作時數控制在規定時間內（中午休息1小時）。

4. 福利：

　　⑴勞、健保

　　⑵三節禮金（生日禮券、中秋禮券、年終獎金）

　　⑶特休（滿一年後）

　　⑷聚餐費（一人600元，一年可申請二次）

　　⑸全勤獎金

　　⑹伙食津貼

## ㈡兼職PT人員

1. 薪資：以勞基法規定，門市PT時薪98元。

2. 上班時數：視可上班時數而定。

3. 福利：

　　⑴勞健保。

　　⑵時數滿4H起有餐費補貼。

## 肆、員工離職制度

　　星巴克：離職前一個月提出離職申請，將星巴克的圍裙、課本及離職申請書及員工卡在指定日期內交出，等待總部審核過後方能離職。

　　85度C：填寫離職單，一般會希望員工是以一個月為期離職，如果是月份中途離職，薪資以「天」計算，正常滿「月」離職，就以正常月薪計算。

## 伍、結論

　　人力資源管理提到員工是一個企業最好的資產，也是生產力的核心，星巴克「以人為本」的經營概念、致力於投資員工、教育與訓練員工，在在讓它成為全球最受歡迎、規模也相當龐大的咖啡連鎖集團，而85度C雖然職前也有教育訓練，但卻沒有星巴克如此的重視以及要求。

人家常說「好企業吸引好員工，好員工帶來好顧客，好顧客再帶來獲利」，星巴克便是個成功的範本，每個在星巴克上班的夥伴總是熱情又笑容滿面，熱愛學習也熱於精進自己，搭配著公司密集的各種訓練、課程以及知識的傳遞，一方面自我進步，另一方面更為公司帶來極大的正面利益。

## 第二節　以Apple及HTC為例

招募方式：Apple的人員招募方式：104、1111、yes123、518人力銀行、內部介紹、Apple人才招募網站投遞履歷。

Apple員工理念：注種每個細節：不論是每一件商品的包裝、每次手指滑動的觸感、或是每一句對顧客的貼心問候：「請問有什麼可以幫助您？」所有的一切我們總是無微不至。這就是蘋果的行事態度，而這種態度造就了許多廣受世人喜愛的產品。

簡約並不簡單：每一位蘋果員工都會告訴你這裡的工作不輕鬆。重新思索每個顧客體驗，直到去除所有的雜亂多餘，只剩下最基本好用且美好的部分。有時可能是創造連死忠粉絲都愛不釋手的新產品功能、或是一通客戶支援電話，有時甚至是在蘋果專賣店內產品展示得恰到好處。

創意無所不在：當你想像蘋果的創意流程時，一開始你可能不會想到人力資源部門、營運部門或財務部門的人員。然而在蘋果，我們對於這裡的所有員工，無論他們所負責的部門職責為何，都期待大家具備創意思維和解決方案。創新的形式有許多種，我們的員工似乎每天都創造出無限精彩創意。

職前訓練：數位媒體人員、IT人員、維修人員，都需要經過Apple公司本身的訓練然而取得證照。

數位媒體專業人士：Apple為專業媒體軟體設計了不同層級的認證方案。搭配的課程適用於擁有不同能力的創意專業人士，包括剪輯人員、製片、音

效設計人員、攝影師、特效人員、教師或其他人士。教育訓練由全球各地的Apple授權教育訓練中心提供，另外Peachpit出版社也出版了Apple Pro Training Series（Apple專業訓練教材）系列叢書提供自學的機會。叢書涵蓋所有Apple專業數位軟體，包括Aperture、Color、DVD Studio Pro、Final Cut Pro、Final Cut Server、Logic Pro、Motion和Soundtrack Pro。

IT專業人士：Apple為負責在網路環境中，規劃、維護並整合Mac OS X、Mac OS X Server、Xserves和Xsan的專業人士提供技術訓練。課程目標是要為系統管理者、工程協調人員與專業支援人員建立分級認證方案。實機訓練課程由全球的AATC提供，許多AATC也提供到府訓練的服務。Peachpit出版社所出版的Apple Training Series（Apple訓練教材）系列叢書提供了實用的教學內容，可協助學生準備認證考試。

維修技術人員：Apple Care Technician Training（Apple Care技術人員訓練）可協助您準備參加Apple Service認證考試。這是個簡單易用的自學方案，內容包括訓練教材、診斷工具以及來自Apple技術資料庫的龐大資訊。訓練單元的主題涵蓋常用電腦詞彙、Apple特有的電腦架構、故障排除以及預防性的維護技巧，皆以邏輯、直覺的方式來教授。由於是自學的訓練，您可以完全掌握自己的學習進度。

銷售員：進入公司都需要交一份個人ppt簡報、需要熟背Apple的產品規格和員工手冊、向客人介紹Apple產品需要三分鐘、定期對公司產品考試。

員工手冊內10大條款

1. 不以銷售為目的

   Apple Store的員工手冊上寫道「你的工作是理解顧客的需求──有些需求甚至連顧客自己都尚未察覺」。

2. 但要銷售服務計畫：雖然Apple Store員工沒有硬體銷售業績的壓力，但Apple要求他們盡力推銷Apple Care的服務延長計畫。不能賣出足夠服務

計畫的員工會被要求重新接受訓練，或是更換工作職位。

3. Apple守則

員工手冊上記載：

A：Approach（接觸）——用個人招呼的親切態度接近顧客

P：Probe（探詢）——禮貌地探詢顧客的需求

P：Present（介紹）——介紹一個解決辦法

L：Listen（傾聽）——傾聽顧客的問題並解決

E：End（結尾）——結尾時親切道別並歡迎再光臨

4. Steve Jobs親自參與每一個最小的細節：Steve Jobs對於Apple Store每一個細節都很要求，例如店面使用的安全防盜纜線的款式就是他指定的。

5. 顧客永遠是對的：當客人念錯產品名稱時，絕對不可指正客人。

6. 嚴禁遲到：Apple Store對於遲到的規範相當嚴格。半年內遲到六分鐘以上超過三次就會立刻被開除！

7. 正向的態度：員工被要求不可使用負面的語言。例如，當他們無法解決技術上的問題時，不可對顧客說「很不幸的……」，而要改說「結果上來說……」。蘋果在教育手冊上還有要求員工面對情緒激動的顧客時以傾聽為主，並且將回話的內容限定在「我已經著手解決您的問題了」、「我瞭解」等等。

8. 保持沈默：員工被嚴格禁止向顧客談論任何跟未來產品有關的謠言，也不可擅自承認產品的瑕疵。

9. 長期的員工教育：教育期間中的員工不可與顧客互動，只能在資深員工旁觀察。蘋果花費了非常長的時間來教育商店的員工，訓練期間的長度在零售產業中是前所未聞的。

10.預約：Apple經常刻意讓維修櫃台接受超過容納量三倍以上的預約，這麼做是為了避免因為顧客失約而造成的空窗期。但也因此經常讓維修櫃

台前人滿為患。

產品教育訓練：每當開發新產品的時候，Apple會發布需要參加產品教育訓練通知，員工也必須簽署保密條款，甚至為了避免資訊提早外洩，私人手機皆必須託管，直到產品即將供貨。

員工薪資：薪資22,000～28,000元

員工福利：

「獎金福利」：全勤獎金、年節獎金、年終獎金、商品獎金、業績獎金

「保險福利」：勞保、健保

「衣著福利」：員工制服

員工津貼：無

退休制度：依國家勞基法規定


第五十三條（自請退休條件）

　　勞工有左列情形之一者，得自請退休：

　　一、工作十五年以上年滿五十五歲者。

　　二、工作二十五年以上者。


第五十四條（強制退休條件）

　　勞工非有左列情形之一者，雇主不得強制其退休：

　　一、年滿六十歲者。

　　二、心神喪失或身體殘廢不堪勝任工作者。

　　前項第一款所規定之年齡，對於擔任具有危險、堅強體力等特殊性質之工作者，得由事業單位報請中央主管機關予以調整。但不得少於五十五歲。

第五十五條（退休金給與標準）

　　勞工退休金之給與標準如左：

一、按其工作年資，每滿一年給與兩個基數。但超過十五年之工作
　　年資，每滿一年給與一個基數，最高總數以四十五個基數為
　　限。未滿半年者以半年計；滿半年者以一年計。

二、依第五十四條第一項第二款規定，強制退休之勞工，其心神喪
　　失或身體殘廢係因執行職務所致者，依前款規定加給百分之
　　二十。

　　前項第一款退休金基數之標準，係指核准退休時一個月平均工
　　資。

　　第一項所定退休金，雇主如無法一次發給時，得報經主管機關
　　核定後，分期給付。本法施行前，事業單位原定退休標準優於
　　本法者，從其規定。

第五十六條（勞工退休準備金）

　　本法施行後，雇主應按月提撥勞工退休準備金，專戶存儲，並不得
作為讓與、扣押、抵銷或擔保。其提撥率，由中央主管機關擬訂，報請
行政院核定之。

　　勞工退休基金，由中央主管機關會同財政部指定金融機構保管運
用。最低收益不得低於當地銀行二年定期存款利率計算之收益；如有虧
損由國庫補足之。

　　雇主所提撥勞工退休準備金，應由勞工與雇主共同組織委員會監督
之。委員會中勞工代表人數不得少於三分之二。

第五十七條（年資之併計）

　　勞工工作年資以服務同一事業者爲限。但受同一雇主調動之工作年資，及依第二十條規定應由新雇主繼續予以承認之年資，應予併計。

第五十八條（請領退休金時效期間）

　　勞工請領退休金之權利，自退休之次月起，因五年間不行使而消滅。


　　員工通勤方案：Apple提供員工多種通勤替代方案，許多員工充分利用我們大眾運輸獎勵政策。每天，超過900名Apple員工搭乘我們免費的生質柴油通勤巴士。我們預估通勤方案所減少的二氧化碳當量，相當於每天1,906台在路上行駛的單人乘坐小客車，或每年減少10,135公噸二氧化碳排放量。

　　HTC公司介紹：宏達國際電子股份有限公司（以下簡稱HTC）於1997年由董事長王雪紅，董事暨宏達基金會董事長卓火土，與總經理兼執行長周永明所創立，如今已是全球智慧型手機領導者。多年來，HTC在全球知名通訊大廠背後默默努力，讓這些知名大廠的產品得以在全世界的市場上發光和發熱。HTC從2006年6月起發展自己的品牌，在2011年2月17日，HTC更在GSMA（全球行動通訊大會）西班牙巴賽隆那所舉辦的全球手機大獎頒獎典禮中，榮獲通訊產業最高殊榮的「2011年最佳手機公司」大獎。這個獎項更加肯定了2010爲HTC重要的一年，包括推出HTC Desire等領導業界的系列智慧型手機。

　　HTC員工以自身的專業及對完美的堅持、強烈的熱情及豐富的創新去探索消費者的需求以設計深得人心的產品及提供貼心感動的產品服務。HTC員工有充份的機會和全球的菁英一起合作，給予每一位員工絕佳的機會去學習歷練最頂尖的技術與產品服務，進一步站上全球的舞台和世界一流的人才競技。

　　從設計、研發、製造到全球行銷與服務，HTC注重每一個細節。HTC的核心理念是以一種謙和的態度、長期的努力來締造卓越的成就、得到人們的肯

定。HTC相信世上很多美好的事物，必須親身體驗，而不是靠千言萬語形容。正因爲HTC致力提供直覺而深度個人化的使用者體驗，探索和創新的態度一路走來始終不變。

在HTC，有些價值深深影響了我們，這些行爲理念包括：

誠實（Honest）：我們言行一致。對於承諾，我們總是全力以赴。

謙虛（Humble）：我們或許成就非凡，但我們從不自視甚高與張揚。

簡單（Simple）：我們盡可能讓事情變得清楚、直覺、且易於理解。

活力（Dynamic）：我們大膽行動、靈活應變。

創新（Innovative）：我們擁抱改變、探知未來；勇於挑戰新領域，永遠領先一步。

HTC的人員招募方式：校園徵才、104、1111、yes123、518人力銀行、HTC人才招募網站投遞履歷。

HTC理念：加入HTC，不只是一份工作，更是一種價值信念的投入與實現，HTC專注爲創造使用者對生活美好的體驗，致力於全球無線通訊產品領域裡，持續發光發熱。

HTC在新店、桃園、新竹及台南皆設有辦公室，您可以就個人需求彈性選擇，您也有很多的機會與世界各國頂尖的人才共同合作，不同國籍的伙伴面對面或遠距的互動合作是一種常態，無論在跨文化或專業知識經驗的累積都將因此快速地提升您的視野和實力，進而實現夢想，與HTC一同在國際舞台實現非凡成就。

請問在投遞履歷後，多久可知道是否有面談機會？若有面談機會，多久可知道面談結果？

在您投遞履歷之後，經人才資源處與用人單位主管審閱，約一至二週。若您的專長符合公司需求，我們會有專人聯繫您，請您此時務必確認面談日期時間、地點、聯絡人姓名與分機。若目前沒有適合您發揮專長的職缺，我們亦會寄發

通知函給您，並將您寶貴的履歷資料，存放於人才資料庫中，提供主管隨時查詢與審閱。

一旦您獲得面談機會，那麼有關您的面談結果，大約可在面試後七至十四個工作天有初步的結論，或安排進一步面談。若您仍有其他疑問，也歡迎您隨時來信與當初安排您面談的人才資源處承辦人員洽詢。

**請問面試流程為何，大概需要花費多少時間？請問面談當天，若我提早抵達公司，可以提前執行面談嗎？**

面談前會有基本筆試，分別為「英文」及「邏輯」測驗，亦有部門會進一步進行「專業」或「性向」方面的測驗，待全部測驗完成後，隨即與主管進行面談，整個筆試加面試流程至少需要兩個小時以上，建議請假最少為半天將較為充裕。因面談的執行都有一定的時間程序，若您提早抵達公司，我們會請你稍做等候

**請問面試前要做什麼準備或者攜帶什麼文件前往應試？**

人才資源處同仁在與您安排好面談時間後，會寄發一封面試時間確認函給您，請您在面談之前，透過面試時間確認函上的連結與帳號密碼，登入HTC的資訊系統中填妥個人資料。

此外，依照應試的職務屬性，會有不同的面談流程，我們亦可能建議您攜帶成績單、論文或作品集……等資料，進一步與面談主管討論，相關資訊都將在我們為您安排面試時提醒您。

**請問是否提供員工交通車？**

HTC為員工於上下班時間提供多路線之交通接駁

一、圓山捷運站往返桃園總部

二、中和景安捷運站往返桃園總部

三、新店研發中心往返桃園總部

四、桃園火車站往返桃園總部

詳細的交通車時刻表以及班次，皆放置於HTC員工內部網站

### 請問是否有試用期？

HTC的新進員工在到職後將會有三個月~六個月的試用期，我們將在此期間提供相關的訓練和協助，幫助新人提早進入工作狀況。

### 我加入HTC之後，是否經常有國外出差的機會？

HTC是一個跨國性品牌公司，據點分佈台灣、歐洲、美國、日本、中國大陸、印度及亞太地區等國家，同仁在公司內有各種學習發展機會，其中包括因業務需要的海外出差。

### 請問我多久開始會有年假？

新進員工不必在服務滿一年後方可申請年假，本公司員工報到當年度即可以預支方式申請年假。

### 請問公司股票分紅制度為何？是不是有固定的計算方式，或是可以提供預估值？

股票分紅為績效獎金的一部份，需視公司年度營運狀況、部門績效與員工績效計算之，若您個人績效具備一定的水準，HTC一定會會給予合理的獎勵；依據過去歷年來的經驗，HTC每位員工在分紅配股上的平均所得，一般均在市場水準之上。

### 薪酬福利

HTC落實利潤與員工分享的精神，透過多元的薪酬組合與完善的福利方案，和您一起逐夢踏實，建構您擁有實現人生夢想的穩固基礎及財務實力。

HTC提供您全方位的照顧與服務，關心您生活上的保障、健康與便利等，除基本福利項目，另提供您高額度保障的人身壽險與醫療照顧，設有健身房、籃球

場、網球場、羽球場及多元健身課程，聘請五星級飯店主廚親自提供美味及特色餐點美食，並依個人體質及健檢狀況，為您量身打造結合飲食與運動的健康管理方案，此外公司提供員工於上下班時間多路線之交通接駁，讓您工作更加安心與便利。

HTC提供具競爭性且績效導向的整體薪酬，以吸引、激勵並留任優秀員工。

1.薪資及獎金

公司提供具競爭力的薪資及2個月年終獎金。

2.利潤分享方案

公司每年依公司盈餘及個人績效表現配發員工股票或現金分紅，讓同仁分享公司經營成果。

3.福利保險

公司提供週休二日、彈性工作時間、圖書禮券、三節禮券、旅遊補助、訂婚假、勞工保險、全民健康保險、團體保險、以及員工健康檢查等。

《活力生活@HTC》

HTC提供一個充滿便利、活力和現代化的工作環境，讓員工在工作與生活中保持平衡，樂在工作。

1.生活設施：圖書館、健身房、球場、星巴克、統一超商與下午茶點。

2.身心健康：健康諮詢、旅遊諮詢、心理諮商服務。

3.員工活動：年終晚會、社團活動、運動季、文藝季、各式競賽、部門聚餐、員工家庭日、HTC Life、資深員工表揚、員工公益活動、品格月會。

學習發展

HTC建構了非常系統化的學習綱領與藍圖，為員工規劃學習發展方案。

個人效能

1.全體員工根據個人發展需求，參加個人效能領域課程：

⑴溝通類：增進個人與團隊溝通技巧

⑵語言類：線上眞人互動式全方位英語學習，以及實體的商用與會議英語課程

⑶客戶導向類：國際禮儀，文化差異，服務精神與態度

⑷工作效能類：時間管理，資料管理，進階MS Office

⑸其他類：情緒管理，創意發想與壓力管理等個人成長類課程

2.謙智學堂

HTC獨有的一個爲激發藝術與美學應用於生活與設計的講座學堂，讓生活的美學與科技的美學融合，讓您體驗生活的美，進而應用於生活與工作。

3.專業精進

依照基礎課程、進階課程及專精課程三個層次，隨著個人工作歷練，不斷往上提升，協助您成爲公司的頂尖技術專家。

4.領導發展

HTC提供領導管理領域的訓練。從基層主管的帶人管事開始，到高階主管的策略規劃課程，逐步將您培養成未來公司的高階領導人。

爲了強化各項學習效果，公司亦透過HTC e-Learning系統，提供各項不打烊的e化學習服務，讓您隨時隨地都可以自我進修、提升實力，進而不斷成長。

*活力生活*

1.社團活動

多采多樣的社團活動豐富您的生活，如：羽球社、扶幼社、扶幼社油畫班、創藝美學社、卡打車社、攝影社、籃球社、保齡球社、舞蹈社、桌球社、網球社、太極拳社等。

2.員工旅遊補助

旅行社就在辦公室駐點，提供旅遊諮詢，您亦可參加多家合作之專業旅行社的旅遊行程並直接提供額度之補助。

3.運動季競賽

豐富多樣的球類運動比賽，您絕對有舒展身心及競技的好地方。

4.員工家庭日

HTC每年安排豐富趣味競賽、親子樂園、身心靈樂活等簡易運動，並品嚐各類美食餐點。帶您的家人來公司一起享受輕鬆歡樂的一天

5.員工協助服務方案

公司委請專業社工團體提供工作生涯、家庭親子、兩性感情及身心壓力等之心理諮詢，透過心靈對話，協助有困擾的員工找回幸福的滋味。

6.HTC life

這是一個屬於員工自己的交流與經營的平台，提供HTC news、員工交流、團購資訊、美食餐廳、二手市場、創藝美學及各種生活資訊，透過此一平台，將HTC全球員工緊密地結合在一起

=== 〔供餐〕 ===

中午：免費或補助的自助餐或便當

晚上：免費或補助的自助餐或便當

「獎金福利」：全勤獎金、年節獎金、年終獎金

「休假福利」：男性員工陪產假、育嬰假、生理假、年假

「保險福利」：勞保、健保、員工及眷屬住院慰問金

「衣著福利」：員工制服

「娛樂福利」：員工定期聚餐

「補助福利」：員工結婚補助

「其他福利」：員工在職教育訓練、業績獎金分紅

退休制度：依國家勞基法規定

第五十三條（自請退休條件）

　　勞工有左列情形之一者，得自請退休：

　　一、工作十五年以上年滿五十五歲者。

　　二、工作二十五年以上者。


第五十四條（強制退休條件）

　　勞工非有左列情形之一者，雇主不得強制其退休：

　　一、年滿六十歲者。

　　二、心神喪失或身體殘廢不堪勝任工作者。

　　前項第一款所規定之年齡，對於擔任具有危險、堅強體力等特殊性質之工作者，得由事業單位報請中央主管機關予以調整。但不得少於五十五歲。


第五十五條（退休金給與標準）

　　勞工退休金之給與標準如左：

　　一、按其工作年資，每滿一年給與兩個基數。但超過十五年之工作
　　　　年資，每滿一年給與一個基數，最高總數以四十五個基數為
　　　　限。未滿半年者以半年計；滿半年者以一年計。

　　二、依第五十四條第一項第二款規定，強制退休之勞工，其心神喪
　　　　失或身體殘廢係因執行職務所致者，依前款規定加給百分之
　　　　二十。

　　前項第一款退休金基數之標準，係指核准退休時一個月平均工資。

　　第一項所定退休金，雇主如無法一次發給時，得報經主管機關核定後，分期給付。本法施行前，事業單位原定退休標準優於本法者，從其規定。

第五十六條（勞工退休準備金）

　　本法施行後，雇主應按月提撥勞工退休準備金，專戶存儲，並不得作為讓與、扣押、抵銷或擔保。其提撥率，由中央主管機關擬訂，報請行政院核定之。

　　勞工退休基金，由中央主管機關會同財政部指定金融機構保管運用。最低收益不得低於當地銀行二年定期存款利率計算之收益；如有虧損由國庫補足之。

　　雇主所提撥勞工退休準備金，應由勞工與雇主共同組織委員會監督之。委員會中勞工代表人數不得少於三分之二。


第五十七條（年資之併計）

　　勞工工作年資以服務同一事業者為限。但受同一雇主調動之工作年資，及依第二十條規定應由新雇主繼續予以承認之年資，應予併計。


第五十八條（請領退休金時效期間）

　　勞工請領退休金之權利，自退休之次月起，因五年間不行使而消滅。

| 薪資福利 | HTC提供具競爭性且績效導向的整體薪酬，以吸引、激勵並留任優秀員工。<br>1.薪資及獎金：固定年薪14個月、並依公司實際經營成果及個人績效表現加發績效獎金。<br>2.員工分紅配股：公司每年依盈餘配發員工股票，讓同仁都有參加分紅配股的機會。<br>3.福利保險：公司提供週休二日、彈性工作時間、圖書禮券、三節禮券、旅遊補助、訂婚假、勞工保險、全民健康保險、團體保險、以及員工健康檢查等。 |

| | HTC提供結構完整的訓練體系與訓練資源，每位員工皆能藉此強化個別專業職能、國際視野和創新能力。在貢獻一己力之時，能與公司共同成長，創造公司與個人最大的利益。<br>1.訓練體系：<br>　管理類：針對不同管理階層，提供經營策略、領導統御和管理能力等相關課程。<br>　技術類：依職能類別及專精程度提供員工相關專業知識與技術能力訓練。<br>　個人效能類：提供所有員工通識與各類提升工作效率的相關課程。<br>2.學習資源：<br>　e-Learning平台：提供員工電子化學習平台，使員工學習不受任何時間及地點之限制；學習無所不在。<br>　圖書館：提供各類圖書、期刊及雜誌等多元文化資訊，滿足員工求知的需求。<br>　獎學金：鼓勵同仁在職進修，以實質的獎助學金來支持同仁的學習。 |
|:---:|---|
| 教育訓練 | |

## 1. 員工照護

員工是公司最重要的資產，也是企業在國際市場競爭的關鍵成功因素。本公司提供全方位的安全衛生管理，友善的職場工作環境，與專業的員工協助諮詢方案等，讓員工清楚瞭解公司對員工照顧的承諾；並藉由每年家庭日的參與，促進員工與眷屬對公司文化及價值的認同，使其瞭解公司於公益、健康、環保等方面所作出的努力。

## 2. 安全衛生管理

本公司藉由落實OHSAS 18001職業安全衛生管理系統，及擬定職業災害防止計畫，以做為防止職業災害發生的主要作為。推行重點包含：遵守安衛法規、推行危害鑑別以降低風險、規範危險物與有害物管理、宣導安衛資訊、推行承攬商管理，藉由實現全員參與以減少安衛風險。針對因人為疏失或天然災害造成的緊急事件，如火災、爆炸、颱風、意外洩漏、機械傷害、傳染病、地震等，除依據緊急應變計劃、緊急狀況鑑別、事中應變措施、事後檢討回饋方式外，亦定期實施緊急應變演練及消防演習，務求使對人員健康、安全與公司

財產的影響降至最低。

　　此外，亦針對法定重大傳染性疾病訂定公司層級的應變組織，確保疑似病例的處理、員工安全與健康的確保及相關資源的互相支援。執行內容簡述如下：

　　⑴定期召開環安衛委員會議，研議、協調及建議環保與勞工安全衛生相關事務，會中針對每季公司目標方案的達成狀況、廠內外事故分析、員工健康促進、環保事務執行狀況及與員工作業環境相關的檢測結果等進行報告予委員及勞方代表知悉。

　　⑵自公司設立以來，即對公司的製程、設備及化學品使用進行風險評估，降低因製程、設備所引起的意外事故及化學品暴露機率。包括：

　　　①化學品管理

　　　②危險性機械、設備定期檢查

　　　③人員教育訓練與宣導，含一般勞工安全衛生相關教育訓練、急救人員訓練等。

　　　④定期對已發生事故做資料收集、統計、分析，以瞭解目前廠內、外事故狀況。

　　　⑤承攬商入廠前先接受危害告知相關說明與施工申請，並對施工區域做不定期動態管理，以確保施工安全。

## 3. 友善職場環境

　　公司提供員工方便的多元化服務，包含：便利商店、咖啡廳、旅行社、健康中心與醫師駐診、健身房、室外綜合運動場、遊戲區、按摩小站及圖書館等服務，更爲提升員工職場環境品質積極增廣廠區綠化空間、針對身障員工與訪客規劃無障礙空間，也爲女性員工設置集乳室，滿足員工多元化職場工作環境的需求。

　　除提供上述舒適工作環境之外，公司對與員工生活息息相關的廠區空氣

品質、作業區間照明之舒適度等都非常關心，期透過適切的監控管理機制以確保員工在最佳的工作環境下工作。

## 4. 健康工作環境

公司為提升員工的健康工作環境，設有健康中心朝員工健康照顧、健康促進、健康管理與健康諮詢等四大方向努力，提供員工定期健康檢查（新進員工體檢、年度健檢、員工特殊健檢等）、健康管理（基本健康資料建檔、異常報告複檢追蹤、年度體檢報告統計與分析、慢性病管理、特殊疾病個案訪談與追蹤等）、健康促進（年度健康促進活動及員工生活協助方案）、急救訓練、醫療保健（醫師駐廠健康諮詢）、職業病預防、防疫作業及衛教資訊分享等優質服務，為員工健康把關。

現代的文明病多是長久健康警訊累積的結果，本公司健康中心透過與醫療單位合作，對高風險族群員工進行追蹤與診療，並協助員工透過正確的健康資訊與生活習慣對健康問題進行預防與管理。此外，本公司並藉由各種設施如：健康中心、圖書室、健身房、按摩室/按摩小站、綜合運動球場等使員工能有適當管道調劑心情或舒緩壓力，也讓員工在工作之餘，亦能適當的照顧自己的健康及培養運動習慣。在菸害預防部分，本公司透過舒壓按摩、戒菸心得分享以及戒菸活動打造無菸職場工作環境，減少吸菸或二手菸對員工造成的身體傷害。

## 5. 員工協助方案

現代職場由於生活步調快速，來自生活、家庭與工作的壓力往往造成員工心理健康上的負擔。公司透過與新竹生命線合作為員工提供專業的心理諮詢輔導，並確保員工在諮詢過程中個人隱私獲得必要的保障。另定期與不定期安排有關生涯與工作、家庭親子、兩性情感、身心壓力等心理諮商服務與課程，課程安排包括：部門宣導會議、主管諮詢會議、初階管理人員敏感度訓練、身心紓壓團體等，降低因工作壓力造成心理或家庭的影響。

### 6. 家庭日

　爲提倡家庭價值，促進員工與其眷屬對於公司文化與價值的分享與認同，每年透過邀請員工眷屬參與家庭日活動，與員工眷屬同樂並分享公司努力的成果。如2010年宏達電家庭日主題以Green Life的概念象徵2010綠色生活，將『公益、健康、環保』三元素作爲這次活動的主軸。

　家庭日『健康』元素以「每天6000步，健康一步步」-爲愛走動活動讓員工最感驚豔，爲期3個月的活動合計有10個部門、243位同仁參加，總共累計69,228,000步的記錄。

### 7. 人權保障

　本公司尊重員工的種族、性別、信仰，明定無歧視聘用與管理條款，及落實同工同酬政策，提供具市場競爭力的薪資報酬與福利制度，保障員工生活。

　爲妥善管理以避免外籍員工遭受不當的剝削與不平等對待，本公司直接與仲介公司簽訂合約以保障外籍員工權益，並比照本籍勞工健康檢查頻率與項目以確保外籍勞工身體健康。

# 勞動基準法

（民國 100 年 06 月 29 日修正）

## 第一章　總則

第 1 條　（立法目的暨法律之適用）

為規定勞動條件最低標準，保障勞工權益，加強勞雇關係，促進社會與經濟發展，特制定本法；本法未規定者，適用其他法律之規定。

雇主與勞工所訂勞動條件，不得低於本法所定之最低標準。

第 2 條　（定義）

本法用辭定義如左：

一、勞工：謂受雇主僱用從事工作獲致工資者。

二、雇主：謂僱用勞工之事業主、事業經營之負責人或代表事業主處理有關勞工事務之人。

三、工資：謂勞工因工作而獲得之報酬；包括工資、薪金及按計時、計日、計月、計件以現金或實物等方式給付之獎金、津貼及其他任何名義之經常性給與均屬之。

四、平均工資：謂計算事由發生之當日前六個月內所得工資總額除以該期間之總日數所得之金額。工作未滿六個月者，謂工作期間所得工資總額除以工作期間之總日數所得之金額。工資按工作日數、時數或論件計算者，其依上述方式計算之平均工資，如少於該期內工資總額除以實際工作日數所得金額百分之六十者，以百分之六十計。

五、事業單位：謂適用本法各業僱用勞工從事工作之機構。

六、勞動契約：謂約定勞雇關係之契約。

第 3 條　（適用行業之範圍）

本法於左列各業適用之：

一、農、林、漁、牧業。

二、礦業及土石採取業。

三、製造業。

四、營造業。

五、水電、煤氣業。

六、運輸、倉儲及通信業。

七、大眾傳播業。

八、其他經中央主管機關指定之事業。

依前項第八款指定時，得就事業之部分工作場所或工作者指定適用。

本法適用於一切勞雇關係。但因經營型態、管理制度及工作特性等因素適用本法確有窒礙難行者，並經中央主管機關指定公告之行業或工作者，不適用之。

前項因窒礙難行而不適用本法者，不得逾第一項第一款至第七款以外勞工總數五分之一。

第 4 條　（主管機關）

本法所稱主管機關：在中央為行政院勞工委員會；在直轄市為直轄市政府；在縣（市）為縣（市）政府。

第 5 條　（強制勞動之禁止）

雇主不得以強暴、脅迫、拘禁或其他非法之方法，強制勞工從事勞動。

第 6 條 （抽取不法利益之禁止）
任何人不得介入他人之勞動契約，抽取不法利益。

第 7 條 （勞工名卡之置備暨登記）
雇主應置備勞工名卡，登記勞工姓名、性別、出生年月日、本籍、教育程度、住址、身分證統一號碼、到職年月日、工資、勞工保險投保日期、獎懲、傷病及其他必要事項。
前項勞工名卡，應保管至勞工離職後五年。

第 8 條 （雇主提供工作安全之義務）
雇主對於僱用之勞工，應預防職業上災害，建立適當之工作環境及福利設施。其有關安全衛生及福利事項，依有關法律之規定。

## 第二章　勞動契約

第 9 條 （定期勞動契約與不定期勞動契約）
勞動契約，分為定期契約及不定期契約。臨時性、短期性、季節性及特定性工作得為定期契約；有繼續性工作應為不定期契約。
定期契約屆滿後，有左列情形之一者，視為不定期契約：
一、勞工繼續工作而雇主不即表示反對意思者。
二、雖經另訂新約，惟其前後勞動契約之工作期間超過九十日，前後契約間斷期間未超過三十日者。
前項規定於特定性或季節性之定期工作不適用之。

第 10 條 （工作年資之合併計算）
定期契約屆滿後或不定期契約因故停止履行後，未滿三個月而訂定新約或繼續履行原約時，勞工前後工作年資，應合併計算。

第 11 條 （雇主須預告始得終止勞動契約情形）
非有左列情形之一者，雇主不得預告勞工終止勞動契約：
一、歇業或轉讓時。
二、虧損或業務緊縮時。
三、不可抗力暫停工作在一個月以上時。
四、業務性質變更，有減少勞工之必要，又無適當工作可供安置時。
五、勞工對於所擔任之工作確不能勝任時。

第 12 條 （雇主無須預告即得終止勞動契約之情形）
勞工有左列情形之一者，雇主得不經預告終止契約：
一、於訂立勞動契約時為虛偽意思表示，使雇主誤信而有受損害之虞者。
二、對於雇主、雇主家屬、雇主代理人或其他共同工作之勞工，實施暴行或有重大侮辱之行為者。
三、受有期徒刑以上刑之宣告確定，而未諭知緩刑或未准易科罰金者。
四、違反勞動契約或工作規則，情節重大者。
五、故意損耗機器、工具、原料、產品，或其他雇主所有物品，或故意洩漏雇主技術上、營業上之秘密，致雇主受有損害者。
六、無正當理由繼續曠工三日，或一個月內曠工達六日者。
雇主依前項第一款、第二款及第四款至第六款規定終止契約者，應自知悉其情形之日起，三十日內為之。

第 13 條　（雇主終止勞動契約之禁止暨例外）

　　勞工在第五十條規定之停止工作期間或第五十九條規定之醫療期間，雇主不得終止契約。但雇主因天災、事變或其他不可抗力致事業不能繼續，經報主管機關核定者，不在此限。

第 14 條　（勞工得不經預告終止契約之情形）

　　有左列情形之一者，勞工得不經預告終止契約：

　　一、雇主於訂立勞動契約時為虛偽之意思表示，使勞工誤信而有受損害之虞者。

　　二、雇主、雇主家屬、雇主代理人對於勞工，實施暴行或有重大侮辱之行為者。

　　三、契約所訂之工作，對於勞工健康有危害之虞，經通知雇主改善而無效果者。

　　四、雇主、雇主代理人或其他勞工患有惡性傳染病，有傳染之虞者。

　　五、雇主不依勞動契約給付工作報酬，或對於按件計酬之勞工不供給充分之工作者。

　　六、雇主違反勞動契約或勞工法令，致有損害勞工權益之虞者。

　　勞工依前項第一款、第六款規定終止契約者，應自知悉其情形之日起，三十日內為之。

　　有第一項第二款或第四款情形，雇主已將該代理人解僱或已將患有惡性傳染病者送醫或解僱，勞工不得終止契約。

　　第十七條規定於本條終止契約準用之。

第 15 條　（勞工須預告始得終止勞動契約之情形）

　　特定性定期契約期限逾三年者，於屆滿三年後，勞工得終止契約。但應於三十日前預告雇主。

　　不定期契約，勞工終止契約時，應準用第十六條第一項規定期間預告雇主。

第 16 條　（雇主終止勞動契約之預告期間）

　　雇主依第十一條或第十三條但書規定終止勞動契約者，其預告期間依左列各款之規定：

　　一、繼續工作三個月以上一年未滿者，於十日前預告之。

　　二、繼續工作一年以上三年未滿者，於二十日前預告之。

　　三、繼續工作三年以上者，於三十日前預告之。

　　勞工於接到前項預告後，為另謀工作得於工作時間請假外出。其請假時數，每星期不得超過二日之工作時間，請假期間之工資照給。

　　雇主未依第一項規定期間預告而終止契約者，應給付預告期間之工資。

第 17 條　（資遣費之計算）

　　雇主依前條終止勞動契約者，應依左列規定發給勞工資遣費：

　　一、在同一雇主之事業單位繼續工作，每滿一年發給相當於一個月平均工資之資遣費。

　　二、依前款計算之剩餘月數，或工作未滿一年者，以比例計給之。未滿一個月者以一個月計。

第 18 條　（勞工不得請求預告期間工資及資遣費之情形）

　　有左列情形之一者，勞工不得向雇主請求加發預告期間工資及資遣費：

　　一、依第十二條或第十五條規定終止勞動契約者。

　　二、定期勞動契約期滿離職者。

第 19 條　（發給服務證明書之義務）

　　勞動契約終止時，勞工如請求發給服務證明書，雇主或其代理人不得拒絕。

第 20 條　（改組或轉讓時勞工留用或資遣之有關規定）

　　事業單位改組或轉讓時，除新舊雇主商定留用之勞工外，其餘勞工應依第十六條規定期間預告終止契約，並應依第十七條規定發給勞工資遣費。其留用勞工之工作年資，應由新雇主繼

續予以承認。

## 第三章　工資

第 21 條　（工資之議定暨基本工資）

工資由勞雇雙方議定之。但不得低於基本工資。

前項基本工資，由中央主管機關設基本工資審議委員會擬訂後，報請行政院核定之。

前項基本工資審議委員會之組織及其審議程序等事項，由中央主管機關另以辦法定之。

第 22 條　（工資之給付（一）－標的及受領權人）

工資之給付，應以法定通用貨幣為之。但基於習慣或業務性質，得於勞動契約內訂明一部以實物給付之。工資之一部以實物給付時，其實物之作價應公平合理，並適合勞工及其家屬之需要。

工資應全額直接給付勞工。但法令另有規定或勞雇雙方另有約定者，不在此限。

第 23 條　（工資之給付（二）－時間或次數）

工資之給付，除當事人有特別約定或按月預付者外，每月至少定期發給二次；按件計酬者亦同。

雇主應置備勞工工資清冊，將發放工資、工資計算項目、工資總額等事項記入。工資清冊應保存五年。

第 24 條　（延長工作時間時工資加給之計算方法）

雇主延長勞工工作時間者，其延長工作時間之工資依左列標準加給之：

一、延長工作時間在二小時以內者，按平日每小時工資額加給三分之一以上。

二、再延長工作時間在二小時以內者，按平日每小時工資額加給三分之二以上。

三、依第三十二條第三項規定，延長工作時間者，按平日每小時工資額加倍發給之。

第 25 條　（性別歧視之禁止）

雇主對勞工不得因性別而有差別之待遇。工作相同、效率相同者，給付同等之工資。

第 26 條　（預扣工資之禁止）

雇主不得預扣勞工工資作為違約金或賠償費用。

第 27 條　（主管機關之限期命令給付）

雇主不按期給付工資者，主管機關得限期令其給付。

第 28 條　（工資優先權及積欠工資墊償基金）

雇主因歇業、清算或宣告破產，本於勞動契約所積欠之工資未滿六個月部分，有最優先受清償之權。

雇主應按其當月雇用勞工投保薪資總額及規定之費率，繳納一定數額之積欠工資墊償基金，作為墊償前項積欠工資之用。積欠工資墊償基金，累積至規定金額後，應降低費率或暫停收繳。

前項費率，由中央主管機關於萬分之十範圍內擬訂，報請行政院核定之。雇主積欠之工資，經勞工請求未獲清償者，由積欠工資墊償基金墊償之；雇主應於規定期限內，將墊款償還積欠工資墊償基金。

積欠工資墊償基金，由中央主管機關設管理委員會管理之。基金之收繳有關業務，得由中央主管機關，委託勞工保險機構辦理之。第二項之規定金額、基金墊償程序、收繳與管理辦法及管理委員會組織規程，由中央主管機關定之。

第 29 條　（優秀勞工之獎金及紅利）

事業單位於營業年度終了結算，如有盈餘，除繳納稅捐、彌補虧損及提列股息、公積金外，對於全年工作並無過失之勞工，應給予獎金或分配紅利。

# 第四章　工作時間、休息、休假

第 30 條　（每日暨每週之工作時數）

勞工每日正常工作時間不得超過八小時，每二週工作總時數不得超過八十四小時。

前項正常工作時間，雇主經工會同意，如事業單位無工會者，經勞資會議同意後，得將其二週內二日之正常工作時數，分配於其他工作日。其分配於其他工作日之時數，每日不得超過二小時。但每週工作總時數不得超過四十八小時。

第一項正常工作時間，雇主經工會同意，如事業單位無工會者，經勞資會議同意後，得將八週內之正常工作時數加以分配。但每日正常工作時間不得超過八小時，每週工作總時數不得超過四十八小時。

第二項及第三項僅適用於經中央主管機關指定之行業。

雇主應置備勞工簽到簿或出勤卡，逐日記載勞工出勤情形。此項簿卡應保存一年。

第30-1 條　（工作時間變更原則）

中央主管機關指定之行業，雇主經工會同意，如事業單位無工會者，經勞資會議同意後，其工作時間得依下列原則變更：

一、四週內正常工作時數分配於其他工作日之時數，每日不得超過二小時，不受前條第二項至第四項規定之限制。

二、當日正常工時達十小時者，其延長之工作時間不得超過二小時。

三、二週內至少有二日之休息，作為例假，不受第三十六條之限制。

四、女性勞工，除妊娠或哺乳期間者外，於夜間工作，不受第四十九條第一項之限制。但雇主應提供必要之安全衛生設施。

依民國八十五年十二月二十七日修正施行前第三條規定適用本法之行業，除第一項第一款之農、林、漁、牧業外，均不適用前項規定。

第 31 條　（坑道或隧道內工作時間之計算）

在坑道或隧道內工作之勞工，以入坑口時起至出坑口時止為工作時間。

第 32 條　（雇主延長工作時間之限制及程序）

雇主有使勞工在正常工作時間以外工作之必要者，雇主經工會同意，如事業單位無工會者，經勞資會議同意後，得將工作時間延長之。

前項雇主延長勞工之工作時間連同正常工作時間，一日不得超過十二小時。延長之工作時間，一個月不得超過四十六小時。

因天災、事變或突發事件，雇主有使勞工在正常工作時間以外工作之必要者，得將工作時間延長之。但應於延長開始後二十四小時內通知工會；無工會組織者，應報當地主管機關備查。延長之工作時間，雇主應於事後補給勞工以適當之休息。

在坑內工作之勞工，其工作時間不得延長。但以監視為主之工作，或有前項所定之情形者，不在此限。

第 33 條　（主管機關命令延長工作時間之限制及程序）

第三條所列事業，除製造業及礦業外，因公眾之生活便利或其他特殊原因，有調整第三十條、第三十二條所定之正常工作時間及延長工作時間之必要者，得由當地主管機關會商目的事業主管機關及工會，就必要之限度內以命令調整之。

第 34 條 （晝夜輪班制之更換班次）
勞工工作採晝夜輪班制者，其工作班次，每週更換一次。但經勞工同意者不在此限。
依前項更換班次時，應給予適當之休息時間。

第 35 條 （休息）
勞工繼續工作四小時，至少應有三十分鐘之休息。但實行輪班制或其工作有連續性或緊急性
者，雇主得在工作時間內，另行調配其休息時間。

第 36 條 （例假）
勞工每七日中至少應有一日之休息，作為例假。

第 37 條 （休假）
紀念日、勞動節日及其他由中央主管機關規定應放假之日，均應休假。

第 38 條 （特別休假）
勞工在同一雇主或事業單位，繼續工作滿一定期間者，每年應依左列規定給予特別休假：
一、一年以上三年未滿者七日。
二、三年以上五年未滿者十日。
三、五年以上十年未滿者十四日。
四、十年以上者，每一年加給一日，加至三十日為止。

第 39 條 （假日休息工資照給及假日工作工資加倍）
第三十六條所定之例假、第三十七條所定之休假及第三十八條所定之特別休假，工資應由雇
主照給。雇主經徵得勞工同意於休假日工作者，工資應加倍發給。因季節性關係有趕工必
要，經勞工或工會同意照常工作者，亦同。

第 40 條 （假期之停止加資及補假）
因天災、事變或突發事件，雇主認有繼續工作之必要時，得停止第三十六條至第三十八條所
定勞工之假期。但停止假期之工資，應加倍發給，並應於事後補假休息。
前項停止勞工假期，應於事後二十四小時內，詳述理由，報請當地主管機關核備。

第 41 條 （主管機關得停止公用事業勞工之特別休假）
公用事業之勞工，當地主管機關認有必要時，得停止第三十八條所定之特別休假。假期內之
工資應由雇主加倍發給。

第 42 條 （不得強制正常工作時間以外之工作情形）
勞工因健康或其他正當理由，不能接受正常工作時間以外之工作者，雇主不得強制其工作。

第 43 條 （請假事由）
勞工因婚、喪、疾病或其他正當事由得請假；請假應給之假期及事假以外期間內工資給付之
最低標準，由中央主管機關定之。

# 第五章　童工、女工

第 44 條 （童工及其工作性質之限制）
十五歲以上未滿十六歲之受僱從事工作者，為童工。
童工不得從事繁重及危險性之工作。

第 45 條 （未滿十五歲之人之僱傭）
雇主不得僱用未滿十五歲之人從事工作。但國民中學畢業或經主管機關認定其工作性質及環

境無礙其身心健康者，不在此限。

前項受催之人，準用童工保護之規定。

第 46 條 （法定代理人同意書及其年齡證明文件）

未滿十六歲之人受催從事工作者，雇主應置備其法定代理人同意書及其年齡證明文件。

第 47 條 （童工工作時間之嚴格限制）

童工每日之工作時間不得超過八小時，例假日不得工作。

第 48 條 （童工夜間工作之禁止）

童工不得於午後八時至翌晨六時之時間內工作。

第 49 條 （女工深夜工作之禁止及其例外）

雇主不得使女工於午後十時至翌晨六時之時間內工作。但雇主經工會同意，如事業單位無工會者，經勞資會議同意後，且符合下列各款規定者，不在此限：

一、提供必要之安全衛生設施。

二、無大眾運輸工具可資運用時，提供交通工具或安排女工宿舍。

前項第一款所稱必要之安全衛生設施，其標準由中央主管機關定之。但雇主與勞工約定之安全衛生設施優於本法者，從其約定。

女工因健康或其他正當理由，不能於午後十時至翌晨六時之時間內工作者，雇主不得強制其工作。

第一項規定，於因天災、事變或突發事件，雇主必須使女工於午後十時至翌晨六時之時間內工作時，不適用之。

第一項但書及前項規定，於妊娠或哺乳期間之女工，不適用之。

第 50 條 （分娩或流產之產假及工資）

女工分娩前後，應停止工作，給予產假八星期；妊娠三個月以上流產者，應停止工作，給予產假四星期。

前項女工受催工作在六個月以上者，停止工作期間工資照給；未滿六個月者減半發給。

第 51 條 （妊娠期間得請求改調較輕易工作）

女工在妊娠期間，如有較為輕易之工作，得申請改調，雇主不得拒絕，並不得減少其工資。

第 52 條 （哺乳時間）

子女未滿一歲須女工親自哺乳者，於第三十五條規定之休息時間外，雇主應每日另給哺乳時間二次，每次以三十分鐘為度。

前項哺乳時間，視為工作時間。

# 第六章　退休

第 53 條 （勞工自請退休之情形）

勞工有下列情形之一，得自請退休：

一、工作十五年以上年滿五十五歲者。

二、工作二十五年以上者。

三、工作十年以上年滿六十歲者。

第 54 條 （強制退休之情形）

勞工非有下列情形之一，雇主不得強制其退休：

一、年滿六十五歲者。

二、心神喪失或身體殘廢不堪勝任工作者。

前項第一款所規定之年齡，對於擔任具有危險、堅強體力等特殊性質之工作者，得由事業單位報請中央主管機關予以調整。但不得少於五十五歲。

**第 55 條**　(退休金之給與標準)

勞工退休金之給與標準如左：

一、按其工作年資，每滿一年給與兩個基數。但超過十五年之工作年資，每滿一年給與一個基數，最高總數以四十五個基數為限。未滿半年者以半年計；滿半年者以一年計。

二、依第五十四條第一項第二款規定，強制退休之勞工，其心神喪失或身體殘廢係因執行職務所致者，依前款規定加給百分之二十。

前項第一款退休金基數之標準，係指核准退休時一個月平均工資。

第一項所定退休金，雇主如無法一次發給時，得報經主管機關核定後，分期給付。本法施行前，事業單位原定退休標準優於本法者，從其規定。

**第 56 條**　(勞工退休準備金)

雇主應按月提撥勞工退休準備金，專戶存儲，並不得作為讓與、扣押、抵銷或擔保之標的；其提撥之比率、程序及管理等事項之辦法，由中央主管機關擬訂，報請行政院核定之。

前項雇主按月提撥之勞工退休準備金匯集為勞工退休基金，由中央主管機關設勞工退休基金監理委員會管理之；其組織、會議及其他相關事項，由中央主管機關定之。

前項基金之收支、保管及運用，由中央主管機關會同財政部委託金融機構辦理。最低收益不得低於當地銀行二年定期存款利率之收益；如有虧損，由國庫補足之。基金之收支、保管及運用辦法，由中央主管機關擬訂，報請行政院核定之。

雇主所提撥勞工退休準備金，應由勞工與雇主共同組織勞工退休準備金監督委員會監督之。委員會中勞工代表人數不得少於三分之二；其組織準則，由中央主管機關定之。

**第 57 條**　(勞工年資之計算)

勞工工作年資以服務同一事業者為限。但受同一雇主調動之工作年資，及依第二十條規定應由新雇主繼續予以承認之年資，應予併計。

**第 58 條**　(退休金之時效期間)

勞工請領退休金之權利，自退休之次月起，因五年間不行使而消滅。

# 第七章　職業災害補償

**第 59 條**　(職業災害之補償方法及受領順位)

勞工因遭遇職業災害而致死亡、殘廢、傷害或疾病時，雇主應依左列規定予以補償。但如同一事故，依勞工保險條例或其他法令規定，已由雇主支付費用補償者，雇主得予以抵充之：

一、勞工受傷或罹患職業病時，雇主應補償其必需之醫療費用。職業病之種類及其醫療範圍，依勞工保險條例有關之規定。

二、勞工在醫療中不能工作時，雇主應按其原領工資數額予以補償。但醫療期間屆滿二年仍未能痊癒，經指定之醫院診斷，審定為喪失原有工作能力，且不合第三款之殘廢給付標準者，雇主得一次給付四十個月之平均工資後，免除此項工資補償責任。

三、勞工經治療終止後，經指定之醫院診斷，審定其身體遺存殘廢者，雇主應按其平均工資及其殘廢程度，一次給予殘廢補償。殘廢補償標準，依勞工保險條例有關之規定。

四、勞工遭遇職業傷害或罹患職業病而死亡時，雇主除給與五個月平均工資之喪葬費外，並應一次給與其遺屬四十個月平均工資之死亡補償。其遺屬受領死亡補償之順位如左：

　　(一) 配偶及子女。

　　(二) 父母。

（三）祖父母。

（四）孫子女。

（五）兄弟姐妹。

第 60 條　（補償金抵充賠償金）

雇主依前條規定給付之補償金額，得抵充就同一事故所生損害之賠償金額。

第 61 條　（補償金之時效期間）

第五十九條之受領補償權，自得受領之日起，因二年間不行使而消滅。

受領補償之權利，不因勞工之離職而受影響，且不得讓與、抵銷、扣押或擔保。

第 62 條　（承攬人中間承攬人及最後承攬人之連帶雇主責任）

事業單位以其事業招人承攬，如有再承攬時，承攬人或中間承攬人，就各該承攬部分所使用之勞工，均應與最後承攬人，連帶負本章所定雇主應負職業災害補償之責任。

事業單位或承攬人或中間承攬人，為前項之災害補償時，就其所補償之部分，得向最後承攬人求償。

第 63 條　（事業單位之督促義務及連帶補償責任）

承攬人或再承攬人工作場所，在原事業單位工作場所範圍內，或為原事業單位提供者，原事業單位應督促承攬人或再承攬人，對其所僱用勞工之勞動條件應符合有關法令之規定。

事業單位違背勞工安全衛生法有關對於承攬人、再承攬人應負責任之規定，致承攬人或再承攬人所僱用之勞工發生職業災害時，應與該承攬人、再承攬人負連帶補償責任。

# 第八章　技術生

第 64 條　（技術生之定義及最低年齡）

雇主不得招收未滿十五歲之人為技術生。但國民中學畢業者，不在此限。稱技術生者，指依中央主管機關規定之技術生訓練職類中以學習技能為目的，依本章之規定而接受雇主訓練之人。

本章規定，於事業單位之養成工、見習生、建教合作班之學生及其他與技術生性質相類之人，準用之。

第 65 條　（書面訓練契約及其內容）

雇主招收技術生時，須與技術生簽訂書面訓練契約一式三份，訂明訓練項目、訓練期限、膳宿負擔、生活津貼、相關教學、勞工保險、結業證明、契約生效與解除之條件及其他有關雙方權利、義務事項，由當事人分執，並送主管機關備案。

前項技術生如為未成年人，其訓練契約，應得法定代理人之允許。

第 66 條　（收取訓練費用之禁止）

雇主不得向技術生收取有關訓練費用。

第 67 條　（技術生之留用及留用期間之限制）

技術生訓練期滿，雇主得留用之，並應與同等工作之勞工享受同等之待遇。雇主如於技術生訓練契約內訂明留用期間，應不得超過其訓練期間。

第 68 條　（技術生人數之限制）

技術生人數，不得超過勞工人數四分之一。勞工人數不滿四人者，以四人計。

第 69 條　（準用規定）

本法第四章工作時間、休息、休假，第五章童工、女工，第七章災害補償及其他勞工保險等

有關規定，於技術生準用之。

技術生災害補償所採薪資計算之標準，不得低於基本工資。

## 第九章　工作規則

第 70 條　（工作規則之內容）

雇主僱用勞工人數在三十人以上者，應依其事業性質，就左列事項訂立工作規則，報請主管機關核備後並公開揭示之：

一、工作時間、休息、休假、國定紀念日、特別休假及繼續性工作之輪班方法。

二、工資之標準、計算方法及發放日期。

三、延長工作時間。

四、津貼及獎金。

五、應遵守之紀律。

六、考勤、請假、獎懲及升遷。

七、受僱、解僱、資遣、離職及退休。

八、災害傷病補償及撫卹。

九、福利措施。

十、勞雇雙方應遵守勞工安全衛生規定。

十一、勞雇雙方溝通意見加強合作之方法。

十二、其他。

第 71 條　（工作規則之效力）

工作規則，違反法令之強制或禁止規定或其他有關該事業適用之團體協約規定者，無效。

## 第十章　監督與檢查

第 72 條　（勞工檢查機構之設置及組織）

中央主管機關，為貫徹本法及其他勞工法令之執行，設勞工檢查機構或授權直轄市主管機關專設檢查機構辦理之；直轄市、縣（市）主管機關於必要時，亦得派員實施檢查。

前項勞工檢查機構之組織，由中央主管機關定之。

第 73 條　（檢查員之職權）

檢查員執行職務，應出示檢查證，各事業單位不得拒絕。事業單位拒絕檢查時，檢查員得會同當地主管機關或警察機關強制檢查之。

檢查員執行職務，得就本法規定事項，要求事業單位提出必要之報告、紀錄、帳冊及有關文件或書面說明。如需抽取物料、樣品或資料時，應事先通知雇主或其代理人並掣給收據。

第 74 條　（勞工之申訴權及保障）

勞工發現事業單位違反本法及其他勞工法令規定時，得向雇主、主管機關或檢查機構申訴。

雇主不得因勞工為前項申訴而予解僱、調職或其他不利之處分。

## 第十一章　罰則

第 75 條　（罰則）

違反第五條規定者，處五年以下有期徒刑、拘役或科或併科新臺幣七十五萬元以下罰金。

第 76 條　（罰則）

違反第六條規定者，處三年以下有期徒刑、拘役或科或併科新臺幣四十五萬元以下罰金。

第 77 條　（罰則）

違反第四十二條、第四十四條第二項、第四十五條、第四十七條、第四十八條、第四十九條第三項或第六十四條第一項規定者，處六個月以下有期徒刑、拘役或科或併科新臺幣三十萬元以下罰金。

第 78 條　（罰則）
違反第十三條、第十七條、第二十六條、第五十條、第五十一條或第五十五條第一項規定者，處新臺幣九萬元以上四十五萬元以下罰鍰。

第 79 條　（罰則）
有下列各款規定行為之一者，處新臺幣二萬元以上三十萬元以下罰鍰：
一、違反第七條、第九條第一項、第十六條、第十九條、第二十一條第一項、第二十二條至第二十五條、第二十八條第二項、第三十條、第三十二條、第三十四條至第四十一條、第四十六條、第四十九條第一項、第五十六條第一項、第五十九條、第六十五條第一項、第六十六條至第六十八條、第七十條或第七十四條第二項規定。
二、違反主管機關依第二十七條限期給付工資或第三十三條調整工作時間之命令。
三、違反中央主管機關依第四十三條所定假期或事假以外期間內工資給付之最低標準。
違反第四十九條第五項規定者，處新臺幣九萬元以上四十五萬元以下罰鍰。
有前二項規定行為之一者，得公布其事業單位或事業主之名稱、負責人姓名，並限期令其改善；屆期未改善者，應按次處罰。

第79-1 條　（罰則）
違反第六十四條第三項及第六十九條第一項準用規定之處罰，適用本法罰則章規定。

第 80 條　（罰則）
拒絕、規避或阻撓勞工檢查員依法執行職務者，處新臺幣三萬元以上十五萬元以下罰鍰。

第 81 條　（處罰之客體）
法人之代表人、法人或自然人之代理人、受僱人或其他從業人員，因執行業務違反本法規定，除依本章規定處罰行為人外，對該法人或自然人並應處以各該條所定之罰金或罰鍰。但法人之代表人或自然人對於違反之發生，已盡力為防止行為者，不在此限。
法人之代表人或自然人教唆或縱容為違反之行為者，以行為人論。

第 82 條　（罰鍰之強制執行）
本法所定之罰鍰，經主管機關催繳，仍不繳納時，得移送法院強制執行。

# 第十二章　附則

第 83 條　（勞資會議之舉辦及其辦法）
為協調勞資關係，促進勞資合作，提高工作效率，事業單位應舉辦勞資會議。其辦法由中央主管機關會同經濟部訂定，並報行政院核定。

第 84 條　（公務員兼具勞工身分時法令之適用方法）
公務員兼具勞工身分者，其有關任（派）免、薪資、獎懲、退休、撫卹及保險（含職業災害）等事項，應適用公務員法令之規定。但其他所定勞動條件優於本法規定者，從其規定。

第84-1 條　（另行約定之工作者）
經中央主管機關核定公告下列工作者，得由勞雇雙方另行約定，工作時間、例假、休假、女性夜間工作，並報請當地主管機關核備，不受第三十條、第三十二條、第三十六條、第三十七條、第四十九條規定之限制。

一、監督、管理人員或責任制專業人員。

二、監視性或間歇性之工作。

三、其他性質特殊之工作。

前項約定應以書面為之，並應參考本法所定之基準且不得損及勞工之健康及福祉。

第84-2 條　（工作年資之計算）

勞工工作年資自受僱之日起算，適用本法前之工作年資，其資遣費及退休金給與標準，依其當時應適用之法令規定計算；當時無法令可資適用者，依各該事業單位自訂之規定或勞雇雙方之協商計算之。適用本法後之工作年資，其資遣費及退休金給與標準，依第十七條及第五十五條規定計算。

第 85 條　（施行細則）

本法施行細則，由中央主管機關擬定，報請行政院核定。

第 86 條　（施行日期）

本法自公布日施行。但中華民國八十九年六月二十八日修正公布之第三十條第一項及第二項規定，自中華民國九十年一月一日施行。

國家圖書館出版品預行編目資料

餐旅人力資源管理／陳永賓著.
--二版.--臺北市：五南，2012.06
面；　公分 --(觀光書系)
參考書目：面
ISBN 978-957-11-6707-7（平裝）
1.餐旅管理　　2.人力資源管理
489.2　　　　　　101010403

1L39　觀光書系

# 餐旅人力資源管理

作　　者 — 陳永賓(263.2)

發 行 人 — 楊榮川

總 編 輯 — 王翠華

主　　編 — 黃惠娟

責任編輯 — 盧羿珊

封面設計 — 童安安

出 版 者 — 五南圖書出版股份有限公司

地　　址：106台北市大安區和平東路二段339號4樓

電　　話：(02)2705-5066　　傳　真：(02)2706-6100

網　　址：http://www.wunan.com.tw

電子郵件：wunan@wunan.com.tw

劃撥帳號：01068953

戶　　名：五南圖書出版股份有限公司

台中市駐區辦公室/台中市中區中山路6號

電　　話：(04)2223-0891　　傳　真：(04)2223-3549

高雄市駐區辦公室/高雄市新興區中山一路290號

電　　話：(07)2358-702　　傳　真：(07)2350-236

法律顧問　林勝安律師事務所　林勝安律師

出版日期　2008年2月初版一刷
　　　　　2012年6月二版一刷
　　　　　2013年5月二版二刷

定　　價　新臺幣380元